高等职业教育土建类"十四五"系列教材

工程造价控制

GONGCHENG ZAOJIA KONGZHI

◎主　编　于开芹　祁巧艳

◎副主编　郑九华　曹　婷

刘　佳　李　明

◎主　审　周　红

華中科技大學出版社

http://www.hustp.com

中国·武汉

图书在版编目(CIP)数据

工程造价控制/于开芹,祁巧艳主编.—武汉:华中科技大学出版社,2022.1
ISBN 978-7-5680-5652-6

Ⅰ.①工… Ⅱ.①于… ②祁… Ⅲ.①工程造价控制-高等职业教育-教材 Ⅳ.①TU723.3

中国版本图书馆 CIP 数据核字(2022)第 016058 号

工程造价控制
Gongcheng Zaojia Kongzhi

于开芹　祁巧艳　主编

策划编辑:康　序
责任编辑:刘姝甜
责任监印:朱　玢
出版发行:华中科技大学出版社(中国·武汉)　　电话:(027)81321913
　　　　　武汉市东湖新技术开发区华工科技园　　邮编:430223
录　　排:武汉创易图文工作室
印　　刷:武汉开心印印刷有限公司
开　　本:787 mm×1092 mm　1/16
印　　张:17.25
字　　数:437 千字
版　　次:2022 年 1 月第 1 版第 1 次印刷
定　　价:48.00 元

前言

“工程造价控制”是随着现代管理科学的发展而发展起来的一门课程，是全国高等职业教育工程造价及工程经济管理等专业核心课程之一。为了适应我国现代职业教育的发展，满足工程造价相关专业教学的需要，编者结合高等职业教育工程造价、建设工程管理等专业人才培养目标，根据最新的工程建设相关法律、法规和规范，结合工程造价领域职业岗位群的任职要求，参照造价工程师职业资格考试标准和学习内容，理论紧密联系工程实际，以科学性、实用性、技能性为原则，以加强工程造价控制管理能力的培养为期望编写了本书。

本书以社会需求为导向，以培养实用技能型应用人才为出发点，由理论知识扎实、实践能力强的专业教师以及行业专家编写。全书内容力求新颖、实用、广泛、全面，在知识体系上博采众长，采用典型、丰富的教学案例，教学设计力求创新。

本书数字化学习资源可以在“智慧职教”(www.icve.com.cn)网站获取，未在“智慧职教”网站注册的用户，需先注册再登录，登录后在首页或课程频道搜索本书对应的课程“工程造价控制”即可进入课程，进行在线学习或资源下载。

建设工程造价是项目决策的重要依据，而工程造价的控制则保证了工程资金的合理利用和投资效益的最大化，它贯穿于建设项目的全过程。据此，本书内容共分为7章，包括绪论、建设项目工程造价的构成、建设项目决策阶段工程造价控制、建设项目设计阶段工程造价控制、建设项目招投标阶段工程造价控制、建设项目施工阶段工程造价控制和建设项目竣工阶段工程造价控制。该内容与其他专业课程内容之间保持相互渗透、相互统一的关系。本书中贯穿工程造价全过程控制的理念，以建设工程不同阶段开展的实际工作为主要内容，引入最新实践工程案例进行分析，突出应用能力培养的目标意识。

本书是针对高职高专院校的教学特点而编写的，适合高职高专院校工程造价、建筑工程管理、工程监理等专业的学生使用，也可供工程设计、施工、管理和咨询等单位从事工程造价与工程管理工作的人员参考。

本书由于开芹(上海城建职业学院副教授)、祁巧艳(上海城建职业学院高级工程师)担任主编，郑九华(山东农业大学副教授)、曹婷(上海城建职业学院讲师)、刘佳(上海建工四建集团有限公司工程师)、李明(中铁上海工程局集团建筑工程有限公司高级工程师)担任副主编，周红

（中国建筑学会建筑经济分会理事、厦门大学建筑与土木工程学院教授）担任主审。于开芹负责本书的总体设计。

本书在编写和审定过程中还得到了其他企事业单位专家学者的参与和大力支持，在此深表感谢。

由于编者水平有限，不当之处在所难免，敬请读者批评指正。

为了方便教学，本书还配有电子课件等资料，可以登录“我们爱读书”网（www.ibook4us.com）浏览，任课教师可以发邮件至 husttujian@163.com 索取。

目录

第1章 绪论

学习目标

熟悉建设项目的组成及基本建设程序。
掌握工程造价的含义。
掌握工程造价控制的基本原理。
熟悉工程造价控制的基本内容。
熟悉工程造价控制的重点。

1.1 工程造价概述

1.1.1 建设项目概述

1. 建设项目的概念

工程建设在实施过程中是按项目来进行管理的。建设项目一般需要一定的投资，经过决策和实施的一系列程序，在一定的约束条件下，以形成固定资产为明确目标，为一次性的活动。

建设项目是指按一个总体规划或总体设计组织施工，实行统一施工、统一管理、统一核算，建成后具有完整的系统，可以独立地形成生产能力或者使用价值的建设工程。

一个具体的基本建设工程，通常就是一个建设项目。在工业建筑中，建设一个工厂就是一个建设项目；在民用建筑中，建设一所学校、一所医院或者一个住宅小区等都是一个建设项目。

2. 建设项目的分类

建设项目可以按不同标准进行分类。

1）按建设项目的建设性质分类

建设项目按建设性质分类可分为基本建设项目和更新改造项目。基本建设项目是投资建设的以扩大生产能力或增加工程效益为主要目的的工程项目，包括新建项目、扩建项目、迁建项目、恢复项目等。更新改造项目是指建设资金用于对企事业单位原有设施进行技术改造或固定资产更新的项目，或者为提高综合生产能力而增加的辅助性生产、生活福利等工程项目和有关工作。更新改造工程包括挖潜工程、节能工程、安全工程、环境工程等，如设备更新改造，工艺改革，产品更新换代，厂房生产性建筑物和公用工程的翻新、改造，原材料的综合利用和废水、废气、废渣的综合治理等。

2）按建设项目的用途分类

建设项目按在国民经济各部门中的作用，可分为生产性建设项目和非生产性建设项目。

3）按建设项目的规模分类

基本建设项目按规模可划分为大型建设项目、中型建设项目和小型建设项目。更新改造项目按规模可划分为限额以上项目和限额以下项目两类。

3. 建设项目的组成

建设项目按照建设管理和合理确定工程造价的需要，划分为建设项目、单项工程、单位工程、分部工程、分项工程五个项目层次。

建设项目由一个或几个单项工程组成，一个单项工程又由几个单位工程组成，而一个单位工程又是由若干个分部工程组成的，一个分部工程可按照选用的施工方法、使用的材料、结构构件规格的不同等因素划分为若干个分项工程。合理地划分分项工程，是正确编制工程造价的一项十分重要的工作，同时也有利于项目的组织管理。

下面以××大学项目为例，来说明建设项目的组成，如图 1.1 所示。

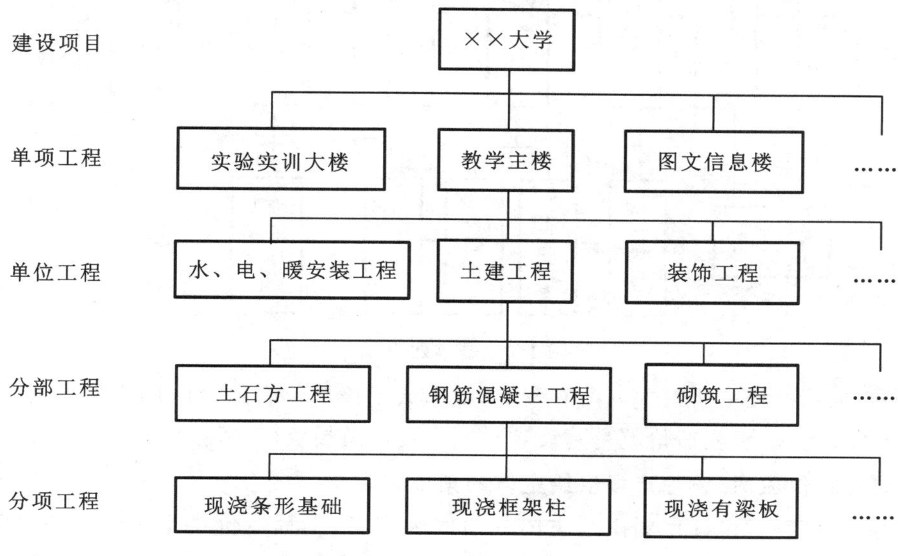

图 1.1　建设项目的组成(示例)

1.1.2　基本建设程序

基本建设程序是指一个建设项目在整个建设过程中各项工作必须遵循的先后次序。

在我国，工程基本建设程序主要有以下几个阶段：项目建议书阶段、可行性研究阶段、设计工作阶段、建设准备阶段、建设实施阶段、工程竣工验收阶段、交付使用阶段、项目后评价阶段。这几个阶段中每一阶段都包含着许多环节和内容，整个过程称为项目建设全过程，在不同的阶段要编制不同的造价方案。工程造价控制是对项目建设全过程造价的控制，即从项目可行性研究开始一直到项目竣工决算、后评估为止对工程造价的控制。通常，基本建设程序如图 1.2 所示。

1.1.3　工程造价的含义

工程造价通常是指按照确定的建设内容、建设规模、建设标准、功能要求和使用要求等将工程项目全部建成，在建设期预计或实际支出的费用。由于所处的角度不同，工程造价有不同的含义。

1. 从业主或投资者的角度来定义

从业主或投资者的角度来定义，工程造价是指建设一项工程预期开支或实际开支的全部固定资产投资费用。这些费用主要包括建筑安装工程费、设备及工器具购置费、工程建设其他费用、预备费、建设期贷款利息等。例如某单位投资建设一个附属小学，从前期的策划直到附属小

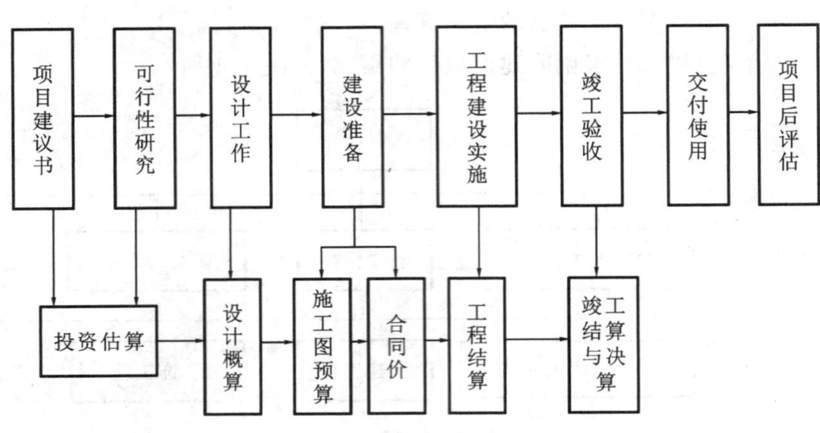

图 1.2　基本建设程序

学建成使用的全部过程中所投入的所有资金，就构成了该单位在这个附属小学项目上的工程造价。从这个意义上说，工程造价就是建设项目固定资产总投资（工程投资）。

2. 从承包商、供应商、设计市场供给主体的角度来定义

从承包商、供应商、设计市场供给主体的角度来定义，工程造价是指工程价格，即为建成一项工程，预计或实际在土地、设备、技术劳务以及承包等市场上，通过招投标等交易方式所形成的建筑安装工程价格或建设工程总价格。

上述工程造价的两种含义，一种是从项目建设角度提出的建设项目工程造价，它是一个广义的概念；另一种是从工程交易或工程承包、设计范围角度提出的建筑安装工程造价，它是一个狭义的概念。

工程造价的两种含义既有联系也有区别。两者的区别在于：其一，两者对合理性的要求不同。工程投资的合理性主要取决于决策的正确与否，建设标准是否适用以及设计方案是否优化，而不取决于投资额的高低；工程价格的合理性在于价格是否反映价值，是否符合价格形成机制的要求，是否具有合理的利税率。其二，两者形成的机制不同。工程投资形成的基础是项目决策、工程设计、设备材料的选购以及工程施工及设备的安装；而工程价格形成的基础是价值，同时受价值规律、供求规律的支配和影响。其三，存在的问题不同。工程投资存在的问题主要是决策失误、重复建设、建设标准脱离实情等；而工程价格存在的问题主要是价格偏离价值。

1.2 工程造价控制

1.2.1 工程造价控制的要点——全面造价管理

全面造价管理（total cost management，TCM）理论在工程造价上运用是现代工程管理的要求。按照国际全面造价管理促进会给出的定义，全面造价管理是指有效地利用专业知识与技术，对资源、成本、盈利和风险进行筹划和控制。

建设工程全面造价管理包括全过程造价管理、全寿命期造价管理、全要素造价管理和全方位造价管理四个方面的内容。

1. 全过程造价管理

全过程造价管理是指覆盖建设工程策划决策及建设实施各阶段的造价管理。建设项目从可行性研究开始经初步设计（扩大初步设计）、施工图设计、承发包、施工、调试到竣工投产、决算、后评估等的整个过程称为项目建设全过程。

建设项目的工程造价按建设程序实行层层控制，保证建设工程造价不突破批准的投资限额，即按照批准的可行性研究报告和投资估算控制初步设计和总概算；按照批准的初步设计和总概算控制施工图设计和施工图预算；在施工图预算的基础上控制承包合同价；施工阶段严格控制工程变更，做好工程结算，使竣工结算和决算价控制在投资限额以内。这就是实行项目建设全过程的有效控制。但是，全过程造价管理没有充分考虑建设项目的建造与运营费用的集成管理问题，只考虑了建设项目的建造费用。

2. 全寿命期造价管理

建设工程全寿命期造价是指建设工程初始建造成本和建成后的日常使用成本之和，它包括建设前期、建设期、使用期及拆除期各个阶段的成本。

全寿命期造价管理理论与方法要求人们在建设项目投资决策分析以及在项目备选方案评价与选择时充分考虑项目建造成本和运营成本。实际中有些项目建造成本虽然低，但后期的运营成本却很高，综合效益差。

全寿命期造价管理是建筑设计中的一种指导思想，用于计算建设项目在整个生命周期的全部成本，它的宗旨是追求建设项目全生命周期造价最小化和价值最大化。这种方法主要适合在工程项目设计和决策阶段使用。全寿命期造价管理将运营维护阶段纳入工程造价管理范围，相对于全过程造价管理更加合理。

3. 全要素造价管理

建设项目具有建设周期长、受环境影响大的特点，影响建设工程造价的因素有很多，建设项目的工期长短、质量的好坏以及安全与环境等因素都会影响工程的造价，因此，控制建设工程造价不仅仅是控制建设工程本身的建造成本，还应同时考虑工期成本、质量成本、安全与环境成本的控制，从而实现工程成本、工期、质量、安全、环境的集成管理。

4. 全方位造价管理

建设项目从筹划到建成参与方众多。全方位造价管理是指建设工程造价管理不仅仅是业主（发包单位）或承包单位的任务，也应该是政府建设主管部门、行业协会、设计方以及有关咨询机构等参与主体的共同任务。尽管参与各方在工程建设中的地位、利益、角度等有所不同，但必须建立完善的协同工作机制，实现建设工程造价的有效控制。

1.2.2 工程造价计价特征

建设工程造价计价就是计算和确定建设项目的工程造价，简称工程计价，也称工程估价，具体是指工程造价人员在项目实施的各个阶段，根据各个阶段的不同要求，遵循计价原则和程序，采用科学的计价方法，对投资项目最可能实现的合理价格做出科学的计算，从而确定投资项目的工程造价，编制工程造价的经济文件。工程造价计价具有以下特征。

1. 计价的单件性

产品的单件性决定了每项工程都必须单独计算造价。

2. 计价的多次性

建设工期周期长、规模大、造价高，需要按建设程序决策和实施，工程造价的计价也需要在不同阶段多次进行，以保证工程造价计算的准确性和控制的有效性。多次计价是逐步深化、逐步细化和逐步接近实际造价的过程。工程多次计价过程如图 1.3 所示。

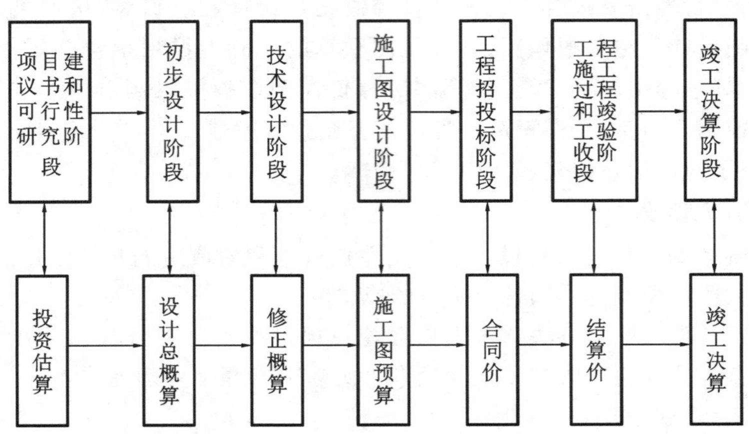

图 1.3　工程多次计价过程

①投资估算。投资估算是指在项目建议书和可行性研究阶段，通过编制估算文件预先测算和确定的工程造价。投资估算是建设项目进行决策、筹集资金和合理控制造价的主要依据。

②设计总概算。设计总概算是指在初步设计阶段，根据设计意图，通过编制工程概算文件预先测算和确定的工程造价。与投资估算造价相比，设计总概算造价的准确性有所提高，但受估算造价的控制。设计总概算造价一般又可分为建设项目概算总造价、各个单项工程概算综合造价和各单位工程概算造价。

③修正概算。修正概算是指在技术设计阶段，根据技术设计的要求，通过编制修正概算文件预先测算和确定的工程造价。修正概算是对初步设计阶段设计总概算的修正与调整，比设计总概算准确，但受设计总概算控制。

④施工图预算。施工图预算是指在施工图设计阶段，根据施工图纸，通过编制预算文件预先测算和确定的工程造价。它比设计总概算或修正概算更为详尽和准确，但同样要受前一阶段工程造价的控制。目前按工程量清单计价规范，有些工程项目需要确定招标控制价以限制最高投标报价。

⑤合同价。合同价是指在工程发承包阶段通过签订总承包合同、建筑安装工程承包合同、设备材料采购合同及技术和咨询服务合同所确定的价格。合同价属于市场价格，它是由承、发包双方（即商品和劳务买卖双方）根据市场行情共同议定和认可的成交价格，但它并不等同于最终结算的实际工程造价。按计价方法不同，建设工程合同有许多类型，不同类型合同的合同价

内涵也有所不同。

⑥结算价。结算价是指在工程施工过程和竣工验收阶段，按合同调价范围和调价方法，对实际发生的工程量增减、设备和材料价差等进行调整后计算和确定的价格，反映的是工程项目实际造价。竣工结算文件一般由承包单位编制，由发包单位审查，也可以委托具有相应资质的工程造价咨询机构进行审查。

⑦竣工决算。竣工决算是指工程竣工决算阶段，以实物数量和货币指标为计量单位，综合反映竣工项目从筹建开始到项目竣工交付使用为止的全部建设费用。竣工决算文件一般由建设单位编制，上报相关主管部门审查。

3. 工程造价计价依据的复杂性

工程造价计价依据的复杂性是指工程的多次计价有各不相同的计价依据，有投资估算指标、概算定额、预算定额等。

4. 工程造价计价方法的多样性

工程造价每次计价的精确度要求各不相同，其计价方法具有多样性的特征。例如，计算投资估算的方法有设备系数法、生产能力指数估算法等；计算概预算造价的方法有单价法和实物法等。不同的方法也有不同的适用条件，计价时应根据具体情况加以选择。

5. 工程造价的计价组合性

工程造价的计算过程和顺序对应是：分部分项工程造价→单位工程造价→单项工程造价→建设项目总造价。这说明工程造价的计价过程是一个逐步组合的过程。

1.2.3 工程造价控制的基本内容

工程造价控制就是以建设项目为对象，对建设前期、工程设计、工程交易、工程施工、工程竣工各个阶段的工程造价实行层层控制，是工程造价全过程造价控制的主要表现形式和核心内容，也是提高项目投资效益的关键所在。在建设工程的各个阶段，工程造价分别使用投资估算、设计概算、施工图预算、中标价、承包合同价、工程结算、竣工决算进行确定与控制。

工程造价控制的基本内容包括两个方面：一是合理确定工程造价；二是有效控制工程造价。

1. 合理确定工程造价

工程造价的合理确定是指，在建设工程的各个阶段，工程造价要分别使用投资估算、设计概算、施工图预算、中标价、承包合同价、工程结算、竣工决算进行确定与控制。

2. 有效控制工程造价

工程造价的有效控制是指，在优化建设方案、设计方案的基础上，在建设程序的各个阶段，采用一定的方法和措施把工程造价控制在合理的范围和核定的造价限额以内，随时纠正发生的偏差，以保证工程造价管理目标实现。具体来说，要用投资估算价控制设计方案的选择和初步设计概算造价；用概算造价控制技术设计和修正概算造价；用概算造价或修正概算造价控制施工图设计和预算造价，避免“三超”现象的发生，以求合理使用人力、物力和财力，取得较好的投资效益。控制造价在这里强调的是控制项目投资。

有效的工程造价控制应体现以下三项原则：

(1)以设计阶段为重点的全过程造价控制原则。工程建设分为多个阶段，工程造价控制也应该涵盖从项目建议书阶段开始，到竣工验收为止的整个建设期间的全过程。投资决策一经做出，设计阶段就成为工程造价控制的重要阶段。设计阶段对工程造价高低具有决定性的影响作用。设计方案确定后，工程造价的高低也就确定了，也就是说，全过程控制的重点在前期，因此，以设计阶段为重点的造价控制才能积极、主动、有效地控制整个建设项目的投资。

(2)主动控制与被动控制相结合的原则。长期以来，人们一直把控制理解为将目标值与实际值进行比较，以及当目标值偏离实际值时，分析其产生偏差的原因，并确定下一步的对策。这是一种被动控制，这样做只能发现偏离，不能预防可能发生的偏离。为尽可能减少以及避免目标值与实际值的偏离，还必须立足于事先，主动地采取控制措施，实施主动控制。也就是说，工程造价控制不仅要反映投资决策，反映设计、发包与施工(被动地控制工程造价)，更要能动地影响投资决策，影响设计、发包与施工(主动地控制工程造价)。

(3)技术与经济相结合的原则。有效地控制工程造价，可以采用组织、技术、经济、合同等多种措施。其中，技术与经济相结合是控制工程造价的最有效手段。以往，在我国的工程建设领域，存在技术与经济相分离的现象。技术人员和财务管理人员往往只注重各自职责范围内的工作，其结果是，技术人员只关心技术问题，不考虑如何降低工程造价，而财务管理人员只单纯地从财务制度角度审核费用开支，而不了解项目建设中各种技术指标与造价的关系，使技术、经济这两个原本密切相关的方面对立起来。因此，要提高工程造价控制水平，就要在工程建设过程中把技术与经济有机结合起来，通过技术比较、经济分析和效果评价，正确处理技术先进性与经济合理性两者之间的关系，力求在技术先进、适用的前提下使项目的造价合理，在经济合理的条件下保证项目的技术先进、适用。

1.2.4 各阶段工程造价控制的重点

1. 项目决策阶段

根据拟建项目的功能要求和使用要求，做出项目定义，包括项目投资定义，并按照项目规划的要求和内容以及项目分析和研究的不断深入，逐步地将投资估算的误差率控制在允许的范围之内。

2. 初步设计阶段

运用设计标准与标准设计、价值工程和限额设计方法等，以可行性研究报告中被批准的投资估算为工程造价目标，控制和修改初步设计直至满足要求。

3. 施工图设计阶段

以被批准的工程概算为控制目标，应用限额设计、价值工程等方法，控制和修改施工图设计，通过对设计过程中形成的工程造价层层进行限额设计，实现工程项目设计阶段的工程造价控制目标。

4. 招投标(交易)阶段

以工程设计文件(包括概预算)为依据，结合工程施工的具体情况，如现场条件、市场价格、业主的特殊要求等，按照招标文件的编制要求，编制招标工程的招标控制价(标底)，明确合同计价方式，初步确定工程的合同价。

5. 工程施工阶段

以施工图预算或招标控制(标底)价、工程合同价等为控制依据，通过工程计量、控制工程变更等方法，按照承包人实际完成的工程量，严格确定施工阶段实际发生的工程费用。以合同价为基础，考虑物价上涨、工程变更等因素，合理确定进度款和结算款，控制工程实际费用的支出。

6. 竣工验收阶段

全面汇总工程建设中的实际费用，编制竣工结算和竣工决算，如实体现建设项目的工程造价，并总结经验，积累技术经济数据和资料，不断提高工程造价管理水平。

本章介绍了建设项目的概念、分类、组成和基本建设程序，对工程造价的含义及计价特征进行了分析，对工程造价控制的基本内容进行了详细分析，最后介绍了各阶段工程造价控制的重点。通过本章的学习，读者可对工程造价控制的学习内容有总体的了解。

习题

一、单选题

1. 工程造价的第一种含义是从业主或投资者的角度定义的，按照该定义，工程造价是指(　　)。

A. 建设项目总投资　　B. 建设项目固定资产总投资

C. 建设工程其他投资　　D. 建筑安装工程投资

2. 控制工程造价最有效的手段是(　　)。

A. 精打细算　　B. 技术与经济相结合

C. 强化设计　　D. 推行招投标制

3. 从承包商、供应商、设计市场供给主体的角度来定义，工程造价的含义可以理解为(　　)。

A. 工程价值　　B. 工程价格

C. 工程成本　　D. 建筑安装工程价格

二、简答题

1. 工程造价有效控制的三项原则是什么？

2. 试述全过程造价管理的内容。

第2章

建设项目工程造价的构成

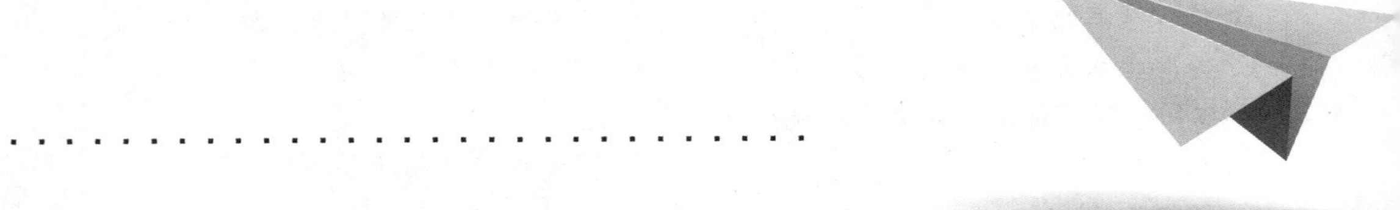

学习目标

掌握我国现行建设项目工程造价的构成。
熟悉设备及工器具购置费的构成。
掌握设备及工器具购置费的计算方法。
熟悉建筑安装工程费用的构成。
掌握建筑安装工程费用的计算方法。
掌握工程建设其他费用的分类与组成。
熟悉预备费、建设期贷款利息的含义，掌握其计算方法。

教学要求

能力要求	知识要点	权重
能明确指出建设项目工程造价的构成	我国现行建设项目工程造价的构成	0.2
熟悉建筑安装工程费用的构成	建筑安装工程费用的构成	0.3
熟悉设备及工器具购置费的构成， 掌握设备及工器具购置费的计算方法	设备及工器具购置费的构成， 设备及工器具购置费的计算方法	0.2
掌握工程建设其他费用的分类与组成	工程建设其他费用的分类与组成	0.1
掌握预备费、建设期贷款利息的计算方法	预备费、建设期贷款利息 的含义及计算方法	0.2

2.1 我国现行建设项目工程造价的构成

2.1.1 建设项目总投资

1. 建设项目总投资的概念

建设项目总投资是指为完成工程项目建设并达到使用要求或生产条件，在建设期内预计或实际投入的全部费用的总和。

2. 建设项目总投资的构成

建设项目按投资作用分为生产性项目和非生产性项目。生产性建设项目总投资包括固定资产投资（包括建设投资和建设期贷款利息）和流动资产投资（流动资金）；非生产性项目总投资只包括固定资产投资（包括建设投资和建设期贷款利息）。建设投资形成了企业固定资产、无形资产和递延资产的投资以及预备费用；而流动资金形成了流动资产投资。

建设项目的工程造价和固定资产投资在量上相等。工程造价中的主要构成部分是建设投资，建设投资是为完成工程项目建设，在建设期内投入且形成现金流出的全部费用。建设项目工程造价（建设项目总投资）的构成如图 2.1 所示。

根据国家发展和改革委员会与原建设部发布的建设项目经济评价方法与参数（发改投资〔2006〕1325 号）的规定，建设投资包括工程费用、工程建设其他费用和预备费三部分。工程费用是指建设期内直接用于工程建造、设备购置及其安装的建设投资，可以分为建筑安装工程费用和设备及工器具购置费；工程建设其他费用是指建设期发生的与土地使用权取得、整个工程项目建设以及未来生产经营有关的，构成建设投资但不包括在工程费用中的费用；预备费是在建设期内为各种不可预见因素的变化而预留的可能增加的费用，包括基本预备费和价差预备费。按照是否考虑资金的时间价值，建设投资可分为静态投资部分和动态投资部分。静态投资部分

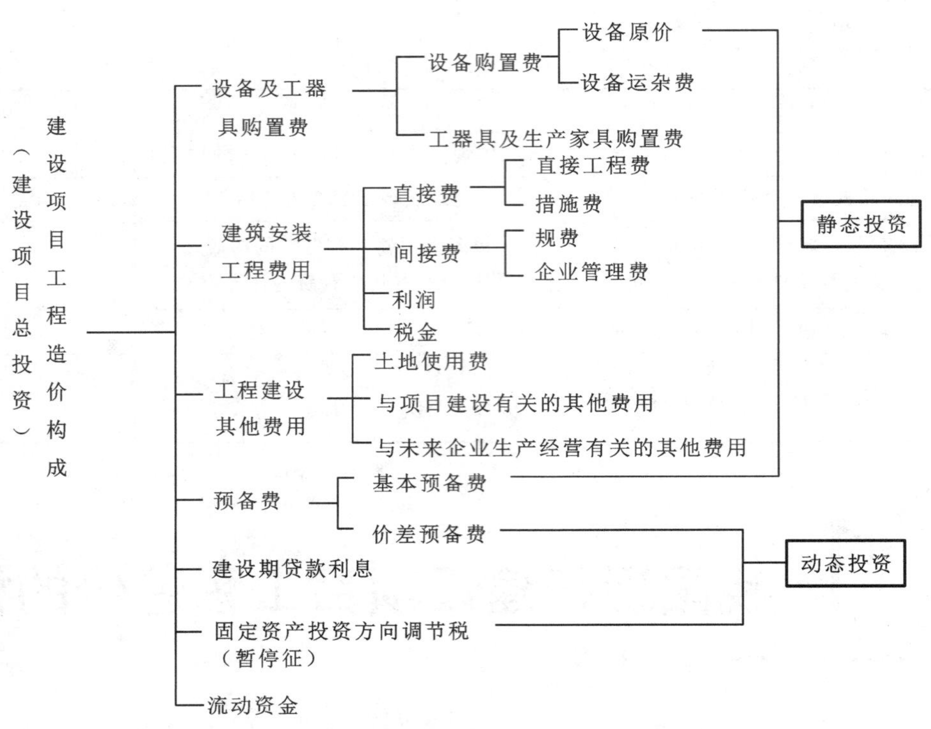

图 2.1　建设项目工程造价(建设项目总投资)的构成

由建筑安装工程费用、设备及工器具购置费、工程建设其他费用、预备费中的基本预备费构成；动态投资部分由预备费中的价差预备费、建设期贷款利息和固定资产投资方向调节税(根据财政部、国家税务总局、原国家发展计划委员会发布的财税字〔1999〕299 号通知，自 2000 年 1 月 1 日起新发生的投资额，暂停征收固定资产投资方向调节税，但该税种并未取消)构成。

上述建设项目总投资的构成仅仅适用于一般新建和改扩建项目，在编制、评审和管理建设项目可行性研究投资估算和初步设计概算投资时，作为计价的依据；不适用于外商投资项目。在具体应用时，要根据项目的具体情况列支实际发生的费用，本项目没有发生的费用不得列支。

【例 2.1】 在某建设项目投资构成中，设备及工器具购置费为 2 000 万元，建筑安装工程费用为 1 000 万元，工程建设其他费用为 500 万元，基本预备费为 120 万元，价差预备费为 80 万元，建设期贷款为 1 800 万元，应计利息为 80 万元，流动资金为 400 万元，则该项目的建设总投资为多少万元？建设投资为多少万元？静态投资部分为多少万元？动态投资部分为多少万元？

【解】

建设项目总投资＝(2 000＋1 000＋500＋120＋80＋80＋400)万元＝4 180 万元

建设投资＝(2 000＋1 000＋500＋120＋80)万元＝3 700 万元

静态投资部分＝(2 000＋1 000＋500＋120)万元＝3 620 万元

动态投资部分＝(80＋80)万元＝160 万元

2.1.2　建筑安装工程费用项目

2013 年 3 月 21 日，中华人民共和国住房和城乡建设部、财政部联合印发了《建筑安装工程费用项目组成》，指出为适应深化工程计价改革的需要，根据国家有关法律、法规及相关政策，在总结原建设部、财政部《关于印发〈建筑安装工程费用项目组成〉的通知》(建标〔2003〕206号)执行情况的基础上，修订完成的《建筑安装工程费用项目组成》自2013年7月1日起施行，原建设部、财政部印发的《建筑安装工程费用项目组成》同时废止。

根据现行《建筑安装工程费用项目组成》，建筑安装工程费用项目按费用构成要素划分为人工费、材料费、施工机具使用费、企业管理费、利润、规费和税金，如图2.2所示；按工程造价形成顺序划分为分部分项工程费、措施项目费、其他项目费、规费和税金，如图2.3所示。

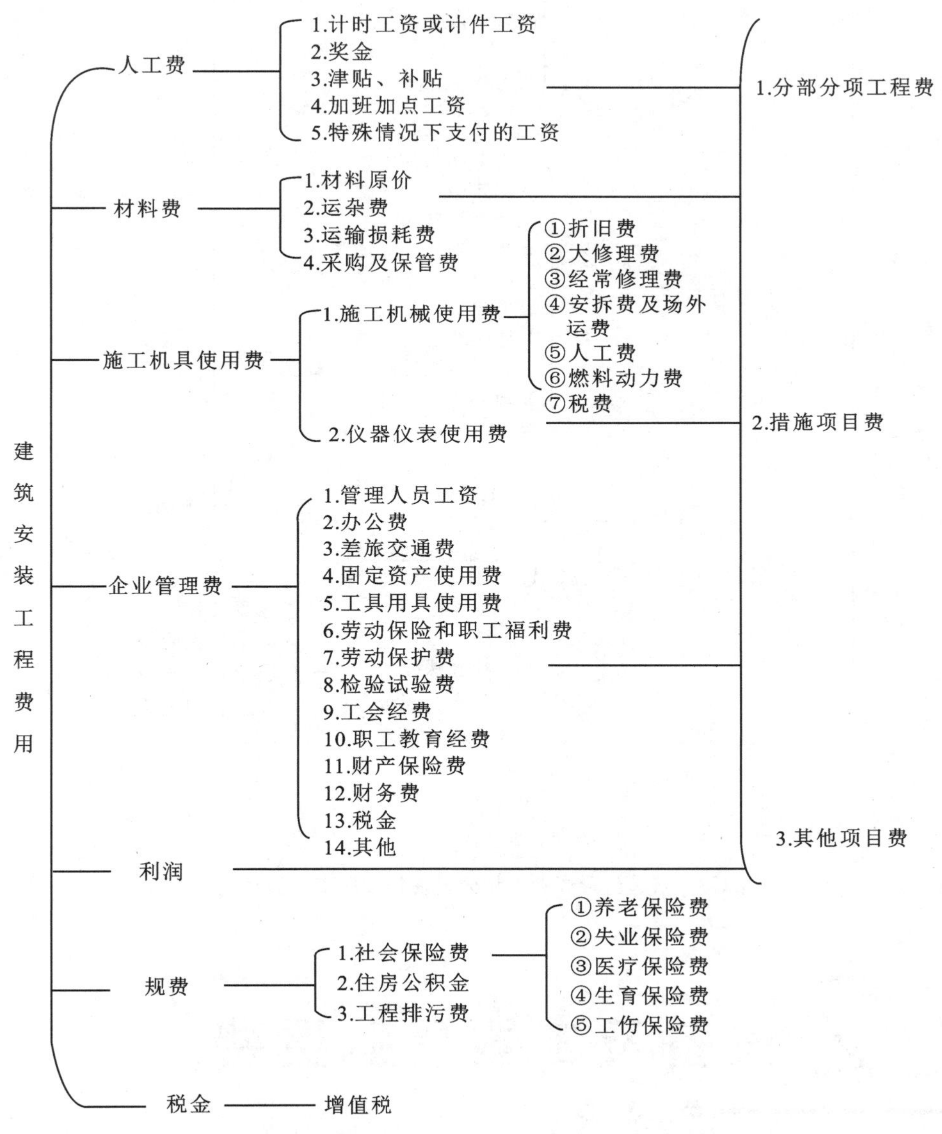

图2.2 建筑安装工程费用项目按费用构成要素划分

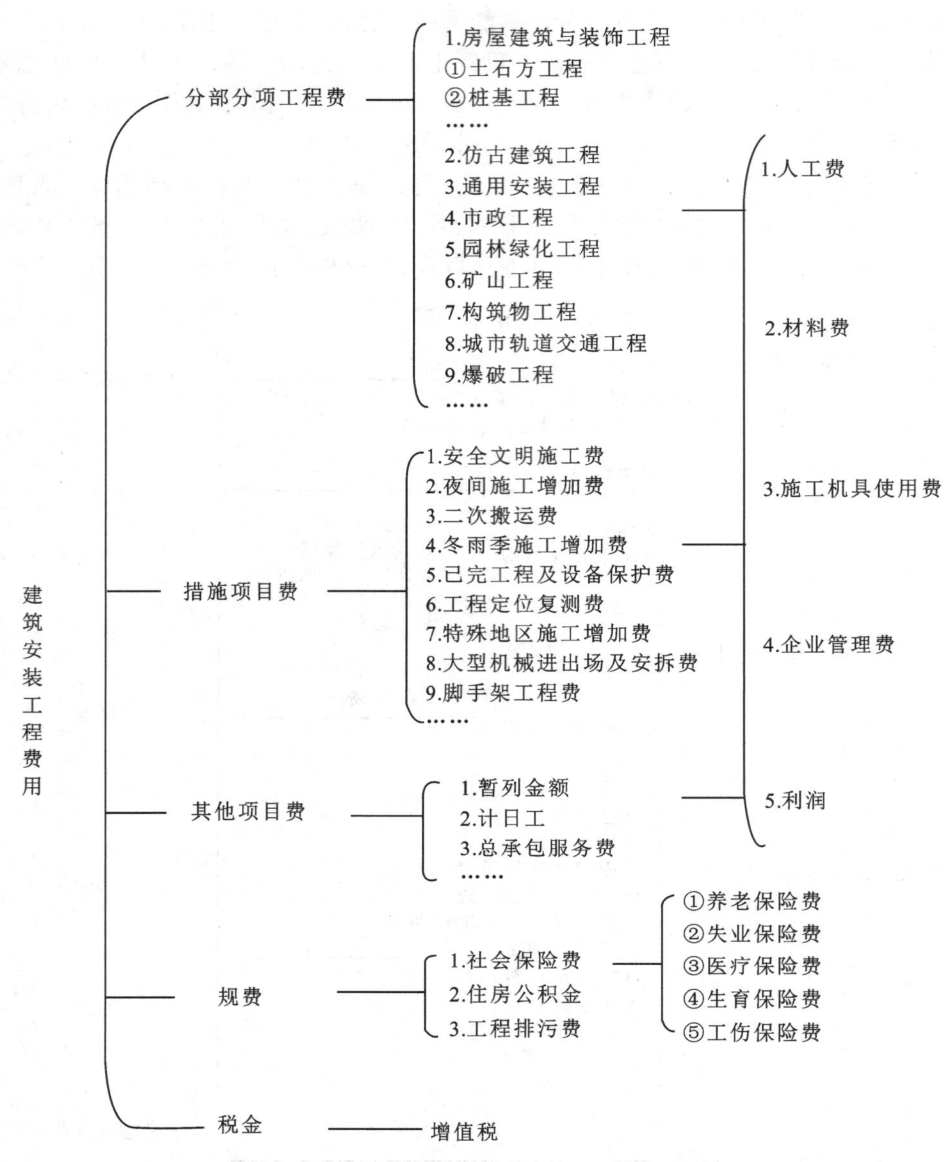

图 2.3　按造价形成顺序划分的建筑安装工程费用项目

2.2 设备及工器具购置费

设备及工器具购置费由设备购置费和工器具及生产家具购置费组成。

2.2.1 设备购置费的构成及计算

设备购置费是指为建设工程购置或自制的达到固定资产标准的设备、工具、器具的费用。

设备购置费包括设备原价和设备运杂费，基本计算公式如下：

设备购置费＝设备原价＋设备运杂费

式中：设备原价指国产设备或进口设备的原价；设备运杂费指设备原价之外的关于设备采购、运输、途中包装及仓库保管等方面支出费用的总和。

1. 国产设备原价及计算

国产设备原价一般指的是设备制造厂的交货价，或订货合同价。它一般根据生产厂家或供应商的询价、报价、合同价确定，或采用一定的方法计算确定。国产设备原价分为国产标准设备原价和国产非标准设备原价。

1）国产标准设备原价

国产标准设备是指按照主管部门颁布的标准图纸和技术要求，由设备生产厂批量生产的符合国家质量检验标准的设备。国产标准设备原价一般指的是设备制造厂的交货价，即出厂价。国产标准设备原价有两种，即带有备件的原价和不带有备件的原价，在计算时，一般采用带有备件的原价。

2）国产非标准设备原价

国产非标准设备是指国家尚无定型标准，各设备生产厂不可能在工艺过程中采用批量生产，只能按一次订货，并根据具体的设备图纸制造的设备。国产非标准设备原价有多种计算方法，如成本计算估价法、系列设备插入估价法、分部组合估价法、定额估价法等。

2. 进口设备原价及计算

1）进口设备原价

进口设备原价是指进口设备抵岸价，是指抵达买方边境港口或边境车站，且交完关税以后的价格。抵岸价通常是由进口设备到岸价（CIF）和进口从属费构成。进口设备到岸价，即抵达买方边境港口或边境车站的价格。在国际贸易中，交易双方所使用的交货类别不同，则交易价格的构成内容也有所差异。进口从属费包括银行财务费、外贸手续费、进口关税、消费税、进口环节增值税等，进口车辆的还需缴纳车辆购置税。

进口设备原价＝进口设备抵岸价
＝进口设备到岸价（CIF）＋进口从属费
＝货价＋国际运费＋运输保险费＋银行财务费
＋外贸手续费＋进口关税＋进口环节增值税
＋消费税＋海关监管手续费＋车辆购置税

2）进口设备的交易价格

在国际贸易中，较为广泛使用的交易价格术语有FOB、CFR和CIF，具体如表2.1所示。

表 2.1　进口设备的交易价格术语

交易价格术语(英)	交易价格术语(中)	交货方式及风险划分	卖方的基本义务	买方的基本义务
FOB (free on board)	装运港船上交货价,亦称为离岸价	当货物在指定的装运港越过船舷,卖方即完成交货义务,风险转移。以在指定的装运港货物越过船舷为分界点。 费用划分与风险转移的分界点相一致	1. 办理出口清关手续,自负风险和费用,领取出口许可证及其他官方文件; 2. 在约定的日期或期限内,在合同规定的装运港,按港口惯常的方式,把货物装上买方指定的船只,并及时通知买方; 3. 承担货物在装运港越过船舷之前的一切费用和风险; 4. 向买方提供商业发票和证明货物已交至船上的装运单据或具有同等效力的电子单证	1. 负责租船订舱,按时派船到合同约定的装运港接运货物,支付运费,并将船期、船名及装船地点及时通知卖方; 2. 负担货物在装运港越过船舷后的各种费用以及货物灭失或损坏的一切风险; 3. 负责获取进口许可证或其他官方文件,以及办理货物入境手续; 4. 受领卖方提供的各种单证,按合同规定支付货款
CFR (cost and freight)	成本加运费,或称为运费在内价	在装运港货物越过船舷,卖方即完成交货。卖方必须支付将货物运至指定的目的港所需的运费和其他费用,但不承担交货后货物灭失或损坏的风险,以及由于各种事件造成的任何额外费用,风险和费用由卖方转移到买方。与 FOB 相比,CFR 的费用划分与风险转移的分界点是不一致的	1. 提供合同规定的货物,负责订立运输合同,并租船订舱,在合同规定的装运港和规定的期限内,将货物装上船并及时通知买方,支付运至目的港的运费; 2. 负责办理出口清关手续,提供出口许可证或其他官方批准的文件; 3. 承担货物在装运港越过船舷之前的一切费用和风险; 4. 按合同规定提供正式有效的运输单据、发票或具有同等效力的电子单证	1. 承担货物在装运港越过船舷以后的一切风险及运输途中因遭遇风险所引起的额外费用; 2. 在合同规定的目的港受领货物,办理进口清关手续,交纳进口税; 3. 受领卖方提供的各种约定的单证,并按合同规定支付货款

续表

交易价格术语(英)	交易价格术语(中)	交货方式及风险划分	卖方的基本义务	买方的基本义务
CIF(cost insurance and freight)	成本加保险费、运费,习惯称到岸价		卖方除负有与CFR相同的义务外,还应办理货物在运输途中最低险别的海运保险,并应支付保险费。如买方需要更高的保险险别,则需要与卖方明确地达成协议,或者自行做出额外的保险安排	除保险这项义务之外,买方的义务与CFR相同

3)进口设备到岸价的构成及计算

进口设备到岸价的计算公式如下:

进口设备到岸价(CIF)=离岸价+国际运费+运输保险费

=运费在内价(CFR)+运输保险费

(1)货价,一般指离岸价(FOB)。设备货价分为原币货价和人民币货价。原币货价一律折算为美元表示,人民币货价按原币货价乘以外汇市场美元兑换人民币汇率中间价确定。进口设备货价按有关生产厂商询价、报价、订货合同价计算。

(2)国际运费,即从装运港(站)到达我国目的港(站)的运费。我国进口设备大部分采用海洋运输,小部分采用铁路运输,个别采用航空运输。进口设备国际运费计算公式为:

国际运费(海、陆、空)=原币货价(FOB)×运费率

国际运费(海、陆、空)=单位运价×运量

其中,运费率或单位运价参照有关部门或进出口公司的规定执行。

(3)运输保险费。对外贸易货物运输保险是由保险人(保险公司)与被保险人(出口人或进口人)订立保险契约,在被保险人交付议定的保险费后,保险人根据保险契约的规定对货物在运输过程中发生的承保责任范围内的损失给予经济上的补偿。这是一种财产保险。计算公式为:

运输保险费=(原币货价(FOB)+国际运费)÷(1-保险费率)×保险费率

其中,保险费率按保险公司规定的进口货物保险费率计算。

4)进口从属费的构成及计算

进口从属费的计算公式如下:

进口从属费=银行财务费+外贸手续费+进口关税

+消费税+进口环节增值税+车辆购置税

(1)银行财务费,一般是指在国际贸易结算中,中国银行为进出口商提供金融结算服务所收取的费用,计算公式为:

银行财务费=离岸价×人民币外汇汇率×银行财务费率

(2)外贸手续费,指按规定的外贸手续费率计取的费用,外贸手续费率一般取1.5%,计算公式为:

外贸手续费＝到岸价×人民币外汇汇率×外贸手续费率

(3)进口关税。关税是由海关对进出国境或关境的货物和物品征收的一种税，进口关税计算公式为：

进口关税＝到岸价×人民币外汇汇率×进口关税税率

到岸价作为关税的计征基数时，通常又可称为关税完税价格。进口关税税率分为优惠和普通两种。普通税率适用于与我国未订有关税互惠条款的贸易条约或协定的国家与地区的进口设备；当进口货物来自与我国签订有关税互惠条款的贸易条约或协定的国家时，按优惠税率征税。进口关税税率按中华人民共和国海关总署发布的进口关税税率计算。

(4)消费税。对部分进口设备(如轿车、摩托车等)征收，一般计算公式为：

应纳消费税额＝(到岸价×人民币外汇汇率＋进口关税)
÷(1－消费税税率)×消费税税率

其中，消费税税率根据规定的税率计算。

(5)进口环节增值税。进口环节增值税是我国政府对从事进口贸易的单位和个人，在进口商品报关进口后征收的税种。我国增值税条例规定，进口应纳税产品均按组成计税价格和增值税税率直接计算应纳税额，计算公式为：

进口环节增值税额＝组成计税价格×增值税税率

组成计税价格＝到岸价＋关税＋消费税

增值税税率根据规定的税率计算。

(6)车辆购置税。进口车辆需缴进口车辆购置税，计算公式为：

进口车辆购置税＝(到岸价＋关税＋消费税)×进口车辆购置税税率

3.设备运杂费

1)设备运杂费的组成

设备运杂费通常由下列各项组成：

(1)运费和装卸费。对于国产设备，是指由设备制造厂交货地点起至工地仓库(或施工组织设计指定的需要安装设备的堆放地点)止所发生的运费和装卸费。对于进口设备，则是指由我国到岸港口、边境车站起至工地仓库(或施工组织设计指定的需要安装设备的堆放地点)止所发生的运费和装卸费。

(2)包装费：在设备出厂价格中没有包含的，为运输而进行的包装支出的各种费用。

(3)供销部门的手续费。按有关部门规定的统一费率计算。

(4)采购与仓库保管费，指采购、验收、保管和收发设备所发生的各种费用，包括设备采购、保管和管理人员的工资、工资附加费、办公费、差旅交通费，设备供应部门办公和仓库所占固定资产使用费、工具用具使用费、劳动保护费、检验试验费等。这些费用可按主管部门规定的采购与保管费率计算。

2)设备运杂费的计算

设备运杂费按设备原价乘以设备运杂费率计算，其计算公式为：

设备运杂费＝设备原价×设备运杂费率

其中，设备运杂费率按相关规定计取。

2.2.2 工器具及生产家具购置费的构成及计算

工器具及生产家具购置费是指新建项目或扩建项目初步设计规定的，保证初期正常生产所必须购置的未达到固定资产标准的设备、仪器、工卡模具、器具、生产家具和备品备件等的购置费用，其一般计算公式为：

工器具及生产家具购置费＝设备购置费×定额费率

【例 2.2】 某地区拟建一工业项目，购置进口设备时，进口设备 FOB 为 2 500 万元(人民币)，到岸价(货价、海运费、运输保险费)为 3 020 万元(人民币)，进口设备国内运杂费为 100 万元，其中银行财务费率为 0.5%，外贸手续费率为 1.5%，进口关税税率为 10%，增值税税率为 17%，消费税、海关监管手续费、车辆购置税均为 0，试计算进口设备购置费。

【解】 进口设备购置费计算如表 2.2 所示。

表 2.2 进口设备购置费计算

序号	项目	费率	计算式	金额/万元
1	到岸价			3 020
2	银行财务费	0.5%	2 500 万元×0.5%	12.5
3	外贸手续费	1.5%	3 020 万元×1.5%	45.3
4	进口关税	10%	3 020 万元×10%	302
5	增值税	17%	(3 020＋302)万元×17%	564.74
6	设备国内运杂费			100
进口设备购置费			1＋2＋3＋4＋5＋6	4 044.54

2.3 工程建设其他费用

工程建设其他费用，是指建设单位从工程筹建起到工程竣工验收交付使用止的整个建设期间，除建筑安装工程费用和设备及工器具购置费以外的，为保证工程建设顺利完成和交付使用后能够正常发挥效用而发生的固定资产其他费用、无形资产费用和其他资产费用。

2.3.1 固定资产其他费用

固定资产其他费用，是固定资产费用的一部分。固定资产费用指项目投产时将直接形成固定资产的建设投资，包括在前文介绍的工程费用以及在工程建设其他费用中按规定将形成固定资产的费用，后者称为固定资产其他费用。

1. 建设用地费

任何一个建设项目都固定于一定地点与地面相连接，必须占用一定量的土地，也就必然要发生为获得建设用地而支付的费用，这部分费用就是建设用地费。它是指为获得工程项目建设土地的使用权而在建设期内发生的各项费用，包括通过划拨方式取得土地使用权而支付的土地征用及迁移补偿费，或者通过土地使用权出让方式取得土地使用权而支付的土地使用权出让金。

1)建设用地取得的基本方式

建设用地的取得，实质是依法获取国有土地的使用权。根据我国《城市房地产管理法》规定，获取国有土地使用权的基本方式有两种：一是出让方式；二是划拨方式。建设土地取得的其他方式还包括租赁和转让方式。

(1)通过出让方式获取国有土地使用权。国有土地使用权出让，是指国家将国有土地使用权在一定年限内出让给土地使用者，由土地使用者向国家支付土地使用权出让金的行为。土地使用权出让最高年限按下列用途确定：

①居住用地 70 年。

②工业用地 50 年。

③教育、科技、文化、卫生、体育用地 50 年。

④商业、旅游、娱乐用地 40 年。

⑤综合或者其他用地 50 年。

通过出让方式获取国有土地使用权又可以分成两种具体方式：一是通过招标、拍卖、挂牌等竞争出让方式获取国有土地使用权；二是通过协议出让方式获取国有土地使用权。

①通过竞争出让方式获取国有土地使用权。具体的竞争方式又包括三种，即投标、竞拍和挂牌。按照国家相关规定，工业(包括仓储用地，但不包括采矿用地)、商业、旅游、娱乐和商品住宅等各类经营性用地，必须以招标、拍卖或者挂牌方式出让；上述规定以外用途的土地的供地计划公布后，同一宗地有两个以上意向用地者的，也应当采用招标、拍卖或者挂牌方式出让。

②通过协议出让方式获取国有土地使用权。按照国家相关规定，出让国有土地使用权，除依照法律、法规和规章的规定应当采用招标、拍卖或者挂牌方式外，可采取协议方式。以协议方式出让国有土地使用权的出让金不得低于按国家规定所确定的最低价。协议出让底价不得低于拟出让地块所在区域的协议出让最低价。

(2)通过划拨方式获取国有土地使用权。国有土地使用权划拨，是指县级以上人民政府依法批准，在土地使用者缴纳补偿、安置等费用后将该幅土地交付其使用，或者将土地使用权无偿交付给土地使用者使用的行为。国家对划拨用地有着严格的规定，下列建设用地，经县级以上人民政府依法批准，可以以划拨方式取得：

①国家机关用地和军事用地。

②城市基础设施用地和公益事业用地。

③国家重点扶持的能源、交通、水利等基础设施用地。

④法律、行政法规规定的其他用地。

依法以划拨方式取得土地使用权的，除法律、行政法规另有规定外，没有使用期限的限制。因企业改制、土地使用权转让或者改变土地用途等不再符合《划拨用地目录》(中华人民共和国国土资源部令第9号)的,应当实行有偿使用。

2)建设用地取得的费用

建设用地如通过行政划拨方式取得,则须承担征地补偿费用或对原用地单位或个人的拆迁补偿费用;若通过市场机制取得,则不但承担以上费用,还须向土地所有者支付有偿使用费,即土地出让金。

(1)征地补偿费用。建设征用土地费用由以下几个部分构成:

①土地补偿费。土地补偿费是对农村集体经济组织因土地被征用而造成的经济损失的一种补偿。征用耕地的补偿费,为该耕地被征前三年平均年产值的6～10倍。征用其他土地的补偿费标准,由省、自治区、直辖市参照征用耕地的补偿费标准规定。土地补偿费归农村集体经济组织所有。

②青苗补偿费和地上附着物补偿费。青苗补偿费是因征地使正在生长的农作物受到损害而做出的一种赔偿。在农村实行承包责任制后,农民自行承包土地的青苗补偿费应付给其本人,属于集体种植土地的青苗补偿费可纳入当年集体收益。凡在协商征地方案后抢种的农作物、树木等,一律不予补偿。地上附着物是指房屋、水井、树木、桥梁、公路、水利设施等地面建筑物、构筑物、附着物等。地上附着物补偿费视协商征地方案前地上附着物价值与折旧情况确定,应根据“拆什么,补什么;拆多少,补多少,不低于原来水平”的原则确定。如附着物产权属个人,则该项补助费付给个人。地上附着物的补偿标准,由省、自治区、直辖市规定。

③安置补助费。安置补助费应支付给被征地单位和安置劳动力的单位,作为劳动力安置与培训的支出,以及作为不能就业人员的生活补助。征收耕地的安置补助费,按照需要安置的农业人口数计算。需要安置的农业人口数,按照被征收的耕地数量除以征地前被征收单位平均每人占有耕地的数量计算。每一个需要安置的农业人口的安置补助费标准,为该耕地被征收前三年平均年产值的4～6倍。但是,每公顷被征收耕地的安置补助费,最高不得超过被征收前三年平均年产值的15倍。土地补偿费和安置补助费,尚不能使需要安置的农民保持原有生活水平的,经省、自治区、直辖市人民政府批准,可以增加安置补助费。但是,土地补偿费和安置补助费的总和不得超过土地被征收前三年平均年产值的30倍。

④新菜地开发建设基金。新菜地开发建设基金指征用城市郊区商品菜地时支付的费用。这项费用交给地方财政,作为开发建设新菜地的投资。菜地是指城市郊区为供应城市居民蔬菜,连续三年以上常年种菜或者养殖鱼、虾等的商品菜地和精养鱼塘。一年只种一茬或因调整茬口安排种植蔬菜的,均不作为需要收取开发建设基金的菜地。征用尚未开发的规划菜地,不缴纳新菜地开发建设基金。在蔬菜产销放开后,能够满足供应,不再需要开发新菜地的城市,不收取新菜地开发基金。

⑤耕地占用税。耕地占用税是对占用耕地建房或者从事其他非农业建设的单位和个人征收的一种税收,目的是促进合理利用土地资源、节约用地,保护农用耕地。耕地占用税征收范围,不仅包括占用耕地,还包括占用鱼塘、园地、菜地及其他农业用地建房或者从事其他非农业建设;均按实际占用的面积和规定的税额一次性征收。其中,耕地是指用于种植农作物的土地。占用前三年曾用于种植农作物的土地也视为耕地。

⑥土地管理费。土地管理费主要作为征地工作中所发生的办公、会议、培训、宣传、差旅、借用人员工资等必要的费用。土地管理费的收取标准,一般是在土地补偿费、青苗补偿费、地上附

着物补偿费、安置补助费四项费用之和的基础上提取2%～4%。如果是征地包干，还应在四项费用之和后再加上粮食价差、副食补贴、不可预见费等费用，在此基础上提取2%～4%作为土地管理费。

(2)拆迁补偿费用。在城市规划区内国有土地上实施房屋拆迁，拆迁人应当对被拆迁人给予补偿、安置。

①拆迁补偿。拆迁补偿的方式可以实行货币补偿，也可以实行房屋产权调换。

货币补偿的金额，根据被拆迁房屋的区位、用途、建筑面积等因素，以房地产市场评估价格确定。具体办法由省、自治区、直辖市人民政府制定。

实行房屋产权调换的，拆迁人与被拆迁人按照计算得到的被拆迁房屋的补偿金额和所调换房屋的价格，结清产权调换的差价。

②搬迁、临时安置补助费。拆迁人应当对被拆迁人或者房屋承租人支付搬迁补助费，对于在规定的搬迁期限届满前搬迁的，拆迁人可以付给提前搬家奖励费；在过渡期限内，被拆迁人或者房屋承租人自行安排住处的，拆迁人应当支付临时安置补助费；被拆迁人或者房屋承租人使用拆迁人提供的周转房的，拆迁人不支付临时安置补助费。

搬迁补助费和临时安置补助费的标准，由省、自治区、直辖市人民政府规定。有些地区规定，拆除非住宅房屋，造成停产、停业引起经济损失的，拆迁人可以根据被拆除房屋的区位和使用性质，按照一定标准给予一次性停产停业综合补助费。

(3)出让金、土地转让金。土地使用权出让金为用地单位向国家支付的土地所有权收益，出让金标准一般参考城市基准地价并结合其他因素制定。基准地价由市国土资源局会同市物价局、市国有资产管理部门、市房地产管理局等综合平衡后报市级人民政府审定通过，它以城市土地综合定级为基础，用某一地价或地价幅度表示某一类别用地在某一土地级别范围的地价，作为土地使用权出让价格的基础。

在有偿出让和转让土地时，政府对地价不做统一规定，但坚持以下原则：地价对目前的投资环境不产生大的影响；地价与当地的社会经济承受能力相适应；地价确定要考虑已投入的土地开发费用、土地市场供求关系、土地用途、所在区类、容积率和使用年限等。有偿出让和转让使用权，要向土地受让者征收契税；转让土地如有增值，要向转让者征收土地增值税；土地使用者每年应按规定的标准缴纳土地使用费。土地使用权出让或转让，应先由地价评估机构进行价格评估，再签订土地使用权出让和转让合同。

2. 与项目建设有关的其他费用

1)建设管理费

建设管理费是指建设单位为组织完成工程项目建设，在建设期内发生的各类管理性费用。

(1)建设管理费的内容。

①建设单位管理费，是指建设单位发生的管理性质的开支，包括工作人员工资、工资性补贴、施工现场津贴、职工福利费、住房公积金、基本养老保险费、基本医疗保险费、失业保险费、工伤保险费、办公费、差旅交通费、劳动保护费、工具用具使用费、固定资产使用费、必要的办公及生活用品购置费、必要的通信设备及交通工具购置费、零星固定资产购置费、招募生产工人费、技术图书资料费、业务招待费、设计审查费、工程招标费、合同契约公证费、法律顾问费、咨询费、完工清理费、竣工验收费、印花税和其他管理性质开支。

②工程监理费，是指建设单位委托工程监理单位实施工程监理的费用。此项费用应按国家发展和改革委员会与原建设部联合发布的《建设工程监理与相关服务收费管理规定》(发改价格〔2007〕670 号)计算。依法必须实行监理的建设工程施工阶段的监理收费实行政府指导价；其他建设工程施工阶段的监理收费和其他阶段的监理与相关服务收费实行市场调节价。

(2)建设单位管理费的计算。

建设单位管理费按照工程费用之和(包括设备及工器具购置费和建筑安装工程费用)乘以建设单位管理费费率计算。

建设单位管理费费率按照建设项目的不同性质、不同规模确定。有的建设项目按照建设工期和规定的金额计算建设单位管理费。如采用监理，建设单位部分管理工作量转移至监理单位。监理费应根据委托的监理工作范围和监理深度在监理合同中商定或按当地或所属行业部门有关规定计算；如建设单位采用工程总承包方式，其总包管理费由建设单位与总包单位根据总包工作范围在合同中商定，从建设管理费中支出。

2)可行性研究费

可行性研究费是指在工程项目投资决策阶段，依据调研报告对有关建设方案、技术方案或生产经营方案进行技术经济论证，以及编制、评审可行性研究报告所需的费用。此项费用应依据前期研究委托合同计列，或参照《国家计委关于印发〈建设项目前期工作咨询收费暂行规定〉的通知》(计价格〔1999〕1283 号)规定计算。

3)研究试验费

研究试验费是指为建设项目提供或验证设计数据、资料等进行必要的研究试验及按照相关规定在建设过程中必须进行试验、验证所需的费用，包括自行或委托其他部门研究试验所需人工费、材料费、试验设备及仪器使用费等。这项费用按照设计单位根据本工程项目的需要提出的研究试验内容和要求计算。在计算时要注意不应包括以下项目：

(1)应由科技三项费用(即新产品试制费、中间试验费和重大科研项目补助费)开支的项目。

(2)应在建筑安装工程费用中列支的施工企业对建筑材料、构件和建筑物进行一般鉴定、检查所发生的费用及技术革新的研究试验费。

(3)应由勘察设计费或工程费用开支的项目。

4)勘察设计费

勘察设计费是指对工程项目进行工程水文地质勘察、工程设计所发生的费用，包括工程勘察费、初步设计费(基础设计费)、施工图设计费(详细设计费)、设计模型制作费等。此项费用应按《国家计委、建设部关于发布〈工程勘察设计收费管理规定〉的通知》(计价格〔2002〕10 号)的规定计算。

5)环境影响评价费

环境影响评价费是指按照《中华人民共和国环境保护法》《中华人民共和国环境影响评价法》等规定，在工程项目投资决策过程中，对工程项目进行环境污染或影响评价所需的费用，包括编制环境影响报告书(含大纲)和环境影响报告表以及对环境影响报告书(含大纲)、环境影响报告表进行评估等所需的费用。此项费用可参照《建设项目环境影响评价收费标准》(计价格〔2002〕125 号)规定计算。

6)劳动安全卫生预评价费

劳动安全卫生预评价费是指按照劳动部《建设项目(工程)劳动安全卫生预评价管理办法》

的规定，在工程项目投资决策过程中，为编制劳动安全卫生预评价报告所需的费用，包括编制建设项目劳动安全卫生预评价大纲和劳动安全卫生预评价报告书以及为编制上述文件所进行的工程分析和环境现状调查等所需费用。必须进行劳动安全卫生预评价的项目包括：

(1)属于《关于基本建设项目和大中型划分标准的规定》中规定的大中型建设项目。

(2)属于《建筑设计防火规范(2018 年版)》(GB 50016—2014)中规定的火灾危险性生产类别为甲类的建设项目。

(3)属于劳动部颁布的《爆炸危险场所安全规定》中规定的爆炸危险场所等级为特别危险和高度危险的建设项目。

(4)大量生产或使用《职业性接触毒物危害程度分级》(GBZ 230—2010)中规定的Ⅰ级、Ⅱ级危害程度的职业性接触毒物的建设项目。

(5)大量生产或使用石棉粉料或含有 10%以上的游离二氧化硅粉料的建设项目。

(6)其他由劳动行政部门确认的危险、危害因素大的建设项目。

7)场地准备及临时设施费

(1)场地准备及临时设施费的内容。

①建设项目场地准备费是指为使工程项目的建设场地达到开工条件，由建设单位组织进行场地平整等准备工作而发生的费用。

②建设单位临时设施费是指建设单位为满足工程项目建设、生活、办公的需要，用于临时设施建设、维修、租赁、使用所发生或摊销的费用。

(2)场地准备及临时设施费的计算。

①场地准备及临时设施应尽量与永久性工程统一考虑。建设场地的大型土石方工程应计入工程费用的总图运输费用。

②新建项目的场地准备和临时设施费应根据实际工程量估算，或按工程费用的比例计算。改扩建项目一般只计拆除清理费。

③发生拆除清理费时可按新建同类工程造价或主材费、设备费的比例计算。凡可回收材料的拆除工程采用以料抵工方式冲抵拆除清理费。

④此处的临时设施费不包括已列入建筑安装工程费用的施工单位临时设施费用。

8)引进技术和引进设备其他费

引进技术和引进设备其他费是指引进技术和设备发生的但未计入设备购置费的费用。

(1)引进项目图纸资料翻译复制费、备品备件测绘费。可根据引进项目的具体情况计列或按引进货价(FOB)的比例估列；引进项目发生备品备件测绘费时按具体情况估列。

(2)出国人员费用，包括买方人员出国设计联络、出国考察、联合设计、监造、培训等所发生的差旅费、生活费等。可依据合同或协议规定的出国人次、期限以及相应的费用标准计算。生活费按照财政部、外交部规定的现行标准计算，差旅费按中国民航公布票价计算。

(3)来华人员费用，包括卖方来华工程技术人员的现场办公费用、往返现场交通费用、接待费用等。依据引进合同或协议有关条款及来华技术人员派遣计划进行计算。来华人员接待费用可按每人次费用指标计算。引进合同价款中已包括的费用内容不得重复计算。

(4)银行担保及承诺费，指引进项目由国内外金融机构出面承担风险和做责任担保所发生的费用，以及支付贷款机构的承诺费用。应按担保或承诺协议计取；投资估算和概算编制时可以担保金额或承诺金额为基数乘以费率计算。

9)工程保险费

工程保险费是指为转移工程项目建设的意外风险,在建设期内对建筑工程、安装工程、机械设备和人身安全进行投保而发生的费用,包括建筑安装工程一切险、引进设备财产保险和人身意外伤害险等。

根据不同的工程类别,工程保险费分别以其建筑、安装工程费乘以建筑、安装工程保险费率计算。对于民用建筑(住宅楼、综合性大楼、商场、旅馆、医院、学校),工程保险费占建筑工程费的2‰～4‰;对于其他建筑(工业厂房、仓库、道路、码头、水坝、隧道、桥梁、管道等),工程保险费占建筑工程费的3‰～6‰;对于安装工程(农业、工业、机械、电子、电气、纺织、矿山、石油、化学及钢铁工业、钢结构桥梁),工程保险费占建筑工程费的3‰～6‰。

10)特殊设备安全监督检验费

特殊设备安全监督检验费是指安全监察部门对在施工现场组装的锅炉及压力容器、压力管道、消防设备、燃气设备、电梯等特殊设备和设施实施安全检验收取的费用。此项费用按照建设项目所在省(市、自治区)安全监察部门的规定标准计算。无具体规定的,在编制投资估算和概算时可按受检设备现场安装费的比例估算。

11)市政公用设施费

市政公用设施费是指使用市政公用设施的工程项目,按照项目所在地省级人民政府有关规定建设或缴纳的市政公用设施配套费用,以及绿化工程补偿费用。此项费用按工程所在地人民政府规定标准计列。

3.与未来生产经营有关的其他费用

1)联合试运转费

联合试运转费是指新建或新增加生产能力的工程项目,在交付生产前按照设计文件规定的工程质量标准和技术要求,对整个生产线或装置进行负荷联合试运转所发生的费用净支出(试运转支出大于收入的差额部分)。试运转支出包括试运转所需原材料、燃料及动力消耗、低值易耗品、其他物料消耗、工具用具使用费、机械使用费、保险金、施工单位参加试运转人员工资以及专家指导费等;试运转收入包括试运转期间的产品销售收入和其他收入。联合试运转费不包括应由设备安装工程费用开支的调试及试车费用,以及在试运转中暴露出来的因施工原因或设备缺陷等发生的处理费用。

2)专利及专有技术使用费

(1)专利及专有技术使用费的主要内容包括:

①国外设计及技术资料费,引进有效专利、专有技术费,以及技术保密费。

②国内有效专利、专有技术使用费。

③商标权、商誉和特许经营权费等。

(2)专利及专有技术使用费的计算。

在计算专利及专有技术使用费时应注意以下问题:

①按专利使用许可协议和专有技术使用合同的规定计列。

②专有技术的界定应以省、部级鉴定标准为依据。

③项目投资中只计算需在建设期支付的专利及专有技术使用费。协议或合同规定在生产

期支付的使用费应在生产成本中核算。

④一次性支付的商标权、商誉及特许经营权费按协议或合同规定计列。协议或合同规定在生产期支付的商标权或特许经营权费应在生产成本中核算。

⑤为项目配套的专用设施投资，包括专用铁路线、专用公路、专用通信设施、送变电站、地下管道、专用码头等，如由项目建设单位负责投资但产权不归属本单位的，应当作无形资产处理。

3)生产准备及开办费

(1)生产准备及开办费的内容。

生产准备及开办费是指在建设期内，建设单位为保证项目正常生产而提前发生的人员培训费、提前进场费以及投产使用必备的生产、办公、生活家具用具及工器具等的购置费用，包括：

①人员培训费及提前进场费，包括自行组织培训或委托其他单位培训的人员工资、工资性补贴、职工福利费、差旅交通费、劳动保护费、学习资料费等。

②为保证初期正常生产(或营业、使用)所必需的生产办公、生活家具用具购置费。

③为保证初期正常生产(或营业、使用)所必需的第一套未达到固定资产标准的生产工具、器具、用具购置费。不包括备品备件费。

(2)生产准备及开办费的计算。

①新建项目以设计定员为基数计算，改扩建项目以新增设计定员为基数计算。

②可采用综合的生产准备费指标进行计算，也可以采用费用内容的分类指标计算。

2.3.2 无形资产费用

无形资产费用指直接形成无形资产的建设投资，主要是指专利及专有技术使用费。

此处专利及专有技术使用费的主要内容及计算时的注意事项与固定资产其他费用中的相同。

2.3.3 其他资产费用

其他资产费用是建设投资中形成固定资产和无形资产以外的部分的费用，主要包括生产准备及开办费等。

1. 生产准备及开办费的内容

生产准备及开办费是指建设项目为保证正常生产(或营业、使用)而发生的人员培训费、提前进场费以及投产使用必备的生产、办公、生活家具用具及工器具等的购置费用。

2. 生产准备及开办费的计算

(1)新建项目以设计定员为基数计算，改扩建项目以新增设计定员为基数计算。计算公式为：

$$生产准备费=设计定员\times生产准备费指标(元/人)$$

(2)可采用综合的生产准备费指标进行计算。

(3)按费用内容的分类指标计算。

2.4 预备费和建设期贷款利息

2.4.1 预备费

按我国现行规定，预备费包括基本预备费和价差预备费(涨价预备费)。

1. 基本预备费

基本预备费是指针对项目实施过程中可能发生的难以预料的支出而事先预留的费用，又称工程建设不可预见费，主要指设计变更及施工过程中可能增加工程量而造成的费用。

1)基本预备费的内容

(1)在批准的初步设计范围内，技术设计、施工图设计及施工过程中所增加的工程费用；设计变更、工程变更、材料代用、局部地基处理等增加的费用。

(2)一般自然灾害造成的损失和预防自然灾害所采取的措施费用。实行工程保险的工程项目，该费用应适当降低。

(3)竣工验收时为鉴定工程质量对隐蔽工程进行必要的挖掘和修复费用。

(4)超规超限设备运输增加的费用。

2)基本预备费的计算

基本预备费是以各工程建设费和工程建设其他费用之和为计取基础，乘以基本预备费费率进行计算。

基本预备费=(工程费用+工程建设其他费用)×基本预备费费率

基本预备费费率的取值应执行国家及部门的有关规定。

2. 价差预备费

1)价差预备费的内容

价差预备费是指在建设期内因利率、汇率或价格等因素的变化而与预留的费用相比可能增加的费用，亦称价格变动不可预见费。费用内容包括人工、设备、材料、施工机械的价差费，建筑安装工程费用及工程建设其他费用调整增加的费用，以及利率、汇率调整等增加的费用。

2)价差预备费的测算方法

价差预备费一般根据国家规定的投资综合价格指数，以估算年份价格水平的投资额为基数，采用复利方法计算。计算公式为：

$$\mathrm{PF} = \sum I_t[(1+f)^m(1+f)^{0.5}(1+f)^{t-1}-1]$$

式中：PF——价差预备费；

I_t——第 t 年静态投资计划额；

f——年均投资价格上涨率；

m——建设前期年限(从编制估算到开工建设年数)；

t——建设期年数。

【例 2.3】 某新建项目静态投资额为 8 000 万元，按本项目进度计划，项目建设期为 3 年，这 3 年的投资计划比例分别为 20%、50%、30%，预测建设期内年平均价格上涨率为 3%，建设前期年限为 1 年，估算该项目建设期的价差预备费。

【解】 第 1 年静态投资计划额：

I_1＝8 000 万元×20%＝1 600 万元。

$PF_1 = I_1[(1+f)^1(1+f)^{0.5}(1+f)^0-1]$＝1 600 万元×$[(1+3\%)^1(1+3\%)^{0.5}-1]$＝72.54 万元。

第 2 年静态投资计划额：

I_2＝8 000 万元×50%＝4 000 万元。

$PF_2 = I_2[(1+f)^1(1+f)^{0.5}(1+f)^1-1]$＝4 000 万元×$[(1+3\%)^1(1+3\%)^{0.5}(1+3\%)^1-1]$＝306.78 万元。

第 3 年静态投资计划额：

I_3＝8 000 万元×30%＝2 400 万元。

$PF_3 = I_3[(1+f)^1(1+f)^{0.5}(1+f)^2-1]$＝2 400 万元×$[(1+3\%)^1(1+3\%)^{0.5}(1+3\%)^2-1]$＝261.59 万元。

建设期的价差预备费：

PF＝(72.54＋306.78＋261.59)万元＝640.91 万元。

2.4.2 建设期贷款利息

建设期贷款利息是指建设单位为项目融资而向银行贷款，在项目建设期内应偿还的贷款利息。估算建设期贷款利息，需要根据项目进度计划，提出建设投资分年计划，列出各年投资额，并明确其中的外汇和人民币。

为简化计算，建设期贷款一般按贷款计划分年均衡发放，建设期贷款利息的计算可按当年贷款在年中支用考虑，即当年贷款按半年计息，上年贷款按全年计息。每年应计利息的近似计算公式如下：

$$每年应计利息=(年初贷款本息累计+本年贷款额\div 2)\times 年利率$$

注意：计息周期小于一年时，上述公式中的年利率应为有效年利率。有效年利率的计算公式如下：

$$有效年利率=\left(1+\frac{r}{m}\right)^m-1$$

式中：r——名义年利率；

m——每年计息次数。

【例 2.4】 某新建项目，建设期为 3 年，在 3 年建设期中，第 1 年贷款额为 400 万元，第 2 年贷款额为 800 万元，第 3 年贷款额为 400 万元，贷款年利率为 6%。计算 3 年建设期贷款利息。

【解】

第 1 年建设期贷款利息＝(年初贷款本息累计＋本年贷款额÷2)×年利率

＝(400 万元÷2)×6%＝12 万元

第 2 年建设期贷款利息＝(年初贷款本息累计＋本年贷款额÷2)×年利率

＝(400 万元＋12 万元＋800 万元÷2)×6%＝48.72 万元

第 3 年建设期贷款利息＝(年初贷款本息累计＋本年贷款额÷2)×年利率
＝(400 万元＋12 万元＋800 万元＋48.72 万元＋400 万元÷2)×6%＝87.64 万元

建设期贷款利息＝(12＋48.72＋87.64)万元＝148.36 万元

【例 2.5】 某新建项目建设投资 11 196.96 万元，其中自有资金为 5 000 万元，其余为银行贷款，贷款年利率为 6%。根据项目进度计划，项目建设期为 3 年，3 年的投资计划比例分别为 20%、50%、30%，先使用自有资金，然后再向银行贷款。计算 3 年建设期贷款利息。

【解】 第 1 年投资计划额＝11 196.96 万元×20%＝2 239.39 万元。

第 1 年不需要贷款。

第 2 年投资计划额＝11 196.96 万元×50%＝5 598.48 万元。

第 2 年贷款额＝2 239.39 万元＋5 598.48 万元－5 000 万元＝2 837.87 万元。

第 2 年建设期贷款利息＝(年初贷款本息累计＋本年贷款额÷2)×年利率
＝(2 837.87 万元÷2)×6%
＝85.14 万元

第 3 年投资计划额＝11 196.96 万元×30%＝3 359.09 万元。

第 3 年贷款额＝3 359.09 万元。

第 3 年建设期贷款利息＝(年初贷款本息累计＋本年贷款额÷2)×年利率
＝(2 837.87 万元＋85.14 万元＋3 359.09 万元÷2)×6%
＝276.15 万元

建设期贷款利息＝85.14 万元＋276.15 万元＝361.29 万元。

本章介绍了我国现行建设项目投资构成和工程造价的构成，主要包括建筑安装工程费用、设备及工器具购置费、工程建设其他费用和预备费、建设期贷款利息。

设备购置费是指为工程建设项目购置或自制达到固定资产标准的设备、工器具及家具的费用。设备购置费由设备原价和设备运杂费组成。设备原价指国产标准设备、国产非标准设备、进口设备的原价。设备运杂费指除设备原价之外的关于设备采购、运输、途中包装及仓库保管等方面支出的费用。工器具及生产家具购置费是指新建项目或扩建项目初步设计规定所必须购置的符合固定资产标准的设备、仪器、工具、生产家具和备品备件等的费用。

建筑安装工程费用包括建筑工程费和安装工程费。建筑工程费是指各类房屋建筑、一般建筑安装工程、室内外装饰装修、各类设备基础、室外构筑物、道路、绿化、铁路专用线、码头、围护等工程费。安装工程费包括专业设备安装工程费和管线安装工程费。建筑安装工程费用项目按费用构成要素组成划分为人工费、材料费、施工机具使用费、企业管理费、利润、规费和税金。建筑安装工程费用项目按工程造价形成顺序划分为分部分项工程费、措施项目费、其他项目费、规费和税金 。

工程建设其他费用是指从工程筹建起到工程竣工验收交付使用止的整个建设期间，除建筑安装工程费用和设备及工器具购置费以外的，为保证工程建设顺利完成和交付使用后能够正常发挥效用而发生的各项费用。工程建设其他费用由建设用地费、与项目建设有关的其他费用、与未来生产经营有关的其他费用三部分构成。

预备费、建设期贷款利息都是工程造价的重要组成部分。预备费又包括基本预备费和价差预备费。

习题

一、单选题

1. 根据我国现行建设项目投资构成,建设投资中没有包括的费用是(　　)。

A. 工程费用　　B. 工程建设其他费用

C. 建设期贷款利息　　D. 预备费

2. 我国进口设备采用最多的一种货价是(　　)。

A. 运费在内价　　B. 保险费在内价

C. 装运港船上交货价　　D. 目的港船上交货价

3. 根据我国现行建筑安装工程费用项目组成,检验试验费列入(　　)。

A. 材料费　　B. 措施费

C. 规费　　D. 企业管理费

4. 根据我国现行建筑安装工程费用项目组成,大型机械进出场及安拆费列入(　　)。

A. 总承包服务费　　B. 措施费

C. 规费　　D. 安全文明施工费

二、简答题

1. 我国现行建设项目投资包括哪些内容?

2. 我国现行建设项目工程造价包括哪些内容?

3. 建筑安装工程费用项目按费用构成要素和按工程造价形成顺序划分,分别包括哪些内容?

三、计算题

1. 某新建项目建设期为 3 年,共向银行贷款 1 300 万元,贷款情况为:第 1 年 300 万元,第 2 年 600 万元,第 3 年 400 万元,年利率为 6%。计算建设期贷款利息。

2. 某建设项目投资构成中,设备及工器具购置费为 2 000 万元,建筑安装工程费用为 1 000 万元,工程建设其他费用为 500 万元,预备费为 200 万元,建设期贷款 1 800 万元,应计利息 80 万元,流动资金为 400 万元。求该建设项目的工程造价。

3. 某建设项目建筑安装工程费用为 5 000 万元,设备购置费为 3 000 万元,工程建设其他费用为 2 000 万元,已知基本预备费费率为 5%,项目建设前期年限为 1 年,建设期为 3 年,各年投资计划额为:第 1 年完成投资 20%,第 2 年 60%,第 3 年 20%。年均投资价格上涨率为 6%。求建设项目建设期价差预备费。

4. 某新建项目工程费用为 6 000 万元,工程建设其他费用为 2 000 万元,建设期为 3 年,基本预备费费率为 5%,预计年平均价格上涨率为 3%,项目建设前期年限为 1 年。该项目的实施计划进度为:第 1 年完成项目全部投资的 20%,第 2 年完成项目全部投资的 55%,第 3 年完成项目全部投资的 25%。项目有自有资金 4 000 万元,其余为贷款,贷款年利率为 6%(按半年计息)。在投资过程中,先使用自有资金,然后才向银行贷款。计算该项目价差预备费和建设期贷款利息。

第3章

建设项目决策阶段工程造价控制

学习目标

了解建设项目决策阶段的工作内容。
了解建设项目决策阶段与工程造价的关系。
了解建设项目可行性研究的概念和作用。
熟悉建设项目可行性研究的步骤和内容。
掌握建设项目投资估算组成和估算方法。
熟悉建设项目财务评价的概念和内容。
熟悉建设项目财务评价的方法。
熟悉投资方案的比较和选择方法。

教学要求

能力要求	知识要点	权　重
知道决策阶段的工作内容	决策阶段的工作内容，决策阶段与造价的关系	0.05
知道可行性研究的内容	可行性研究的概念、步骤和内容	0.15
能编制投资估算	总投资的组成、投资估算编制方法	0.25
能编制建设项目财务评价	财务评价的概念、内容；财务评价报表的编制与评价；不确定性分析的内容和方法	0.35
理解投资方案的选择	投资方案比较和选择的方法	0.2

3.1 建设项目决策阶段工程造价控制概述

建设项目决策是选择和决定建设项目行动方案的过程，是对拟建项目的必要性和可行性进行技术经济论证，对不同建设方案进行技术经济比较、选择及做出判断和决定的过程。建设项目投资决策是投资行动的准则，正确的建设项目投资行动来源于正确的建设项目投资决策。由此可见，建设项目投资决策正确与否，直接关系到项目建设的成败，关系到工程造价是否合理及投资效果的好坏。

3.1.1 建设项目决策阶段与工程造价的关系

1. 项目决策的正确性是工程造价合理性的前提

项目决策正确，意味着对项目建设做出了科学的决断，选出了最佳投资行动方案，达到了资源的合理配置，这样才能合理地估计和计算工程造价，并且在实施最优投资方案过程中，有效地控制工程造价。项目决策失误，主要体现在对不该建设的项目进行投资建设，项目建设地点的选择错误，投资方案的确定不合理等。诸如此类的决策失误，会直接带来不必要的资金投入和人力、物力及财力的浪费，甚至造成不可弥补的损失，在这种情况下，合理地进行工程造价的计价与控制已经毫无意义了。因此，要实现工程造价的合理性，就要保证项目决策的正确性，避免决策失误。

2. 项目决策的内容是决定工程造价的基础

工程造价的计价与控制贯穿于项目建设全过程，决策阶段各项技术经济决策，对该项目的工程造价有重大影响，特别是建设标准的确定、建设地点的选择、工艺的评选、设备选用等，直接关系到工程造价的高低。据有关资料统计，在项目建设各阶段中，投资决策阶段影响工程造价的程度最高，达到80％～90％。因此，决策阶段是决定工程造价的基础阶段，直接影响着决策阶段之后的各个建设阶段工程造价的计价与控制是否科学、合理。

3. 造价高低、投资多少影响项目决策

决策阶段的投资估算是进行投资方案选择的重要依据之一，同时也是决定项目是否可行及主管部门进行项目审批的参考依据。

4. 项目决策的深度影响投资估算的精确度，也影响工程造价的控制效果

投资决策过程，是一个由浅入深、不断深化的过程，依次分为若干工作阶段，不同阶段决策的深度不同，投资估算的精确度也不同。如投资机会及项目建议书阶段，是初步决策的阶段，投资估算的误差率在15%；而详细可行性研究阶段，是最终决策阶段，投资估算误差率在10%。另外，由于在项目建设各阶段中，即决策阶段、初步设计阶段、技术设计阶段、施工图设计阶段、工程招投标及承发包阶段、施工阶段和竣工验收阶段，通过确定与控制工程造价，相应形成投资估算、设计概算、修正概算、施工图预算、承包合同价、结算价及竣工决算。这些造价形式之间存在前者控制后者、后者补充前者这样的相互作用关系。“前者控制后者”的制约关系，意味着投资估算对其后面的各种形式的造价起着制约作用，作为限额目标。由此可见，只有加强项目决策的深度，采用科学的估算方法和可靠的数据资料，合理地计算投资估算，保证投资估算合理，才能保证其他阶段的造价被控制在合理范围，使投资项目中能够避免“三超”现象的发生。

3.1.2 项目决策阶段影响工程造价的主要因素

项目的工程造价主要取决于项目的建设标准。建设标准能否起到控制工程造价、指导建设投资的作用，关键在于标准水平订立合理与否。下面从几个主要方面进行简要论述。

1. 项目建设规模

项目建设规模也称项目生产规模，是指项目设定的正常生产营运年份可能达到的生产能力或者使用效益。项目建设规模是否合理选择关系着项目的成败，决定着工程造价合理与否。

合理经济规模是指在一定技术条件下，项目投入产出处于较优状态，资源和资金得到充分利用，并可获得较优经济效益的规模。在确定项目规模时，不仅要考虑项目内部各因素之间的数量匹配、能力协调，还要使所有生产力因素共同形成的经济实体（如项目）在规模上大小适应。这样可以合理确定和有效控制工程造价，提高项目的经济效益。项目规模合理化的制约因素如下。

1）市场因素

市场因素是项目规模确定时需考虑的首要因素。首先，项目产品的市场需求状况是确定项目生产规模的前提。其次，原材料市场、资金市场、劳动力市场等对项目规模的选择起着程度不同的制约作用。

2）技术因素

先进、适用的生产技术及技术装备是项目规模效益得以实现的基础，而相应的管理技术水平则是实现规模效益的保证。

3）环境因素

项目的建设、生产和经营都是在特定的社会经济环境下进行的，项目规模确定时需考虑的主要环境因素有政策因素、燃料动力供应、协作及土地条件、运输及通信条件等。其中，政策因素包括产业政策，投资政策，技术经济政策，国家、地区及行业经济发展规划等。

2. 建设地区及建设地点(场址)

一般情况下,确定某个建设项目的具体地址(或场址),需要经过建设地区选择和建设地点选择(场址选择)两个不同层次的、相互联系又相互区别的工作阶段。其中,建设地区选择是指在几个不同地区之间对拟建项目适宜配置在哪个区域范围进行选择;建设地点选择是指对项目具体坐落位置进行选择。

1)建设地区的选择

建设地区选择合理与否,在很大程度上决定着拟建项目的命运,影响着工程造价、建设工期是否合理及建设质量的好坏,还影响到项目建成后的经营状况。因此,建设地区的选择要充分考虑各种因素的制约,具体要考虑以下因素:

(1)要符合国民经济发展战略规划、国家工业布局总体规划和地区经济发展规划的要求。

(2)要根据项目的特点和需要,充分考虑原材料条件、能源条件、水源条件、各地区的项目产品需求及运输条件等。

(3)要综合考虑气象、地质、水文等自然条件。

(4)要充分考虑劳动力来源、生活环境、协作、施工力量、风俗文化等社会环境因素的影响。

因此,在综合考虑上述因素的基础上,建设地区的选择要遵循以下两个基本原则:

①靠近原料、燃料提供地和产品消费地的原则。

遵循这一原则,在项目建成投产后,可以避免原料、燃料和产品的长期远途运输,可减少费用,降低产品的生产成本,并且缩短流通时间,加快流动资金的周转速度。但这一原则并不意味着项目要安排在距原料、燃料提供地和产品消费地的等距离范围内,而是指要根据项目的技术经济特点和要求,具体对待。例如,农产品、矿产品的初步加工项目,由于大量消耗原料,应尽可能靠近原料产地;能耗高的项目,如铝厂、电石厂等,宜靠近电厂,它们取得廉价电能和减少电能运输损失所获得的利益,通常大大超过原料、半成品调运中的劳动耗费;而对于技术密集型的建设项目,由于大、中城市工业和科学技术力量雄厚,协作配套条件完备,信息灵通,其选址宜在大、中城市。

②工业项目适当聚集的原则。

在工业布局中,一系列相关的项目通常聚成适当规模的工业基地和城镇,从而有利于发挥集聚效益。集聚效益形成的客观基础是:第一,现代化生产是一个复杂的合作体系,只有相关企业集中配置,才能对各种资源和生产要素进行充分利用,便于形成综合生产能力,尤其对那些具有密切投入产出链环关系的项目,集聚效益尤为明显;第二,现代产业需要有相应的生产性和社会性基础设施相配合,其能力和效率才能充分提高,企业布点适当集中,才有可能统一建设比较齐全的基础设施,避免重复建设,节约投资,提高这些设施的效益;第三,企业布点适当集中,才能为不同类型的劳动者提供多种就业机会。但是,工业布局的聚集程度,并非越高越好。当工业聚集超越客观条件时,也会带来许多弊端,促使项目投资增加,经济效益下降。这主要是因为:第一,各种原料、燃料需要量大增,原料、燃料和产品的运输距离延长,流通过程中的劳动耗费增加;第二,城市人口相应集中,形成对各种农副产品的大量需求,势必增加城市农副产品供应的费用;第三,生产和生活用水量大增,在本地水源不足时,需要开辟新水源,远距离引水,耗资巨大;第四,大量生产和生活排泄物集中排放,势必造成环境污染、破坏生态平衡,利用自然界自净能力净化三废的可能性相对下降,为保持环境质量,不得不花费巨资兴建各种人工净化处理设施,增加环境保护费用。当产业集聚带来的“外部经济性”的总和超过生产集聚带来的利益时，综合经济效益反而下降，这就表明集聚程度已超过经济合理的界限。

2)建设地点(场址)的选择

建设地点的选择是一项极为复杂的技术经济综合性很强的系统工程，它不仅涉及项目建设条件、产品生产要素、生态环境和未来产品销售等重要问题，受社会、政治、经济、国防等多种因素的制约，而且还直接影响到项目建设投资、建设速度和施工条件，以及未来企业的经营管理及所在地点的城乡建设规划和发展。因此，必须从国民经济和社会发展的全局出发，运用系统观点和方法分析决策。选择建设地点的要求包括：

(1)节约土地。项目的建设应尽可能节约土地，尽量把场址放在荒地和不可耕种的地点，避免大量占用耕地，节省土地的补偿费用。

(2)应尽量选在工程地质、水文条件较好的地段，土壤耐压力应满足拟建项目的要求，严禁选在断层、熔岩、流沙层与有用矿床上以及洪水淹没区、已采矿坑塌陷区、滑坡区。场址的地下水位应尽可能低于地下建筑物的基准面。

(3)场区土地面积与外形能满足建设项目的需要，并适合于按科学的工艺流程布置建筑物与构筑物。

(4)场区地形力求平坦而略有坡度，以减少平整土地的土方工程量，节约投资，又便于地面排水。

(5)应靠近铁路、公路、水路，以缩短运输距离，减少建设投资。

(6)应便于供电、供热和其他协作条件的取得。

(7)应尽量减少对环境的污染。排放大量有害气体和烟尘的项目，不能建在城市的上风口，以免对整个城市造成污染；噪声大的项目，场址应选在距离居民集中地区较远的地方，同时，要设置一定宽度的绿化带，以减弱噪声的干扰。上述条件能否满足，不仅关系到建设工程造价的高低和建设期限，对项目投产后的运营状况也有很大影响。因此，在确定场址时，也应进行方案的技术经济分析、比较。

3)场址选择时的费用分析

在进行场址多方案技术经济分析时，除比较场址条件外，还应从两方面进行分析：

(1)项目投资费用，包括土地征购费、拆迁补偿费、土石方工程费、运输设施费、排水及污水处理设施费、动力设施费、生活设施费、临时设施费、建材运输费等。

(2)项目投产后生产经营费用比较，包括原材料、燃料运入及产品运出费用，给水、排水、污水处理费用，动力供应费用等。

3. 工程技术方案的确定

工程技术方案的确定主要包括生产工艺方案的确定和主要设备的选择两部分内容。

1)生产工艺方案的确定

生产工艺是指生产产品所采用的工艺流程和制作方法。工艺流程是指投入物(原料或半成品)经过有次序的生产加工，成为产出物(产品或加工品)的过程。评价及确定拟采用的工艺是否可行，主要有两项标准，即先进适用和经济合理。

①先进适用。

这是评定工艺的最基本的标准。先进与适用，是对立统一的。保证工艺的先进性是首先要满足的，这能够带来产品质量、生产成本的优势，但是不能单独强调先进而忽视适用，还要考察工艺是否符合我国国情和国力，是否符合我国的技术发展政策。就引进工艺技术来讲，世界上最先进的工艺,往往由于对原材料要求过高、国内设备不配套或技术不容易掌握等原因而不适合我国的实际需要。因此,一般来说,引进的工艺和技术既要比国内现有的工艺先进,又要注意在我国的适用性,并不是越先进越好。有的引进项目,可以在主要工艺上采用先进技术,而其他部分则采用适用技术。总之,要根据国情和建设项目的经济效益,综合考虑先进与适用的关系。对于拟采用的工艺,除了必须保证能用指定的原材料按时生产出符合数量、质量要求的产品外,还要考虑与企业的生产和销售条件(包括原有设备、技术和管理水平、市场需求、原材料种类等)是否相适应,特别要考虑到原有设备能否利用、技术和管理水平能否跟上等方面。

②经济合理。

经济合理是指所用的工艺应能以尽可能小的消耗获得最大的经济效果,要求综合考虑所用工艺能产生的经济效益和国家的经济承受能力。在可行性研究中可能提出几种不同的工艺方案,各方案的劳动需要量、能源消耗量、投资数量等可能不同,在产品质量和产品成本等方面可能也有差异,因而应反复进行比较,从中挑选最经济合理的工艺。

2)主要设备的选用

在设备选用过程中,应注意处理好以下问题:

(1)要尽量选用国产设备。凡国内能够制造并能保证质量、数量和按期供货的设备,或者进口一些技术资料就能仿制的设备,原则上不必从国外进口;凡只引进关键设备就能与国内设备配套使用的,就不必成套引进。

(2)要注意进口设备之间以及国内外设备之间的衔接配套问题。一个项目从国外引进设备时,为了考虑各供应厂家的设备特长和价格等问题,可能分别向几家制造厂购买,这种情况下就必须注意各厂所供设备之间技术、效率等方面的衔接配套问题。为了避免各厂所供设备不能配套衔接的问题,引进时最好采用总承包的方式。还有一些项目,一部分为进口设备,另一部分则引进技术由国内制造。这时,也必须注意国内外设备之间的衔接配套问题。

(3)要注意进口设备与原有国产设备、设备安置空间的配套问题,主要应注意原有国产设备的质量、性能与引进设备是否配套,以免因国内外设备能力不平衡而影响生产。有的项目利用原有设备安置空间安装引进设备,就应把空间的结构、面积、高度以及原有设备的情况了解清楚,以免引进设备到现场后安装不下或互不适应而造成浪费。

(4)要注意进口设备与原材料、备品备件及维修能力之间的配套问题。应尽量避免引进的设备所用主要原料只能进口的情况。如果必须从国外引进,应安排国内有关厂家尽快研制这种原料。在备品备件供应方面,随机引进的备品备件数量往往有限,有些备件在厂家输出技术或设备之后不久就被淘汰,因此,采用进口设备还必须同时组织国内机构研制所需备品备件问题,以保证设备长期发挥作用。另外,对于进口的设备,还必须懂得如何操作和维修,否则不能发挥设备的先进性。在外商派人调试安装时,可培训国内技术人员及时学会操作,必要时也可派人出国培训。

4. 工程方案选择

工程方案选择是在已选定项目建设规模、技术方案和设备方案的基础上,研究论证主要建筑物、构筑物的建造方案,包括对于建筑标准的确定。一般工业项目的厂房、工业窑炉、生产装置等建筑物、构筑物的工程方案,主要研究其建筑特征(面积、层数、高度、跨度),建筑物、构筑物的结构形式,以及特殊建筑要求(防火、防爆、防腐蚀、隔音、隔热、抗震设防等)基础工程方案。

工程方案选择应满足的基本要求包括:满足生产使用功能要求,适应已选定的场址(线路走向)，符合工程标准规范要求，经济合理。

5. 环境保护措施

①基本原则：符合国家环境保护法律、法规和环境功能规划的要求；坚持污染物排放总量控制和达标排放的要求；坚持“三同时”原则；力求环境效益与经济效益相统一；注重资源综合利用。

②环境治理措施方案设计时应根据项目的污染源和排放污染物的性质，采用不同的治理措施。

③环境治理措施方案比选的主要内容有技术水平对比、治理效果对比、管理及监测方式对比和环境效益对比。

3.2 建设项目可行性研究

3.2.1 可行性研究的概念

可行性研究是目前国内外在工程建设中广泛采用的一种技术经济论证方法。这种方法经过几十年的不断充实和完善，已形成了一整套对工程项目进行综合的、全面的技术经济论证的科学方法。

可行性研究是投资决策科学化的必要步骤和手段。其实质是运用工程技术学和经济学原理，采用系统的观点和方法，对工程项目方案的各方面(技术、经济、市场、资源、社会、环境等方面)进行调查研究，分析预测，反复比较，综合论证，以便从技术、经济等方面对项目的“可行”还是“不可行”做出结论，选出最优方案，为项目决策提供依据。其中，项目的经济评价是可行性研究的核心。

目前，国内外都把工程建设项目进展周期分为3个阶段，即投资前期、建设期和生产期。可行性研究属于投资前期的主要内容。投资前期是决定建设项目经济效果的关键时期，是决定投资成败的关键。如果在项目实施过程中才发现工程费用过高、投资不足或原材料供应不足等问题，将会给投资者造成巨大损失。为了减少投资项目的盲目性，降低风险，获取最大投资效益，就要把可行性研究作为工程建设的首要环节，以提高获利的可靠程度。

可行性研究广泛应用于新建、改建、扩建的工程建设项目，并已扩大到资源的开发和综合利用、产品更新、技术改造、技术引进、新技术应用，科学技术试验项目以及技术政策制定等方面。

3.2.2 可行性研究的阶段划分

可行性研究是在进行项目投资、工程建设之前的准备性研究工作，分析过程从粗到细，通常可分为3个阶段。

1. 机会研究阶段

机会研究是指在某一地区或部门内，以市场调查和市场预测为基础，进行粗略、系统的估算来提出项目，选择最佳投资机会。它是对项目投资方向提出的原则设想。在机会研究以后，如果发现某项目可能获利，就需要提出项目建议。在我国，项目建议一般采用项目建议书的形式。项目建议书一经批准，就可列入项目计划。

2. 初步可行性研究阶段

初步可行性研究是指在投资机会研究的基础上，进一步较为系统地研究投资机会的可行性，包括对市场进一步进行考察分析等，其主要回答的问题如下：

(1)投资机会是否有前途，值不值得进一步做详细项目论证。

(2)确定的项目概念是否正确，有无必要通过可行性研究进一步详细分析。

(3)项目中有哪些关键性问题，是否需要通过市场调查、实验室实验、工业性试验等方式做深入研究。

(4)是否有充分的资料说明该项目是否可行，以及项目对投资者有无足够的吸引力。

3. 详细可行性研究阶段

详细可行性研究也称技术经济可行性研究，是在项目决策前对项目有关的工程、技术、经济等各方面的条件和情况进行详尽、系统、全面的调查、研究、分析，对各种可能的建设方案和技术方案进行详细的比较论证，并对项目建成后的经济效益、国民经济效益、社会效益进行预测和评价的一种科学分析过程和方法，是项目进行评估和决策的依据。

详细可行性研究阶段是确定一个投资项目是否可行的最终研究阶段，研究内容包括市场近期、远期需求，资源、能源、技术协作落实情况，最佳工艺流程及其相应设备，场址选择及场地布置，组织机构确定和人员培训，建设投资费用，资金来源及偿还办法，生产成本，投资效果等。详细可行性研究必须为项目提供政治、经济、社会等各方面的详尽情况，是计算和分析项目在技术上、财务上、经济上的可行性后做出投资与否决策的关键步骤。

3.2.3 可行性研究的作用

可行性研究的作用如下：

(1)作为经济主体投资决策的依据。

可行性研究工作为投资者的最终决策提供直接的依据，它是建设项目投资建设的首要环节，项目主管机关主要根据项目可行性研究的评价结论，并结合国家财政经济条件和国民经济长远发展的需要，做出项目是否应该投资和如何投资的决定，对于整个项目建设过程乃至整个国民经济都有非常重要的意义，

(2)作为编制设计文件的依据。

可行性研究报告一经审批通过，就意味着项目已经批准立项，可以进行初步设计了。可行性研究所确定的投资估算是控制初步设计概算的依据。

(3)作为筹集资金和向银行申请贷款的依据。

银行通过审查项目的可行性研究报告，确认项目的盈利水平、偿债能力和风险状况后，才能做出是否同意贷款的决定。

(4)作为建设单位与各协作单位签订合同或协议的依据。

根据批准的可行性研究报告，项目法人可以与有关的协作单位签订原材料、燃料、动力、运输、设备采购、工程设计及施工等方面的合同或协议。

(5)作为环保部门、地方政府和规划部门审批项目的依据。

(6)作为施工组织设计、工程进度安排、竣工验收的依据。

(7)作为项目建成投产后组织机构设置、劳动定员和职工培训计划的依据。

(8)作为项目后评价的依据。

3.2.4 可行性研究的工作步骤

1. 签订委托协议

可行性研究编制单位与委托单位，就项目可行性研究工作的范围、重点、深度要求、完成时间、费用预算和质量要求交换意见，并签订委托协议，据以开展可行性研究各阶段的工作。

2. 组建工作小组

根据委托项目可行性研究的工作量、内容、范围、技术难度、时间要求等组建项目可行性研究工作小组。一般工业项目和交通运输项目可分为市场组、工艺技术组、设备组、工程组、总图运输及公用工程组、环保组、技术经济组等专业组。为使各专业组协调工作，保证可行性研究工作的总体质量，一般应由总工程师、总经济师负责统筹协调。

3. 制订工作计划

制订工作计划的具体内容包括确定工作的范围、重点、深度、进度安排、人员配置、费用预算及可行性研究报告编制大纲，并与委托单位交换意见。

4. 市场调查和预测

各专业组根据可行性研究报告编制大纲进行实地调查，收集整理有关资料，包括市场和社会调查，行业主管部门调查，项目所在地区调查，项目涉及的有关企业、单位调查，以及项目建设、生产运营等各方面所必需的信息资料和数据，对项目未来原材料市场和产品市场供求状况进行定性和定量的分析。

5. 方案编制与优化

在调查研究所收集资料的基础上，对项目的建设规模与产品方案、场址方案、技术方案、设备方案、工程方案、原材料供应方案、总图布置与运输方案、公用工程与辅助工程方案、环境保护方案、组织机构设置方案、实施进度方案以及项目投资与资金筹措方案等，进行论证、比选与优化，提出推荐方案。

6. 项目评价

项目评价是指对推荐方案进行环境评价、财务评价、国民经济评价、社会评价及风险分析，以判断项目的环境可行性、经济可行性、社会可行性和抗风险能力，其中经济评价是可行性研究的核心部分。当有关评价指标结论不足以支持项目方案成立时，应对原设计方案进行调整或重新设计。

3.2.5 可行性研究报告的编制依据及研究内容

1. 可行性研究报告的编制依据

(1)项目建议书(初步可行性研究报告)及其批复文件。

(2)国家经济和社会发展的长期规划,部门与地区规划,经济建设的指导方针、任务、产业政策、投资政策和技术经济政策以及国家和地方法规等。

(3)包含项目所需全部市场信息的市场调研报告。

(4)中外合资、合作项目各方签订的协议书或意向书。

(5)进行可行性研究的委托合同。

(6)有关机构发布的工程技术经济方面的标准、规范、定额及有关工程经济评价的基本参数、指标和规定。

(7)有关工程选址、工程设计的水文、地质、气象、地理条件、市政配套条件的基础资料。

(8)其他相关依据资料。

2. 可行性研究的基本内容

各类建设项目可行性研究的内容及侧重点因行业特点而差异很大,但一般应包括以下几方面:

(1)投资必要性:主要根据市场调查及预测的结果,以及有关的产业政策等因素,论证项目投资建设的必要性。在投资必要性的论证上,一是要做好投资环境的分析,对构成投资环境的各种要素进行全面的分析论证;二是要做好市场研究,包括市场供求预测、竞争力分析、价格分析、市场细分、定位及营销策略论证。

(2)技术可行性:主要从项目实施的技术角度,合理设计技术方案,并进行比选和评价。各行业不同项目技术可行性的研究内容及深度差别很大。对于工业项目,可行性研究的技术论证应达到能够比较明确地提出设备清单的深度;对于各种非工业项目,技术方案的论证也应达到目前工程方案初步设计的深度,以便与国际惯例接轨。

(3)财务可行性:主要从项目及投资者的角度设计合理的财务方案,从企业理财的角度进行资本预算,评价项目的财务盈利能力,进行投资决策,同时还要从融资主体(企业)的角度评价股东投资收益、现金流量计划及债务清偿能力。

(4)组织可行性:制订合理的项目实施进度计划,设计合理的组织机构,制订合适的培训计划等,保证项目顺利执行。

(5)经济可行性:主要从资源配置的角度衡量项目的价值,评价项目在实现区域经济发展目标、有效配置经济资源、增加供应、创造就业、改善环境、提高生活水平等方面的效益。

(6)社会可行性:主要分析项目对社会的影响,包括对政治体制、方针政策、经济结构、法律道德、宗教民族、妇女儿童及社会稳定性等的影响。

(7)风险因素及对策:主要对项目的市场风险、技术风险、财务风险、组织风险、法律风险、经济及社会风险等风险因素进行评价,制定规避风险的对策,为项目全过程的风险管理提供依据。

3. 一般工业项目可行性研究报告的内容

每个建设项目应根据自身的技术经济特点来确定可行性研究的工作要点以及相应可行性

研究报告的内容。一般工业项目可行性研究报告,可按以下结构和内容编写。

1)总论

总论内容:项目背景,包括项目名称、项目的承办单位、承担可行性研究的单位、项目拟建地区、项目提出的背景、投资的必要性和经济意义、研究工作的依据和范围;项目概况,包括拟建地点、建设规模与目标、主要建设条件、项目投入总资金及效益情况、主要技术经济指标。

2)产品的市场分析和拟建规模

主要内容包括产品需求量调查,产品价格分析,预测未来发展趋势,预测销售价格、需求量,制定拟建项目生产规模,制定产品方案。

3)资源、原材料、燃料及公用设施情况

主要内容包括资源评述,原材料、主要辅助材料需用量及供应情况,燃料、动力及公用设施的供应,材料试验情况等。

4)建设条件和场址选择

建设条件主要包括拟建项目的地理位置、地形、地貌等基本情况,水源、水文地质条件,气象条件,供水、供电、运输、排水、通信、供热等情况,施工条件,市政建设及生活设施,社会经济条件等。

场址选择主要包括场址多方案比较、场址推荐方案等。

5)项目设计方案

主要内容包括生产技术方法,总平面布置和运输方案,主要建筑物、构筑物的建筑特征与结构设计,特殊基础工程的设计,建筑材料选用,土建工程造价估算,给排水、动力、公用工程设计方案,地震设防,生活福利设施设计方案等。

6)环境保护与劳动安全

主要内容包括分析建设地区的环境现状,分析主要污染源和污染物、项目拟采用的环境保护标准、治理环境的方案、环境监测制度的建议、环境保护投资估算、环境影响评价结论、劳动保护与安全卫生等。

7)企业组织、劳动定员和人员培训

主要内容包括企业组织形式、企业工作制度、劳动定员、年总工资和职工年平均工资估算、人员培训及费用估算等。

8)项目施工计划和进度安排

主要内容包括明确项目实施的各阶段,编制项目实施进度表、项目实施费用方案等。

9)投资估算与资金筹措

项目总投资估算包括建设投资估算、建设期贷款利息估算和流动资金估算;资金筹措包括资金来源和项目筹资方案等。

10)项目经济评价

主要内容包括财务评价基础数据测算、项目财务评价、国民经济评价、不确定性分析、社会效益和社会影响分析等。

11)项目结论与建议

主要内容是根据项目综合评价,提出项目可行或不可行的理由,并提出存在的问题及改进建议,包括项目建议书、项目立项批文、场址选择报告、资源勘探报告、贷款意见书、环境影响报告、引进技术项目的考察报告、利用外资的各类协议文件等附件,包括场址地形或位置图、总平面布置方案图、建筑方案设计图、工艺流程图等附图。

以上 11 个方面可简单概括为三部分：第一部分为市场研究，包括市场调查和预测，是可行性研究的前提和基础，解决拟建项目存在的“必要性”；第二部分为技术研究，包括技术方案和建设条件，是可行性研究的技术基础，解决拟建项目技术上的“可行性”；第三部分为效益研究，包括经济效益分析与评价，是可行性研究的核心，解决拟建项目经济上的“合理性”。

3.3 建设项目投资估算

3.3.1 投资估算的内容、依据、要求及编制步骤

1. 建设项目投资估算的内容

建设项目总投资包括建设投资、建设期贷款利息和流动资金估算，如图 3.1 所示。

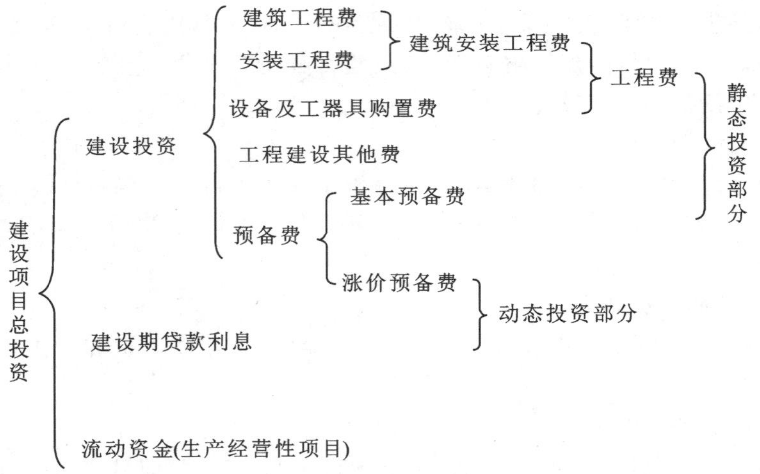

图 3.1 建设项目总投资

2. 投资估算的编制依据

投资估算的编制依据是指在编制投资估算时需要的有关基础资料。投资估算的编制依据主要有以下几个方面：

(1)国家、行业和地方政府的有关规定。

(2)工程勘察与设计文件，图示计量或有关专业提供的主要工程量和主要设备清单。

(3)行业部门、项目所在地工程造价管理机构或行业协会等编制的投资估算指标、概算指标(定额)、工程建设其他费用定额(规定)、综合单价、价格指数和有关造价文件等。

(4)类似工程的各种技术经济指标和参数。

(5)工程所在地的同期的工、料、机市场价格，建筑、工艺及附属设备的市场价格和有关

费用。

(6)政府有关部门、金融机构等发布的价格指数、利率、汇率、税率等有关参数。

(7)与建设项目相关的工程地质资料、设计文件、图纸等。

(8)委托人提供的其他技术经济资料。

3. 我国建设工程项目投资估算的阶段划分与精度要求

我国建设工程项目投资估算分为以下几个阶段。

1)项目规划阶段

建设工程项目规划阶段是指有关部门根据国民经济发展规划、地区发展规划和行业发展规划的要求编制一个项目的建设规划的阶段。此阶段的投资估算是按项目规划的要求和内容，粗略地估算项目所需要的投资额，投资估算允许误差率大于±30%。

2)项目建议书阶段

在项目建议书阶段，按项目建议书中的产品方案、项目建设规模、产品主要生产工艺、企业车间组成、初选项目地点等估算项目所需要的投资额。对此阶段投资估算精度的要求为误差率控制在±30%以内。进行此阶段项目投资估算是为了判断一个项目是否需要进行下一阶段的工作。

3)初步可行性研究阶段

初步可行性研究阶段的投资估算，是在掌握了更详细、更深入的资料的条件下，估算项目所需的投资额，该阶段投资估算精度的要求为误差率控制在±20%以内。进行此阶段项目投资估算是为了确定是否进行详细可行性研究。

4)详细可行性研究阶段

详细可行性研究阶段的投资估算至关重要，因为这个阶段的投资估算经审查被批准之后，便是工程设计任务书中规定的项目投资限额，可据此编制项目年度基本建设计划。对此阶段投资估算精度的要求为误差率控制在±10%以内。

4. 投资估算的编制步骤

投资估算是根据项目建议书或可行性研究报告中建设工程项目的总体构思和描述报告，利用以往积累的工程造价资料和各种经济信息，凭借估价人员的知识、技能和经验编制而成的。其编制步骤如下：

(1)估算建筑工程费用。

根据总体构思和描述报告中的建筑方案和结构方案构思、建筑面积分配计划和单项工程描述，列出各单项工程的用途、结构和建筑面积，利用工程计价的技术经济指标和市场经济信息，估算出建设工程项目中的建筑工程费用。

(2)估算设备、工器具购置费用以及需安装设备的安装工程费用。

根据可行性研究报告中机电设备构思和设备购置及安装工程描述，列出设备购置清单，参照设备安装工程估算指标及市场经济信息，估算出设备、工器具购置费用以及需安装设备的安装工程费用。

(3)估算其他费用。

根据建设中可能涉及的其他费用的构思和前期工作的设想，按照国家、地方有关法规和政策，编制其他费用估算。

(4)估算预备费用和贷款利息。

(5)估算流动资金。

根据产品方案,参照类似项目流动资金占用率来估算流动资金。

(6)汇总得出总投资。

将建筑安装工程费用,设备、工器具购置费用及其他费用和流动资金等进行汇总,估算出建设工程项目总投资,即完成建设工程项目投资估算。

3.3.2 投资估算的文件组成

投资估算文件一般由封面、签署页、编制说明、投资估算分析、总投资估算表、单项工程投资估算表等内容组成。

1. 投资估算编制说明

投资估算编制说明的主要内容有:①工程概况;②编制范围;③编制方法;④编制依据;⑤主要技术经济指标;⑥有关参数、率值选定的说明;⑦特殊问题的说明(包括采用新技术、新材料、新设备、新工艺时必须说明的价格的确定方法,进口材料、设备、技术费用的构成与计算参数,采用矩形结构、异形结构的费用估算方法,环保(不限于)投资占总投资的比重,未包括项目或费用的必要说明等);⑧采用限额设计的工程还应对投资限额和投资分解做进一步说明;⑨采用方案比选的工程还应对方案比选的估算和经济指标做进一步说明。

2. 投资估算分析

投资估算分析应包括以下内容:

(1)分析工程投资比例。对一般建筑工程,要分析土建、装饰、给排水、电气、暖通、空调、动力等主体工程和道路、广场、围墙、大门、室外管线、绿化等室外附属工程占总投资的比例;对一般工业项目,要分析主要生产项目(列出各生产装置)、辅助生产项目、公用工程项目(给排水、供电和通信、供气、总图运输及外管)、服务性工程、生活福利设施、场外工程占建设总投资的比例。

(2)分析设备购置费、建筑工程费、安装工程费、工程建设其他费用、预备费占建设总投资的比例;分析引进设备费用占全部设备费用的比例等。

(3)分析影响投资的主要因素。

(4)与国内类似工程项目相比较,分析说明投资高或低的原因。

3. 总投资估算表

总投资估算表包括汇总单项工程估算、工程建设其他费用,估算基本预备费、价差预备费,计算建设期贷款利息等。

4. 单项工程投资估算表

应按建设项目划分的各个单项工程分别计算组成工程费用的建筑工程费、设备购置费、安装工程费等。

5. 工程建设其他费用估算

应按预期要发生的工程建设其他费用种类逐项详细估算其费用金额。

6. 其他说明

编制投资估算时除要完成上述表格编制和说明外,还应根据项目特点,计算并分析整个建设项目、各单项工程和主要单位工程的主要技术经济指标。

3.3.3 投资估算的编制方法

1. 静态投资的估算

1)生产能力指数估算法

根据已建成的性质相类似的工程或装置的实际投资额和生产能力，按拟建项目的生产能力进行推算：

$$C_2=C_1\left(\frac{Q_2}{Q_1}\right)^n f$$

式中：C_1——已建类似项目或装置的投资额；

C_2——拟建类似项目或装置的投资额；

Q_1——已建类似项目或装置的生产能力；

Q_2——拟建类似项目或装置的生产能力；

f——不同时期、不同地点的定额、单价、费用变更等的综合调整系数；

n——生产能力指数。

上式表明，造价与规模(或容量)呈非线性关系，且单位造价随工程规模(或容量)的增大而减小。在通常情况下，$0<n\leqslant 1$，不同生产率水平的国家和不同性质的项目中，n 的取值是不相同的。比如化工项目，美国取 $n=0.6$，英国取 $n=0.66$，日本取 $n=0.7$。

若已建同类项目的生产规模与拟建项目生产规模相差不大，Q_2 与 Q_1 的比值为 0.5～2，则指数 n 的取值近似为 1。

当已建同类项目的生产规模与拟建项目生产规模相差不大于 50 倍，且拟建项目生产规模的扩大仅靠增大设备规模来达到时，n 的取值为 0.6～0.7；当拟建项目生产规模靠增加相同规格设备的数量达到时，n 的取值为 0.8～0.9。生产能力指数估算法精确度一般为误差率控制在 20%以内。

将 n 固定取值为 1 的生产能力指数估算法主要用于建设投资与其生产能力之间为线性关系的项目，又称为单位生产能力估算法。但是，这是比较理想化的，因此，估算结果精确度较差。使用这种方法时要注意拟建项目的生产能力和类似项目的可比性，否则误差很大，误差率可达 ±30%。

【例 3.1】 2012 年某地动工兴建一个年产 15 亿粒药品的医药厂。已知 2008 年该地生产同样药品的某医药厂，其年产量为 6 亿粒，当时购置的生产工艺设备花费 4 000 万元，其生产能力指数为 0.7。根据统计资料，该地区近几年总体物价上涨率为 8%。试估算年产 15 亿粒药品的医药厂的生产工艺设备购置费。

【解】

$$\begin{aligned}C_2&=C_1\left(\frac{Q_2}{Q_1}\right)^n f\\&=4\,000\text{ 万元}\times\left(\frac{1\,500\,000\,000}{600\,000\,000}\right)^{0.7}\times 1.08\\&=8\,204.30\text{ 万元}\end{aligned}$$

年产 15 亿粒药品的医药厂的生产工艺设备购置费估算额为 8 204.30 万元。

2)系数估算法

系数估算法也称为因子估算法，它是以拟建项目的主体工程费或主要设备为基数，以其他工程费与主体工程费或主要设备费的百分比为系数，估算项目总投资的方法。这种方法简单易行，但是精度不高，一般只限用于项目建议书阶段。系数估算法的种类很多，我国国内常用的有设备系数法和主体专业系数法，世界银行投资的项目估算常用朗格系数法。

(1)设备系数法。

以拟建项目的设备费为基数，根据已建成的同类项目或装置的建筑安装费和其他工程费用等占设备费用的百分比，求出相应的建筑安装及其他有关费用，其总和即为项目或装置的投资，这种方法即为设备系数法。公式如下：

$$C=E(1+f_1P_1+f_2P_2+f_3P_3+\cdots)+I$$

式中：C——拟建项目或装置的投资额；

E——根据拟建项目或装置的设备清单按当时当地价格计算的设备费(包括运杂费)的总和；

P_1、P_2、P_3——已建项目中建筑安装及其他工程费用占设备费百分比；

f_1、f_2、f_3——由于时间因素引起的定额、价格、费用标准等变化的综合调整系数；

I——拟建项目的其他费用。

【例 3.2】 某进口设备，估计设备购置费为 5 027 万美元，结算汇率为 1 美元=6.84 元人民币。根据以往资料，与设备配套的建筑工程、安装工程和其他工程费占设备费用的百分比分别为 43%、15%、10%。建筑工程、安装工程和其他工程费的综合调价系数分别为 1.2、1.1、1.05。该项目其他费用估计为 820 万元(人民币)。试估算该项目投资额。

【解】

$$\begin{aligned}C&=E(1+f_1P_1+f_2P_2+f_3P_3+\cdots\cdots)+I\\&=5\ 027\text{ 万美元}\times 6.84\text{ 元人民币/美元}\times\\&\quad(1+1.2\times 43\%+1.1\times 15\%+1.05\times 10\%)+820\text{ 万元人民币}\\&=62\ 231.04\text{ 万元人民币}\end{aligned}$$

该项目投资额为 62 231.04 万元(人民币)。

(2)主体专业系数法。

以拟建项目中最主要、投资比重较大并与生产能力直接相关的工艺设备的投资(包括运杂费及安装费)为基数，根据同类型的已建项目的有关统计资料，计算出拟建项目的各专业工程(总图、土建、暖通、给排水、电气及通信、自控及其他工程费用等)占工艺设备投资的百分比，据以求出各专业的投资，然后把各部分投资费用(包括工艺设备费)相加求和，即为项目的总费用，这种方法即为主体专业系数法，其计算公式为：

$$C=E(1+f_1P_1'+f_2P_2'+f_3P_3'+\cdots)+I$$

式中：E——拟建项目主体专业费；其他符号意义与设备系数法计算式中一致。

(3)朗格系数法。

朗格系数法是以设备费为基数，乘以适当系数来推算项目建设投资的。该方法的基本原理是将总成本费用中的直接成本和间接成本分别计算，再合为项目建设的总成本费用。其计算公式为：

$$C = E(1 + \sum K_i)K_c$$

式中：C——总投资额；

E——主要设备费；

K_i——管线、仪表、建筑物等费用的估算系数；

K_c——包括管理费、合同费、应急费等直接费在内的总估算系数。

朗格系数 K_L 的计算公式为：

$$K_L = (1 + \sum K_i)K_c$$

这种方法比较简单，但没有考虑设备规格、材质的差异，所以精确度不高。

【例 3.3】 某工业项目采用流体加工系统，其主要设备投资费为 4 500 万元，该流体加工系统的估算系数如表 3.1 所示。

表 3.1 某流体加工系统的估算系数

项目	估算系数	项目	估算系数
主设备安装人工费	0.15	防火	0.08
保温费	0.2	电气	0.12
管线费	0.7	油漆粉刷	0.08
基础	0.1	日常管理、合同费和利息	0.3
建筑物	0.07	工程费	0.13
构架	0.05	不可预见费	0.13

估算该工业项目静态建设投资额。

【解】

$$\begin{aligned} C &= E(1+\sum K_i)K_c \\ &= 4\,500 \text{ 万元} \times (1+0.15+0.2+0.7+0.1+0.07+0.05+0.08+0.12+0.08) \\ &\quad \times (1+0.3+0.13+0.13) \\ &= 4\,500 \text{ 万元} \times 2.55 \times 1.56 \\ &= 17\,901 \text{ 万元} \end{aligned}$$

该工业项目静态建设投资额为 17 901 万元。

【例 3.4】 已知年产 1 250 吨某种紧俏产品的工业项目，主要设备投资额为 2 050 万元，附属项目投资占主要设备投资比例以及由于建造时间、地点、使用定额等方面的因素引起的拟建项目的综合调价系数如表 3.2 所示。工程建设其他费用占工程费和工程建设其他费用之和的 20%。

(1)若拟建生产 2 000 吨同类产品的项目，且生产能力指数为 1，试估算该项目静态建设投资(除基本预备费外)。

(2)若拟建项目的基本预备费费率为 5%，建设期为 1 年，建设期年平均投资价格上涨率为 3%，项目建设前期年限为 1 年，试确定拟建项目建设投资，并编制该项目建设投资估算表。

表 3.2 附属项目投资占主要设备投资比例及综合调价系数表

序　　号	工 程 名 称	占主要设备投资比例	综合调价系数
一	生产项目		
1	土建工程	30%	1.1
2	设备安装工程	10%	1.2
3	工艺管道工程	4%	1.05
4	给排水工程	8%	1.1
5	暖通工程	9%	1.1
6	电气照明工程	10%	1.1
7	自动化仪表	9%	1
8	主要设备购置	E	1.2
二	附属工程	10%	1.1
三	总体工程	10%	1.3

【解】 (1)应用生产能力指数估算法，计算拟建项目主要设备投资额 E：

$$E=2\ 050\ \text{万元}\times\left(\frac{2\ 000\ \text{吨}}{1\ 250\ \text{吨}}\right)^{1}\times1.2=3\ 936\ \text{万元}$$

应用设备系数法，估算拟建项目静态建设投资额(除基本预备费外)：

$$C=3\ 936\ \text{万元}\times(1+30\%\times1.1+10\%\times1.2+4\%\times1.05+8\%\times1.1+9\%\times1.1+10\%\times1.1+9\%\times1+10\%\times1.1+10\%\times1.3)+20\%\times C$$

$$C=\frac{3\ 936\ \text{万元}\times2.119}{(1-20\%)}=\frac{8\ 340.38\ \text{万元}}{0.8}=10\ 425.48\ \text{万元}$$

(2)根据所求出的项目静态建设投资额(除基本预备费外)，计算拟建项目的工程费、工程建设其他费和预备费，并编制建设投资估算表。

①计算工程费：

土建工程投资＝3 936 万元×30%×1.1＝1 298.88 万元。

设备安装工程投资＝3 936 万元×10%×1.2＝472.32 万元。

工艺管道工程投资＝3 936 万元×4%×1.05＝165.31 万元。

给排水工程投资＝3 936 万元×8%×1.1＝346.37 万元。

暖通工程投资＝3 936 万元×9%×1.1＝389.66 万元。

电气照明工程投资＝3 936 万元×10%×1.1＝432.96 万元。

自动化仪表投资＝3 936 万元×9%×1＝354.24 万元。

附属工程投资＝3 936 万元×10%×1.1＝432.96 万元。

总体工程投资＝3 936 万元×10%×1.3＝511.68 万元。

主要设备投资＝3 936 万元。

工程费合计 8 340.38 万元。

②计算工程建设其他投资：

工程建设其他投资＝10 425.48 万元×20%＝2 085.10 万元

③计算基本预备费：

$$
\begin{aligned}
\text{基本预备费} &= (\text{工程费}+\text{工程建设其他投资})\times 5\% \\
&= (8\,340.38\ \text{万元}+2\,085.10\ \text{万元})\times 5\% \\
&= 521.27\ \text{万元}
\end{aligned}
$$

④计算静态投资额：

静态投资额＝8 340.38 万元＋2 085.10 万元＋521.27 万元＝10 946.75 万元

⑤计算涨价预备费：

$$
\begin{aligned}
\text{涨价预备费} &= 10\,946.75\ \text{万元}\times[(1+3\%)^{1}(1+3\%)^{0.5}-1] \\
&= 496.28\ \text{万元}
\end{aligned}
$$

⑥计算拟建项目建设投资：

$$
\begin{aligned}
\text{拟建项目建设投资} &= \text{静态投资额}+\text{涨价预备费} \\
&= 10\,946.75\ \text{万元}+496.28\ \text{万元} \\
&= 11\,443.03\ \text{万元}
\end{aligned}
$$

拟建项目建设投资估算表如表 3.3 所示。

表 3.3　拟建项目建设投资估算表(金额单位:万元)

序号	工程或费用名称	建筑工程	安装工程	设备购置	其他投资	合计	比例/(%)
1	工程费用	2 243.52	1 806.62	4 290.24		8 340.38	72.89
1.1	建筑工程费	2 243.52				2 243.52	
1.1.1	土建工程费	1 298.88				1 298.88	
1.1.2	附属工程费	432.96				432.96	
1.1.3	总体工程费	511.68				511.68	
1.2	安装工程费		1 806.62			1 806.62	
1.2.1	设备安装工程费		472.32			472.32	
1.2.2	工艺管道工程费		165.31			165.31	
1.2.3	给排水工程费		346.37			346.37	
1.2.4	暖通工程费		389.66			389.66	
1.2.5	电气照明工程费		432.96			432.96	
1.3	设备购置费			4 290.24		4 290.24	
1.3.1	主要设备费			3 936		3 936	
1.3.2	自动化仪表费			354.24		354.24	
2	工程建设其他费用				2 085.10	2 085.10	18.22
3	预备费				1 017.55	1 017.55	8.89
3.1	基本预备费				521.27	521.27	
3.2	涨价预备费				496.28	496.28	
4	建设投资合计	2 243.52	1 806.62	4 290.24	3 102.65	11 443.03	100

3)比例估算法

比例估算法是根据已知的同类建设项目的主要设备购置费占整个建设项目静态投资的比例,先逐项估算出拟建项目主要设备购置费,再按比例估算拟建项目的静态投资额的方法。此方法主要应用于设计深度不足、拟建项目与类似建设项目主要设备购置费比重较大、行业内相关系数等基础资料完备的情况。其计算公式为:

$$I=\frac{1}{K}\sum_{i=1}^{n}Q_iP_i$$

式中:I——拟建项目的建设投资;

K——已建项目主要设备投资占已建项目投资的比例;

n——设备种类数;

Q_i——第 i 种设备的数量;

P_i——第 i 种设备的单价(到场价格)。

4)混合法

混合法是根据主体专业设计的阶段和深度,投资估算编制者所掌握的各类主体发布的相关投资估算基础资料和数据,以及其他统计和积累的可靠的相关造价基础资料,对一个拟建项目采用多种方法混合估算其静态投资额的方法。

5)指标估算法

对于房屋、建筑物等投资的估算,经常采用指标估算法,即根据各种具体的投资估算指标,进行单位工程投资的估算。投资估算指标的形式较多,投资估算指标乘以所需的面积、体积、容量等,就可以求出相应的土建工程、给排水工程、照明工程、采暖工程、变配电工程等单位工程的投资。在此基础上,可汇总成每一单项的投资,另外再估算工程建设其他费用及预备费,即求得建设项目总投资。

采用这种方法时,一方面要注意,若套用的指标与具体工程之间的标准或条件有差异,应加以必要的局部换算或调整;另一方面要注意,使用的指标单位应密切结合每个单位工程的特点,要能正确反映其设计参数,切勿盲目单纯地套用一种单位指标。

(1)建筑工程费的估算。

建筑工程费投资估算一般采用以下方法。

①单位建筑工程投资估算法。单位建筑工程投资估算法是指以单位建筑工程量的投资乘以建筑工程总量计算。一般工业与民用建筑以单位建筑面积(m^2)的投资,工业窑炉砌筑以单位面积(m^2)的投资,水库以水坝单位长度(m)的投资,铁路路基以单位长度(km)的投资,矿山掘进以单位长度(m)的投资,乘以相应的建筑工程总量计算建筑工程费。

②单位实物工程量投资估算法。单位实物工程量投资估算法,以单位实物工程量的投资乘以实物工程总量计算。土石方工程按每立方米投资,矿井巷道衬砌工程按每延长米投资,路面铺设工程按每平方米投资,乘以相应的实物工程总量计算建筑工程费。

③概算指标投资估算法。对于没有上述估算指标且建筑工程费占总投资比例较大的项目,可采用概算指标投资估算法。采用这种估算法,应获取较为详细的工程资料、建筑材料价格和工程费用指标,投入的时间和工作量较大。具体估算方法见有关专业机构发布的概算编制办法。

(2)设备及工器具购置费估算。

分别估算各单项工程的设备及工器具购置费,需要主要设备的数量、出厂价格和相关运杂费资料。一般运杂费可按设备价格的百分比估算，进口设备要注意按照有关规定和项目实际情况估算进口环节的有关税费，并注明需要的外汇额。主要设备以外的零星设备费可按占主要设备费的比例估算，工器具购置费一般也按占主要设备费的比例估算。

(3)安装工程费估算。

需要安装的设备应估算安装工程费，包括各种机电设备装配和安装工程费用，与设备相连的工作台、梯子及其装设工程费用，附属于被安装设备的管线敷设工程费用，安装设备的绝缘、保温、防腐等工程费用，以及单体试运转和联动无负荷试运转费用等。

安装工程费通常按行业或专门机构发布的安装工程定额、取费标准和指标估算投资额。具体可按安装费率、每吨设备安装费或者每单位安装实物工程量的费用估算：

$$安装工程费=设备原价\times安装费率$$

$$安装工程费=设备吨位\times每吨设备安装费$$

$$安装工程费=安装实物工程量\times安装费用指标$$

(4)工程建设其他费用估算。

其他费用种类较多，无论采取何种投资估算分类，一般都需要按照国家、地方或部门的有关规定逐项估算。要注意随着地区和项目性质的不同，费用科目可能会有所不同。在项目的初期，也可按照工程费用的百分数综合估算。

(5)基本预备费估算。

基本预备费以工程费用和工程建设其他费用之和为基数乘以适当的基本预备费费率(百分数)估算。预备费费率的取值一般按行业规定，并结合估算深度确定，通常对外汇和人民币分别取不同的预备费费率。

2. 流动资金的估算

流动资金的估算方法有两种。一是扩大指标估算法，按照流动资金占某种费用基数的比率来估算流动资金。一般常用的费用基数有销售收入、经营成本、总成本费用和固定资产投资等，究竟采用何种基数依行业习惯而定。所采用的比率根据经验确定，或依行业、部门给定的参考值确定。也有的行业习惯用单位产量占用流动资金额来估算流动资金。扩大指标估算法简便易行，适用于项目初选阶段。二是分项详细估算法。流动资金估算一般参照现有同类企业的状况采用分项详细估算法，个别情况或者小型项目可采用扩大指标估算法。

1)扩大指标估算法

扩大指标估算法是一种简化的流动资金估算方法，一般以类似项目的销售收入、经营成本、总成本和建设投资等作为基数，乘以流动资金占销售收入、经营成本、总成本和建设投资等的比率来确定。这种方法计算简便，但准确度不高，适用于项目建议书阶段的流动资金估算。计算流动资金的公式为：

$$年流动资金额=年费用基数\times各类流动资金比率$$

$$年流动资金额=年产量\times单位产品产量占用流动资金额$$

【例 3.5】 某项目投产后的年产量为 1.8 亿件，其同类企业的千件产量流动资金占用额为 180 元，则该项目的流动资金估算额为多少？

【解】 用扩大指标估算法计算流动资金，已知条件为年产量，因此，年流动资金额＝年产量×单位产品产量占用流动资金额＝180 000 000 件×180 元/1 000 件＝32 400 000 元＝3 240 万元。

2)分项详细估算法

分项详细估算法是国际上通行的流动资金估算法，是对流动资金构成的各项流动资产和流动负债分别进行估算，流动资产与流动负债的差值即为流动资金需要量。在可行性研究中，为简化计算，仅对存货、现金、应收账款这 3 项流动资金和应付账款这项负债进行估算。可行性研究阶段的流动资金估算应采用分项详细估算法，可按下述步骤及计算公式计算：

$$流动资金=流动资产-流动负债$$

$$流动资产=应收账款+预付账款+存货+现金$$

$$流动负债=应付账款+预收账款$$

$$流动资金本年增加额=本年流动资金-上年流动资金$$

进行流动资金的估算，首先分别计算应收账款、预付账款、存货、现金、应付账款、预收账款的周转次数，然后分别计算应收账款、预付账款、存货、现金、应付账款、预收账款流动资金占用额。

(1)周转次数的计算。

周转次数是指流动资金在一年内循环的次数。

$$年周转次数=360\div最低周转天数$$

应收账款、预付账款、存货、现金、应付账款、预收账款的最低周转天数，参照类似企业的平均周转天数并结合项目特点确定，或按部门(行业)规定计算。

(2)应收账款估算。

应收账款是指企业已对外销售商品、提供劳务，尚未收回的资金。

$$应收账款=\frac{年经营成本}{应收账款年周转次数}$$

(3)预付账款估算。

预付账款是指企业为购买各类材料、半成品或服务所预先支付的款项。

$$预付账款=\frac{外购商品或服务年费用金额}{预付账款年周转次数}$$

(4)存货估算。

存货是指企业为销售或耗用而储备的各种货物，主要有原材料、辅助材料、燃料、低值易耗品、修理用备件、包装物、在产品、自制半成品和产成品等。为简化计算，只考虑以下几个内容：

①$外购原材料、燃料=\frac{年外购原材料、燃料费用}{按种类分项年周转次数}$；

②$其他材料=\frac{年其他材料费用}{其他材料年周转次数}$；

③$在产品=\frac{年外购原材料、燃料费用+年工资福利费+年修理费+年其他制造费}{在产品年周转次数}$；

④$产成品=\frac{年经营成本-年营业费用}{产成品年周转次数}$。

$$存货=外购原材料、燃料+其他材料+在产品+产成品$$

(5)现金估算。

现金是指企业生产运营活动中停留于货币形态的那一部分资金。

$$现金=\frac{年工资福利费+年其他费用}{现金年周转次数}$$

(6)应付账款估算。

应付账款是指企业已购进原材料、燃料等，尚未支付的资金。

$$应付账款=\frac{年外购原材料、燃料费用}{应付账款年周转次数}$$

(7)预收账款估算。

预收账款是指企业对外销售商品、提供劳务所预先收入的款项。

$$预收账款=\frac{预收的营业收入年金额}{预收账款周转次数}$$

【例 3.6】 某建设项目达到设计能力后，全场定员 1 000 人，工资和福利费按照每人每年 20 000 元估算。每年的其他费用为 1 000 万元，其中其他制造费为 600 万元。现金的周转次数为每年 10 次。流动资金估算中应收账款估算额为 2 000 万元，预收账款估算额为 300 万元，应付账款估算额为 1 500 万元，存货估算额为 6 000 万元，预付账款估算额为 500 万元。求该项目流动资金估算额。

【解】

现金=(年工资及福利费+年其他费用)/现金年周转次数
=(20 000 元/人×1 000 人+1 000 万元)÷10
=300 万元

流动资金=流动资产-流动负债
=(应收账款+存货+现金+预付账款)-(应付账款+预收账款)
=(2 000+6 000+300+500)万元-(1 500+300)万元
=7 000 万元

【例 3.7】 某拟建项目第四年开始投产。投产后的年营业收入：第四年为 5 450 万元，第五年为 7 550 万元，第六年及以后各年均为 7 432 万元。年营业费用：第四年为 1 850 万元，第五年为 3 250 万元，第六年及以后各年分别为 3 430 万元。总成本费用估算表如表 3.4 所示。流动资金的最低周转天数如表 3.5 所示。试估算达产期各年流动资金，并编制流动资金估算表。

表 3.4 总成本费用估算表（单位：万元）

序　号	项　目	投　产　期		达　产　期		
		第四年	第五年	第六年	第七年	…
1	外购原材料	2 055	3 475	4 125	4 125	
2	进口零部件	1 087	1 208	725	725	
3	外购燃料	13	25	27	27	
4	工资及福利费	213	228	228	228	
5	修理费	15	15	69	69	
6	其他费用	324	441	507	507	
6.1	其中：其他制造费	194	256	304	304	
7	经营成本(1+2+3+4+5+6)	3 707	5 392	5 681	5 681	

续表

序　　号	项　　目	投　产　期		达　产　期		
		第四年	第五年	第六年	第七年	…
8	折旧费	224	224	224	224	
9	摊销费	70	70	70	70	
10	利息支出	234	196	151	130	
11	总成本费用(7+8+9+10)	4 235	5 882	6 126	6 105	

表 3.5　流动资金的最低周转天数

序　　号	项　　目	最低周转天数
1	应收账款	40
2	预付账款	30
3	存货	—
3.1	原材料	50
3.2	进口零部件	90
3.3	燃料	60
3.4	在产品	20
3.5	产成品	10
4	现金	15
5	应付账款	40
6	预收账款	30

【解】 应收账款年周转次数＝360÷40＝9。

预付账款年周转次数＝360÷30＝12。

原材料年周转次数＝360÷50＝7.2。

进口零部件年周转次数＝360÷90＝4。

燃料年周转次数＝360÷60＝6。

在产品年周转次数＝360÷20＝18。

产成品年周转次数＝360÷10＝36。

现金年周转次数＝360÷15＝24。

应付账款年周转次数＝360÷40＝9。

预收账款年周转次数＝360÷30＝12。

$$\text{应收账款}=\frac{\text{年经营成本}}{\text{应收账款年周转次数}}=\frac{5\ 681\ \text{万元}}{9}=631.22\ \text{万元}$$

$$\text{预付账款}=\frac{\text{年外购原材料费用}+\text{进口零部件费用}+\text{外购燃料费用}}{\text{预付账款年周转次数}}$$

$$=\frac{4\ 125\ \text{万元}+725\ \text{万元}+27\ \text{万元}}{12}=406.42\ \text{万元}$$

$$外购原材料=\frac{年外购原材料费用}{原材料年周转次数}=\frac{4\ 125\ 万元}{7.2}=572.92\ 万元$$

$$外购进口零部件=\frac{年外购进口零部件费用}{进口零部件年周转次数}=\frac{725\ 万元}{4}=181.25\ 万元$$

$$外购燃料=\frac{年外购燃料费用}{燃料年周转次数}=\frac{27\ 万元}{6}=4.5\ 万元$$

$$在产品=\frac{年外购原材料、进口零部件、燃料费用+年工资福利费+年修理费+年其他制造费}{在产品年周转次数}$$

$$=\frac{(4\ 125+725+27+228+69+304)万元}{18}$$

$$=304.33\ 万元$$

$$产成品=\frac{年经营成本-年营业费用}{产成品年周转次数}=\frac{(5\ 681-3\ 430)万元}{36}=62.53\ 万元$$

$$存货=外购原材料+外购进口零部件+外购燃料+在产品+产成品$$
$$=(572.92+181.25+4.5+304.33+62.53)万元$$
$$=1\ 125.53\ 万元$$

$$现金=\frac{年工资福利费+年其他费用}{现金年周转次数}=\frac{(228+507)万元}{24}=30.63\ 万元$$

$$应付账款=\frac{年外购原材料费用+年进口零部件费用+年外购燃料费用}{应付账款年周转次数}$$

$$=\frac{(4\ 125+725+27)万元}{9}=541.89\ 万元$$

$$预收账款=\frac{预收的营业收入年金额}{预收账款周转次数}=\frac{7\ 432\ 万元}{12}=619.33\ 万元$$

$$流动资产=应收账款+预付账款+存货+现金$$
$$=(631.22+406.42+1\ 125.53+30.63)万元=2\ 193.8\ 万元$$

$$流动负债=应付账款+预收账款=(541.89+619.33)万元=1\ 161.22\ 万元$$

$$流动资金=流动资产-流动负债$$
$$=2\ 193.8\ 万元-1\ 161.22\ 万元=1\ 032.58\ 万元$$

流动资金估算表如表 3.6 所示。

表 3.6　流动资金估算表（单位:万元）

序　　号	项　　目	投　产　期		达　产　期		
		第四年	第五年	第六年	第七年	…
1	流动资产	1 506.89	2 156.91	2 193.8	2 193.8	
1.1	应收账款	411.89	599.11	631.22	631.22	
1.2	预付账款	262.92	392.33	406.42	406.42	
1.3	存货	809.64	1 137.59	1 125.53	1 125.53	

续表

序　号	项　目	投　产　期		达　产　期		
		第四年	第五年	第六年	第七年	…
1.3.1	原材料	285.42	482.64	572.92	572.92	
1.3.2	进口零部件	271.75	302	181.25	181.25	
1.3.3	燃料	2.17	4.17	4.5	4.5	
1.3.4	在产品	198.72	289.28	304.33	304.33	
1.3.5	产成品	51.58	59.5	62.53	62.53	
1.4	现金	22.38	27.88	30.63	30.63	
2	流动负债	804.73	1 152.28	1 161.22	1 161.22	
2.1	应付账款	350.56	523.11	541.89	541.89	
2.2	预收账款	454.17	629.17	619.33	619.33	
3	流动资金(1—2)	702.16	1 004.63	1 032.58	1 032.58	
4	流动资金本年增加额	702.16	302.47	27.95	0	

3.4 建设项目财务评价

3.4.1 财务评价的概念

所谓财务评价就是根据国民经济与社会发展以及行业、地区发展规划的要求，在拟定工程建设方案、财务效益与费用估算的基础上，采用科学的分析方法对工程建设方案的财务可行性和经济合理性进行分析论证，为项目科学决策提供依据。

财务评价又称财务分析，应在项目财务效益与费用估算的基础上进行。对于经营性项目，财务分析是从建设项目的角度出发，根据国家现行财政、税收和现行市场价格，计算项目的投资费用、产品成本与产品销售收入、税金等财务数据，通过编制财务分析报表，计算财务指标，分析项目的盈利能力、偿债能力和财务生存能力，据此考察建设项目的财务可行性和财务可接受性，明确项目对财务主体及投资者的价值贡献，并得出财务评价的结论。投资者可根据项目财务评价结论、项目投资的财务状况和投资者所承担的风险程度决定是否投资建设。对于非经营性项目，财务分析应主要分析项目的财务生存能力。

3.4.2 建设项目财务评价的程序

1. 收集、整理和计算有关财务基础数据资料

根据项目市场调查和分析的结果以及现行价格体系和财税制度，进行财务数据分析，确定项目计算期，估算出项目的投资额、销售收入、总成本、利润及税金等一系列财务基础数据，并将得到的财务基础数据编制成财务数据估算表。

2. 编制财务评价报表

根据财务数据估算表，分别编制现金流量表、利润与利润分配表、资产负债表和借款偿还计划表等财务评价报表。

3. 财务评价指标的计算与评价

根据财务评价报表，计算财务净现值、财务内部收益率、投资回收期、总投资收益率、资本金净利润率、借款偿还期、利息备付率和偿债备付率等财务评价指标，并分别与对应的项目评价参数进行比较，对各项财务状况做出评价并得出结论。

4. 进行不确定性分析

通过盈亏平衡分析、敏感性分析及概率分析等不确定性分析，分析项目可能面临的风险及项目在不确定情况下的抗风险能力，得出项目在不确定情况下的财务评价结论和建议。

3.4.3 建设项目财务数据测算

建设项目财务数据测算，是指在项目可行性研究的基础上，按照项目经济评价的要求，调查、收集和测算一系列的财务数据，如总投资、总成本、销售收入、税金和利润，并编制各种财务基础数据估算表。各种财务基础数据估算表之间的关系如图3.2所示。

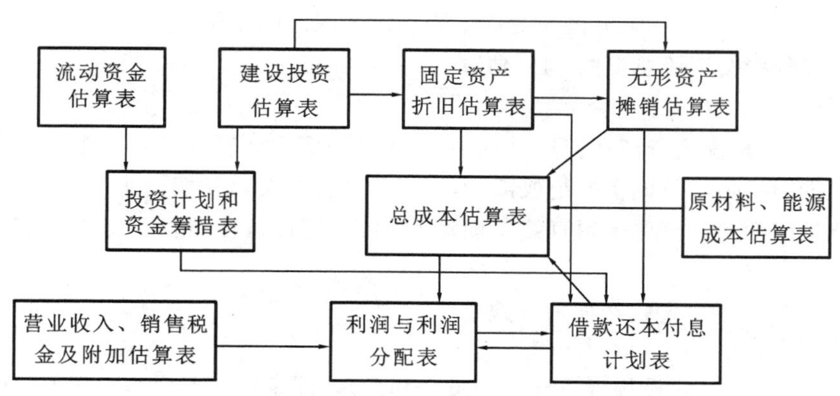

图3.2 各种财务基础数据估算表之间的关系

1. 总成本费用估算

工业企业总成本费用是指生产和销售过程中所消耗的活劳动和物化劳动的货币表现。

1)总成本费用构成

按生产要素来分，总成本费用构成如图3.3所示。

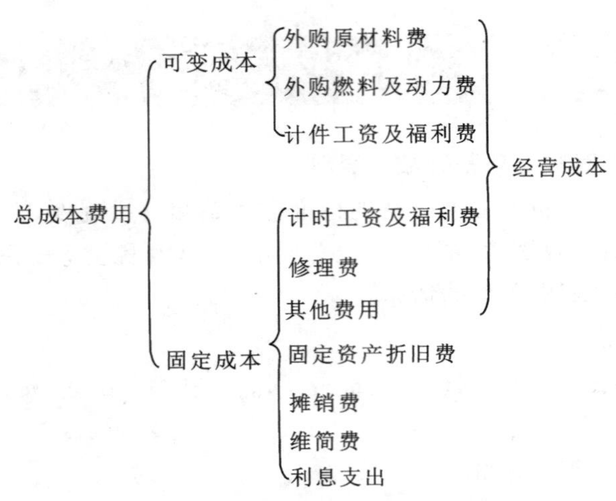

图 3.3　总成本费用构成

可变成本是指产品成本中随产品产量发生变动的部分。固定成本是在一定生产规模中不随产品产量发生变动的费用。经营成本是项目评价所特有的概念，用于项目财务评价的现金流量分析，它是总成本费用扣除固定资产折旧费、摊销费、维简费、利息支出后的成本费用。

2)总成本费用估算内容

(1)外购原材料、燃料、动力费。

外购原材料、燃料、动力费是指构成产品实体的原材料和有助于产品形成的材料，以及直接用于生产的燃料及动力的费用。

$$\text{外购原材料、燃料、动力费} = \sum(\text{某种材料、燃料、动力消耗量} \times \text{某种原材料、燃料、动力单价})$$

(2)工资总额。

$$\text{工资总额} = \text{企业定员人数} \times \text{年平均工资}$$

(3)职工福利费。

$$\text{职工福利费} = \text{工资总额} \times \text{规定的比例}$$

企业职工福利费按工资总额的14%估算。

(4)固定资产折旧费。

固定资产折旧，是固定资产在使用过程中，由于逐渐磨损而转移到生产成本中去的价值。

固定资产折旧费是产品成本的组成部分，也是偿还投资贷款的资金来源。

固定资产折旧额的计算可采用直线折旧法和加速折旧法，在项目可行性研究中，一般采用直线折旧法。

$$\begin{aligned}\text{年折旧额} &= \frac{\text{固定资产原值}-\text{残值}}{\text{折旧年限}} \\ &= \frac{(\text{建设投资}+\text{建设期贷款利息})\times\text{固定资产形成率}-\text{残值}}{\text{折旧年限}} \\ &= \frac{(\text{建设投资}+\text{建设期贷款利息})\times\text{固定资产形成率}\times(1-\text{残值率})}{\text{折旧年限}}\end{aligned}$$

其中，固定资产形成率是指在建设投资中能够形成固定资产的部分所占的百分比。

$$\text{固定资产净值} = \text{固定资产原值} - \text{累计折旧额}$$

(5)修理费。

$$修理费=年折旧费\times一定的百分比$$

该百分比可参照同类项目的经验数据加以确定。

(6)摊销费。

无形资产与递延资产的摊销是将这些资产在使用中损耗的价值转入成本费用。一次性投入费用在有效使用期限内平均分摊。计算摊销费时一般不计残值,采用直线法,从受益之日起,计算在一定期间的分期平均摊销。

无形资产的摊销期限,凡法律和合同或企业申请书分别规定有效期限和受益年限的,按照法定有效期限与合同或企业申请书规定的受益年限取较短者的原则确定。无法确定有效期限,但企业合同或申请书中规定了受益年限的,按此受益年限确定。无法确定有效期限和受益年限的,按照不少于 10 年的期限确定。

递延资产一般按照不短于 5 年的期限平均摊销,其中,以经营租赁方式租入的固定资产改良工程支出,在租赁有效期限内分期摊销。

无形资产、递延资产的摊销价值通过销售收入得到补偿,增加企业盈余资金,可用作周转资金或其他用途。

(7)维简费。

维简费是采掘、采伐工业按生产产品数量提取的固定资产更新和技术改造资金,即维持简单再生产的资金。这类采掘、采伐企业不计固定资产折旧费。

(8)利息支出。

利息支出的估算包括长期借款利息、流动资金借款利息和短期借款利息三部分。

第一部分,长期借款利息估算。

长期借款利息是指对建设期间借款余额应在生产期支付的利息。项目评价中可以选择等额还本、利息照付方式或等额还本付息方式来计算长期借款利息。

①等额还本、利息照付方式。

建设期:

$$年初借款余额=上一年初借款余额+上年借款额+上年应计利息$$

$$本年应计利息=(年初借款本息累计+本年借款额\div 2)\times年利率$$

还款期:

$$年初借款余额=上一年初借款余额-上一年应还本金$$

$$本年应计利息=年初借款余额\times年利率$$

$$还款各年应还本金=\frac{还款期第一年年初借款余额}{等额还款年限}$$

$$本年应还利息=还款期本年应计利息$$

【例 3.8】 某建设项目建设期为 2 年,第 1 年贷款 1 000 万元,第 2 年贷款 1 200 万元,均不含建设期利息。还款方式为:在生产期前 5 年,按照等额还本、利息照付方式进行偿还。建设投资贷款利率为 5%(按年计息)。试编制借款偿还计划表。

【解】 借款偿还计划表如表 3.7 所示。

表 3.7　借款偿还计划表（单位：万元）

项　目	时　间						
	第 1 年	第 2 年	第 3 年	第 4 年	第 5 年	第 6 年	第 7 年
1.年初借款余额	0	1 025	2 306.25	1 845	1 383.75	922.5	461.25
2.本年借款额	1 000	1 200	0	0	0	0	0
3.本年应计利息	25	81.25	115.31	92.25	69.19	46.13	23.06
4.本年还本付息	0	0	576.56	553.5	530.44	507.38	484.31
4.1 本年应还本金	0	0	461.25	461.25	461.25	461.25	461.25
4.2 本年应还利息	0	0	115.31	92.25	69.19	46.13	23.06
5.年末借款余额	1 025	2 306.25	1 845	1 383.75	922.5	461.25	0

②等额还本付息方式。

采用等额还本付息方式，年初借款余额、本年应计利息、本年应还利息的计算与采用等额还本、利息照付方式一样。

$$还款各年还本付息=P\frac{i(1+i)^n}{(1+i)^n-1}$$

式中：P——还款期第一年年初借款余额；

n——等额还款年限；

i——年利率。

本年应还本金＝本年还本付息－本年应还利息

例 3.8 中，还款方式改成等额还本付息，其他条件不变，则编制的借款偿还计划表如表 3.8 所示。

表 3.8　借款偿还计划表（等额还本付息）（单位：万元）

项　目	时　间						
	第 1 年	第 2 年	第 3 年	第 4 年	第 5 年	第 6 年	第 7 年
1.年初借款余额	0	1 025	2 306.25	1 888.87	1 450.63	990.48	507.32
2.本年借款额	1 000	1 200	0	0	0	0	0
3.本年应计利息	25	81.25	115.31	94.44	72.53	49.52	25.37
4.本年还本付息	0	0	532.69	532.69	532.69	532.69	532.69
4.1 本年应还本金	0	0	417.38	438.25	460.16	483.16	507.32
4.2 本年应还利息	0	0	115.31	94.44	72.53	49.52	25.37
5.年末借款余额	1 025	2 306.25	1 888.87	1 450.63	990.48	507.32	0

$$还款各年还本付息=P\frac{i(1+i)^n}{(1+i)^n-1}=2\ 306.25\ 万元\times\frac{5\%(1+5\%)^5}{(1+5\%)^5-1}=532.69\ 万元$$

根据国家现行财税制度规定，偿还建设投资借款本金的资金来源主要是项目投产后所取得的净利润和摊入成本费用中的折旧费和摊销费。

本年应还本金＝本年折旧费＋本年摊销费＋本年维简费＋本年未分配利润

第二部分，流动资金借款利息估算。

本年流动资金借款利息＝本年流动资金借款余额×年利率

在项目可行性研究中，流动资金借款利息当年计息当年还清，流动资金借款本金在计算期末归还。

第三部分，短期借款利息估算。

短期借款利息的估算同流动资金借款利息，短期借款的偿还按照随借随还的原则处理，即当年借款尽可能于下年偿还。

(9)其他费用。

其他费用包括制造费用、管理费用、销售费用中的办公费、差旅费、运输费、工会经费、职工教育经费、土地使用费、技术转让费、咨询费、业务招待费、坏账损失费，在成本费用中列支的税金，如房产税、土地使用税、车船使用税、印花税等，以及租赁费、广告费、销售服务费等。

3)经营成本费用

经营成本费用是项目经济评价中的一个专门术语，是为项目评价的实际需要专门设置的。

经营成本的计算公式为：

经营成本费用＝总成本费用－折旧费－维简费－摊销费－利息支出

2. 营业收入、销售税金及附加和利润估算

1)营业收入估算

营业收入是指销售产品或者提供服务所获得的收入。

年营业收入＝年销售量×销售单价＋服务收入

年销售量应根据对国内外市场需求与供应预测的分析结果，结合项目的生产能力加以确定。销售单价是指项目产品的出厂价格。出厂价格主要根据市场上同类产品的售价以及该项目产品市场价格的发展趋势确定。

2)销售税金及附加估算

按照现行税法规定，增值税作为价外税不包括在销售税金及附加费中，产出物的价格不含有增值税中的销项税，投入物的价格中也不含有增值税中的进项税，所以增值税不在销售税金及附加费中单独反映。

(1)消费税。

消费税是对在我国境内生产、委托加工和进口烟、酒、化妆品、贵重首饰、汽油、小汽车、摩托车等11种消费品的单位和个人按差别税率或税额征收的一种税。

应纳消费税额＝销售收入×适用税率
＝销售数量×单位税率

消费税税率从3%～45%不等。

(2)营业税。

营业税是对在我国境内从事交通运输业、建筑业、邮电通信业、文化体育业、金融保险业、娱乐业、服务业、转让无形资产和销售不动产的单位和个人征收的一种税，后于2016年全面推行“营改增”，不再征收营业税，而改为征收对应的增值税。

(3)资源税。

资源税是对从事原油、天然气、煤炭、其他非金属矿原矿、黑色金属矿原矿、有色金属矿原矿和盐的开采或生产而进行销售或自用的单位和个人所征收的一种税。

应纳资源税额＝销售数量×单位税率

(4)城市维护建设税。

城市维护建设税是为城市建设和维护筹集资金，而向有销售收入的单位和个人征收的一种税。

城市维护建设税＝增值税、消费税实际缴纳额×适用税率

城市维护建设税税率按所在地实行7%、5%、1%的差别税率。

(5)教育费附加和地方教育附加。

教育费附加和地方教育附加是为了加快地方教育事业的发展，扩大地方教育经费的资金来源，而向有销售收入的单位和个人征收的一种税。

教育费附加＝增值税、消费税实际缴纳额×费率

地方教育附加＝增值税、消费税实际缴纳额×费率

教育费附加费率为3%，地方教育附加费率为2%。

3)利润总额及利润分配估算

(1)利润总额估算。

对利润总额进行估算，是财务数据测算的中心目标。利润总额是企业在一定时期内生产经营的最终成果，集中反映企业生产的经济效益。

利润总额＝销售利润＋其他销售利润＋营业外收入－营业外支出

在财务数据测算时，一般只测算产品的销售利润，不考虑其他销售利润和营业外收支。

年利润总额＝年营业收入－年销售税金及附加－年总成本费用

(2)净利润及其分配估算。

净利润是利润总额扣除企业所得税后的余额；可供分配利润为净利润加上期初未分配利润。可供分配利润可在企业、投资者、职工之间分配。

企业所得税是对我国境内企业生产、经营所得和其他所得征收的一种税。

企业所得税＝应纳税所得额×税率

其中，应纳税所得额＝收入总额－准予扣除项目金额。

准予扣除项目金额是指与纳税取得收入有关的成本、费用、税金和损失。如企业发生年度亏损，可以用下一纳税年度的所得弥补；下一纳税年度的所得不足弥补的，可以逐年延续弥补，但延续弥补最长不得超过5年。

企业所得税税率一般为25%。

如企业在5年内纳税年度所得不足弥补亏损，可用净利润弥补，弥补后的可供分配利润的分配顺序为：

①提取法定盈余公积金。按净利润的10%提取法定盈余公积金。

②应付优先股股利。按投资比例分取红利，具体由董事会决定。

③提取任意盈余公积金。经股东大会决议，可从净利润中提取任意盈余公积金，按可供分配利润的一定比例(由董事会决定)提取。

④应付普通股股利。经股东大会决议，可按股东持有的股份比例分配红利。

⑤未分配利润。未分配利润是向投资者分配完利润后剩余的利润，可留待以后年度进行分配。企业如发生亏损，可以按规定由以后年度利润进行弥补。

3.4.4 建设项目财务评价报表的编制

建设项目财务评价报表是进行建设项目动态和静态计算、分析和评价的必要的报表。按照国家发展改革委与原建设部联合发布的《建设项目经济评价方法与参数》(第三版)的内容,财务评价报表包括现金流量表、利润与利润分配表、财务计划现金流量表、资产负债表和借款还本付息计划表。

1. 现金流量表

现金流量表是根据项目在计算期内各年的现金流入和现金流出,计算各年净现金流量的财务报表。通过现金流量表可以计算动态和静态的评价指标,全面反映项目本身的财务盈利能力。现金流量表主要由现金流入、现金流出、净现金流量等项目组成。根据融资前和融资后,现金流量表分为项目投资现金流量表、项目资本金现金流量表和投资各方现金流量表。

1)项目投资现金流量表

项目投资现金流量表是从项目投资总获利能力角度,考察项目方案设计的合理性。根据需要,可从所得税前和所得税后两个角度进行考察,选择计算所得税前和所得税后财务内部收益率、财务净现值和投资回收期等指标,评价融资前项目投资的盈利能力。

【例 3.9】 若某大厦的立体车库由某单位建造并由其经营。立体车库建设期为 1 年,第 2 年开始经营。建设投资 600 万元,流动资金投资 100 万元,第 2 年年末一次性投入,全部为自有资金投资。从第 2 年开始,营业收入假定各年 200 万元,销售税金及附加为 11 万元,经营成本为 25 万元,所得税税率为 25%。平均固定资产折旧年限为 10 年,残值率为 5%。计算期为 11 年。试编制融资前项目投资现金流量表(保留整数位)。

【解】 回收固定资产余值=600 万元×5%=30 万元。

$$年折旧费=\frac{600\ 万元-30\ 万元}{10}=57\ 万元。$$

第 2～11 年各年利润总额=200 万元-25 万元-57 万元-11 万元=107 万元。

第 2～11 年各年调整所得税=107 万元×25%=26.75 万元,取 27 万元。

项目投资现金流量表如表 3.9 所示。

表 3.9 项目投资现金流量表(单位:万元)

序号	项目	计算期										
		1	2	3	4	5	6	7	8	9	10	11
1	现金流入		200	200	200	200	200	200	200	200	200	330
1.1	营业收入		200	200	200	200	200	200	200	200	200	200
1.2	回收固定资产余值											30
1.3	回收流动资金											100
2	现金流出	600	136	36	36	36	36	36	36	36	36	36
2.1	建设投资	600										
2.2	流动资金		100									

续表

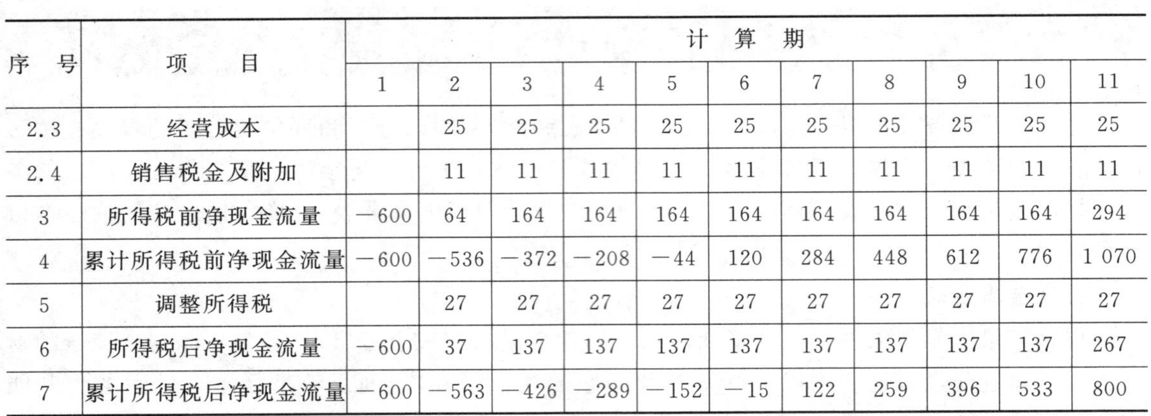

序号	项目	计算期										
		1	2	3	4	5	6	7	8	9	10	11
2.3	经营成本		25	25	25	25	25	25	25	25	25	25
2.4	销售税金及附加		11	11	11	11	11	11	11	11	11	11
3	所得税前净现金流量	−600	64	164	164	164	164	164	164	164	164	294
4	累计所得税前净现金流量	−600	−536	−372	−208	−44	120	284	448	612	776	1 070
5	调整所得税		27	27	27	27	27	27	27	27	27	27
6	所得税后净现金流量	−600	37	137	137	137	137	137	137	137	137	267
7	累计所得税后净现金流量	−600	−563	−426	−289	−152	−15	122	259	396	533	800

2)项目资本金现金流量表

项目资本金现金流量表是从项目权益投资者整体的角度,考察项目给项目权益投资者带来的收益水平。通过计算资本金财务内部收益率反映项目融资后从投资者整体权益角度考察项目投资的盈利能力。

3)投资各方现金流量表

投资各方现金流量表(见表3.10)主要考察投资各方的投资收益水平,投资各方通过计算投资各方财务内部收益率,分析项目融资后投资各方投入资本的盈利能力。

表3.10　投资各方现金流量表

序号	项目	计算期							合计
		1	2	3	4	5	…	n	
1	现金流入								
1.1	实分利润								
1.2	资产处置收益分配								
1.3	租赁费收入								
1.4	技术转让收入								
1.5	其他现金流入								
2	现金流出								
2.1	实缴资本								
2.2	租赁资产支出								
2.3	其他现金流出								
3	净现金流量(1−2)								

2. 利润与利润分配表

利润与利润分配表反映项目计算期内各年营业收入、总成本费用、利润总额以及所得税后利润的分配等情况,用于计算总投资收益率、项目资本金净利润率等指标,反映融资后项目投资的盈利能力。

在利润与利润分配表中，还清贷款前未分配利润的提取方式为：

(1)当“净利润＋折旧费＋摊销费”<该年应还本金时，不进行利润分配，不足部分需要短期借款。

(2)当“净利润＋折旧费＋摊销费”>该年应还本金时，未分配利润为该年应还本金减折旧费和摊销费。

3. 财务计划现金流量表

财务计划现金流量表反映项目计算期各年的投资、融资及经营活动的现金流入和现金流出情况，用于计算累计盈余资金，分析项目的财务生存能力。

4. 资产负债表

资产负债表(见表3.11)用于综合反映项目计算期内各年年末资产、负债和所有者权益的增减变化及对应关系，计算资产负债率指标，反映融资后项目投资的偿债能力。

5. 借款还本付息计划表

借款还本付息计划表反映项目计算期内各年借款本金偿还和利息支付情况，用于计算偿债备付率和利息备付率指标，反映融资后项目投资的偿债能力。

表3.11　资产负债表

序　号	项　目	计　算　期					
		1	2	3	4	…	n
1	资产						
1.1	流动资产总额						
1.1.1	货币资金						
1.1.2	应收账款						
1.1.3	预付账款						
1.1.4	存货						
1.1.5	其他						
1.2	在建工程						
1.3	固定资产净值						
1.4	无形及其他资产净值						
2	负债及所有者权益(2.4＋2.5)						
2.1	流动负债总额						
2.1.1	短期借款						
2.1.2	应付账款						
2.1.3	预收账款						
2.1.4	其他						
2.2	建设投资借款						
2.3	流动资金借款						
2.4	负债小计(2.1＋2.2＋2.3)						

续表

序　号	项　目	计　算　期					
		1	2	3	4	…	n
2.5	所有者权益						
2.5.1	资本金						
2.5.2	资本公积						
2.5.3	累计盈余公积金						
2.5.4	累计未分配利润						
计算指标:资产负债率/(%)							

【例 3.10】 某工业项目计算期为 15 年,建设期为 3 年,第 4 年投产,第 5 年开始达到生产能力。

(1)建设投资(不含建设期利息)8 000 万元,全部形成固定资产,流动资金为 2 000 万元。建设投资贷款的年利率为 6%,建设期间只计息不还款,第 4 年投产后开始还贷,每年付清利息并分 10 年等额偿还建设期利息资本化后的全部借款本金。投资计划与资金筹措表如表 3.12 所示。

表 3.12　某工业项目投资计划与资金筹措表(单位:万元)

项　目	时　间			
	第 1 年	第 2 年	第 3 年	第 4 年
建设投资	2 500	3 500	2 000	
其中:自有资金	1 500	1 500	1 000	
贷款(不含贷款利息)	1 000	2 000	1 000	
流动资金				2 000
其中:自有资金				2 000
贷款				0

(2)固定资产平均折旧年限为 15 年,残值率为 5%。计算期末回收固定资产余值和回收流动资金。

(3)营业收入、销售税金及附加和经营成本的预测值如表 3.13 所示,其他支出忽略不计。

表 3.13　某工业项目营业收入、销售税金及附加和经营成本预测表(单位:万元)

项　目	时　间				
	第 4 年	第 5 年	第 6 年	…	第 15 年
营业收入	5 600	8 000	8 000	…	8 000
销售税金及附加	320	480	480	…	480
经营成本	3 500	5 000	5 000	…	5 000

(4)可供分配利润包括法定盈余公积金、应付利润和未分配利润。法定盈余公积金按净利润的 10%计算。还清贷款后未分配利润按可供分配的利润扣除法定盈余公积金后的 10%计

算。各年所得税税率为25%。

要求：

(1)编制借款还本付息计划表。

(2)编制利润与利润分配表。

(3)编制项目资本金现金流量表。

(4)编制财务计划现金流量表。

表内数值四舍五入取整。

【解】

第1年建设期利息＝(年初贷款本息累计＋本年贷款额÷2)×年利率
＝(0＋1 000万元÷2)×6%＝30万元

第2年建设期利息＝(1 000万元＋30万元＋2 000万元÷2)×6%＝121.8万元

第3年建设期利息＝(1 000万元＋30万元＋2 000万元＋121.8万元＋1 000万元÷2)×6%
＝219.11万元

建设期总利息＝30万元＋121.8万元＋219.11万元＝370.91万元

编制借款还本付息计划表，如表3.14所示。

$$年折旧额=\frac{固定资产原值(含建设期利息)\times(1-残值率)}{折旧年限}$$

$$=\frac{(8\,000万元+370.91万元)\times(1-5\%)}{15}=530.16万元$$

回收固定资产余值＝固定资产原值(含建设期利息)－累计折旧
＝8 000万元＋370.91万元－530.16万元×12
＝2 008.99万元

编制利润与利润分配表，如表3.15所示。相关计算为：

第4年净利润＋年折旧费＝741万元＋530.16万元＝1 271.16万元＞应还本金437万元

用折旧费530.16万元可归还当年应还本金437万元，第4年的净利润可全部用于分配。

第4年法定盈余公积金＝741万元×10%＝74.1万元

第4年未分配利润＝0

第4年应付利润＝741万元－74.1万元－0＝666.9万元

第14年法定盈余公积金＝1 493万元×10%＝149.3万元

第14年未分配利润＝(1 493－149.3)万元×10%＝134.37万元

第14年应付利润＝1 493万元－149.3万元－134.37万元＝1 209.33万元

编制项目资本金现金流量表和财务计划现金流量表，如表3.16和表3.17所示。

表3.14 借款还本付息计划表(单位：万元)

序号	项目	计算期												
		1	2	3	4	5	6	7	8	9	10	11	12	13
1	年初借款余额	0	1 030	3 152	4 371	3 934	3 497	3 060	2 623	2 186	1 748	1 311	874	437
2	本年借款	1 000	2 000	1 000										
3	本年应计利息	30	122	219	262	236	210	184	157	131	105	79	52	26

续表

序号	项目	计算期												
		1	2	3	4	5	6	7	8	9	10	11	12	13
4	本年还本付息				699	673	647	621	594	568	542	516	490	463
4.1	本年应还本金				437	437	437	437	437	437	437	437	437	437
4.2	本年应还利息				262	236	210	184	157	131	105	79	52	26
5	年末借款余额	1 030	3 152	4 371	3 934	3 497	3 060	2 623	2 186	1 748	1 311	874	437	0

表 3.15　利润与利润分配表(单位:万元)

序号	项目	计算期															合计
		1	2	3	4	5	6	7	8	9	10	11	12	13	14	15	
1	营业收入				5 600	8 000	8 000	8 000	8 000	8 000	8 000	8 000	8 000	8 000	8 000	8 000	93 600
2	销售税金及附加				320	480	480	480	480	480	480	480	480	480	480	480	5 600
3	总成本费用				4 292	5 766	5 740	5 714	5 687	5 661	5 635	5 609	5 583	5 556	5 530	5 530	66 303
4	利润总额(1－2－3)				988	1 754	1 780	1 806	1 833	1 859	1 885	1 911	1 937	1 964	1 990	1 990	21 697
5	弥补以前年度亏损				0	0	0	0	0	0	0	0	0	0	0	0	0
6	应纳税所得额(4－5)				988	1 754	1 780	1 806	1 833	1 859	1 885	1 911	1 937	1 964	1 990	1 990	21 697
7	所得税				247	439	445	452	458	465	471	478	484	491	498	498	5 424
8	净利润				741	1 316	1 335	1 355	1 375	1 394	1 414	1 433	1 453	1 473	1 493	1 493	16 273
9	期初未分配利润				0	0	0	0	0	0	0	0	0	0	0	134	134
10	可供分配利润(8＋9)				741	1 316	1 335	1 355	1 375	1 394	1 414	1 433	1 453	1 473	1 493	1 627	16 407
11	法定盈余公积金				74	132	134	135	137	139	141	143	145	147	149	149	1 627
12	应付利润(10－11－13)				667	1 184	1 202	1 219	1 237	1 255	1 272	1 290	1 307	1 326	1 209	1 330	14 498
13	未分配利润				0	0	0	0	0	0	0	0	0	0	134	148	282
14	息税前利润				1 250	1 990	1 990	1 990	1 990	1 990	1 990	1 990	1 990	1 990	1 990	1 990	23 140

表 3.16　项目资本金现金流量表(单位:万元)

序号	项　　目	计算期														
		1	2	3	4	5	6	7	8	9	10	11	12	13	14	15
1	现金流入				5 600	8 000	8 000	8 000	8 000	8 000	8 000	8 000	8 000	8 000	8 000	12 009
1.1	营业收入				5 600	8 000	8 000	8 000	8 000	8 000	8 000	8 000	8 000	8 000	8 000	8 000
1.2	回收固定资产余值															2 009
1.3	回收流动资金															2 000
2	现金流出	1 500	1 500	1 000	6 766	6 592	6 572	6 553	6 532	6 513	6 493	6 474	6 454	6 434	5 978	5 978
2.1	项目资本金	1 500	1 500	1 000	2 000											
2.2	借款本金偿还				437	437	437	437	437	437	437	437	437	437	0	0
2.3	借款利息支出				262	236	210	184	157	131	105	79	53	26	0	0
2.4	经营成本				3 500	5 000	5 000	5 000	5 000	5 000	5 000	5 000	5 000	5 000	5 000	5 000
2.5	销售税金及附加				320	480	480	480	480	480	480	480	480	480	480	480
2.6	所得税				247	439	445	452	458	465	471	478	484	491	498	498
3	净现金流量(1—2)	−1 500	−1 500	−1 000	−1 166	1 408	1 428	1 447	1 468	1 487	1 507	1 526	1 546	1 566	2 022	6 031

表 3.17　财务计划现金流量表（单位:万元）

序号	项　　目	计算期														
		1	2	3	4	5	6	7	8	9	10	11	12	13	14	15
1	经营活动净现金流量				1 533	2 081	2 075	2 068	2 062	2 055	2 049	2 042	2 036	2 029	2 022	2 022
1.1	现金流入				5 600	8 000	8 000	8 000	8 000	8 000	8 000	8 000	8 000	8 000	8 000	8 000
1.1.1	营业收入				5 600	8 000	8 000	8 000	8 000	8 000	8 000	8 000	8 000	8 000	8 000	8 000
1.2	现金流出				4 067	5 919	5 925	5 932	5 938	5 945	5 951	5 958	5 964	5 971	5 978	5 978
1.2.1	经营成本				3 500	5 000	5 000	5 000	5 000	5 000	5 000	5 000	5 000	5 000	5 000	5 000
1.2.2	销售税金及附加				320	480	480	480	480	480	480	480	480	480	480	480
1.2.3	所得税				247	439	445	452	458	465	471	478	484	491	498	498

续表

序号	项目	计算期														
		1	2	3	4	5	6	7	8	9	10	11	12	13	14	15
2	投资活动净现金流量	−2 500	−3 500	−2 000	−2 000	0	0	0	0	0	0	0	0	0	0	0
2.1	现金流入				0	0	0	0	0	0	0	0	0	0	0	0
2.2	现金流出	2 500	3 500	2 000	2 000											
2.2.1	建设投资	2 500	3 500	2 000												
2.2.2	流动资金				2 000											
3	筹资活动净现金流量	2 500	3 500	2 000	634	−1 857	−1 849	−1 840	−1 831	−1 823	−1 814	−1 806	−1 797	−1 789	−1 209	−1 330
3.1	现金流入	2 500	3 500	2 000	2 000											
3.1.1	项目资本金投入	1 500	1 500	1 000	2 000											
3.1.2	建设投资借款	1 000	2 000	1 000												
3.1.3	流动资金借款				0											
3.2	现金流出				1 366	1 857	1 849	1 840	1 831	1 823	1 814	1 806	1 797	1 789	1 209	1 330
3.2.1	各种利息支出				262	236	210	184	157	131	105	79	53	26	0	0
3.2.2	偿还债务本金				437	437	437	437	437	437	437	437	437	437	0	0
3.2.3	应付利润				667	1 184	1 202	1 219	1 237	1 255	1 272	1 290	1 307	1 326	1 209	1 330
4	净现金流量（1+2+3）	0	0	0	167	224	226	228	231	232	235	236	239	240	813	692
5	累计盈余资金	0	0	0	167	391	617	845	1 076	1 308	1 543	1 779	2 018	2 258	3 071	3 763

3.4.5 建设项目财务评价指标计算与评价

1. 财务评价的内容

财务评价的内容主要包括三个方面，即盈利能力分析、清偿能力分析和财务生存能力分析。

(1)盈利能力分析。盈利能力分析主要考察项目投资的盈利水平，它直接关系到项目投产后能否生存和发展，是评价项目财务上可行性程度的基本标志。盈利能力的大小是企业进行投资活动的原动力，也是企业进行投资决策时考虑的首要因素。在财务评价中，应当考察拟建项目建成投产后是否有盈利，盈利能力有多大，盈利能力是否足以使项目可行。

(2)清偿能力分析。项目的清偿能力主要是指项目偿还项目初期投资借款和其他债务的能力，它直接关系到企业面临的财务风险和企业财务信用程度。清偿能力的大小是企业进行筹资决策的重要依据。

(3)财务生存能力分析，是分析项目是否有足够的净现金流量维持正常运营，以实现财务可持续性。具体做法是根据项目财务计划现金流量表，通过考察项目计算期内的投资、融资和经营活动所产生的各项现金流入和流出，计算净现金流量和累计盈余资金。

建设项目财务评价指标是衡量建设项目财务经济效果的尺度。通常，根据不同的评价深度要求和可获得资料的多少，以及项目本身所处条件的不同，可选用不同的指标，这些指标有主有次，可以从不同侧面反映项目的经济效果。

财务评价指标和财务评价报表之间存在着一定的对应关系，如表3.18所示。

表3.18　财务评价指标与财务评价报表之间的关系

财务分析	财务评价报表	财务评价指标	
		静态指标	动态指标
盈利能力分析	项目投资现金流量表	投资回收期	财务净现值、财务内部收益率
	项目资本金现金流量表	—	财务内部收益率
	投资各方现金流量表	—	投资各方财务内部收益率
	利润与利润分配表	总投资收益率、项目资本金净利润率	—
财务生存能力分析	财务计划现金流量表	—	—
清偿能力分析	借款还本付息计划表	利息备付率、偿债备付率	—
	资产负债表	资产负债率	—

2.财务评价指标计算与评价

1)财务盈利能力评价指标计算与评价

财务盈利能力分析主要考察项目的盈利水平，其主要评价指标为财务净现值、财务内部收益率、投资回收期、总投资收益率、项目资本金净利润率等，可根据项目的特点及财务分析的目的、要求等选用。

(1)财务净现值(FNPV)。财务净现值是反映项目在计算期内获利能力的动态评价指标，是按行业基准收益率或设定的收益率，将各年的净现金流量折现到建设起点(建设期初)的现值之和。其表达式为：

$$FNPV = \sum_{t=1}^{n}(CI - CO)_t(1 + i_c)^{-t}$$

式中:CI——现金流入量;

CO——现金流出量;

$(CI-CO)_t$——第 t 年的净现金流量;

n——计算期;

i_c——基准收益率或设定的收益率。

财务净现值可通过现金流量表求得。FNPV≥0,表明项目获利能力达到或超过基准收益率或设定的收益率要求的获利水平,即该项目是可以接受的。

(2)财务内部收益率(FIRR)。财务内部收益率是反映项目获利能力常用的重要的动态评价指标。它是指项目在计算期内各年净现金流量现值累计等于零时的折现率。其表达式为:

$$\sum_{t=1}^{n}(CI-CO)_t(1+FIRR)^{-t}=0$$

财务内部收益率可通过财务现金流量表中的净现金流量计算,用试差法求得。FIRR≥i_c,表明项目获利能力超过或等于基准收益率或设定的收益率的获利水平,即该项目是可以接受的。

财务内部收益率一般是采用线性插值试算法的近似方法进行计算,近似公式为:

$$FIRR=i_1+(i_2-i_1)\times\frac{|FNPV_1|}{|FNPV_1|+|FNPV_2|}$$

(3)投资回收期。投资回收期是以项目税前的净收益抵偿全部投资所需的时间。投资回收期一般从建设开始年起计算,也可以自项目投产年开始算起,但应予注明。投资回收期按照是否考虑资金时间价值可以分为静态投资回收期和动态投资回收期。

静态投资回收期(P_t)是在不考虑资金时间价值的情况下,反映项目财务投资回收能力的主要指标。它是指通过项目的净收益来回收总投资所需要的时间。其表达式为:

$$\sum(CI-CO)_t=0$$

判别标准:将求出的投资回收期(P_t)与行业基准投资回收期(P_c)比较,当 $P_t\leqslant P_c$ 时,即静态投资回收期小于等于基准投资回收期,应认为项目在财务上是可接受的。若 $P_t>P_c$ 应认为项目在财务上是不可接受的。

静态投资回收期可根据现金流量表计算,其具体计算又分以下两种情况:

①项目建成投产后各年的净收益(即净现金流量)均相同,则静态投资回收期的计算公式如下:

$$P_t=K/A$$

式中:P_t——静态投资回收期;

K——建设项目总投资;

A——每年的净收益。

【例 3.11】 某投资方案一次性投资 500 万元,估计投产后各年的平均净收益为 80 万元,求该方案的静态投资回收期。

【解】

$$P_t=\frac{K}{A}=\frac{500}{80}\text{年}=6.25\text{ 年}$$

即静态投资回收期为 6.25 年。

②项目建成投产后各年的净收益不相同，则静态投资回收期可根据累计净现金流量求得，也就是在现金流量表中累计净现金流量由负值转向正值的年份数。

计算公式为：

$$P_t = \text{累计净现金流量开始出现正值年份数} - 1 + \text{上年累计净现金流量绝对值} \div \text{当年净现金流量}$$

将求出的投资回收期（P_t）与行业基准投资回收期（P_c）比较，当 $P_t \leqslant P_c$ 时，应认为项目在财务上是可接受的。

【例 3.12】 若例 3.9 中的项目基准收益率为 10%，基准投资回收期为 7 年。根据项目投资现金流量表，计算所得税前财务净现值、财务内部收益率和静态投资回收期，并判断该项目的可行性。

【解】 FNPV(10%)＝－600 万元×(P/F,10%,1)＋64 万元×(P/F,10%,2)＋164 万元×(P/A,10%,8)(P/F,10%,2)＋294 万元×(P/F,10%,11)＝333.56 万元。

FNPV(FIRR)＝－600 万元×(P/F,FIRR,1)＋64 万元×(P/F,FIRR,2)＋164 万元×(P/A,FIRR,8)(P/F,FIRR,2)＋294 万元×(P/F,FIRR,11)＝0。

当 i＝20%时，FNPV(20%)＝－600 万元×(P/F,20%,1)＋64 万元×(P/F,20%,2)＋164 万元×(P/A,20%,8)(P/F,20%,2)＋294 万元×(P/F,20%,11)＝21.02 万元。

当 i＝22%时，FNPV(22%)＝－600 万元×(P/F,22%,1)＋64 万元×(P/F,22%,2)＋164 万元×(P/A,22%,8)(P/F,22%,2)＋294 万元×(P/F,22%,11)＝－17.02 万元。

$$\text{FIRR} = 20\% + \frac{21.02\text{ 万元}}{21.02\text{ 万元} + 17.02\text{ 万元}} \times (22\% - 20\%) = 21.11\%$$

$$P_t = \left(6 - 1 + \frac{44}{164}\right)\text{年} = 5.27\text{ 年}$$

∵

$$\text{FNPV}(10\%) = 333.56\text{ 万元} > 0$$

$$\text{FIRR} = 21.11\% > i_c(10\%)$$

$$P_t = 5.27\text{ 年} < P_c(7\text{ 年})$$

∴该项目可行。

(4)总投资收益率。总投资收益率表示总投资的盈利水平，是指项目达到设计能力后正常年份的年息税前利润或运营期内年平均息税前利润与项目总投资的比率。其计算公式为：

$$\text{总投资收益率} = \frac{\text{年息税前利润或年平均息税前利润}}{\text{总投资}} \times 100\%$$

$$\text{年息税前利润} = \text{利润总额} + \text{计入总成本的利息支出}$$

$$\text{总投资} = \text{建设投资} + \text{建设期贷款利息} + \text{流动资金}$$

在财务评价中，总投资收益率高于同行业的收益率参考值，表明用总投资收益率表示的盈利能力满足要求。

(5)项目资本金净利润率。项目资本金净利润率表示项目资本金的盈利能力，是指项目达到设计生产能力后正常年份的年净利润或运营期内年平均净利润与项目资本金的比率。其计算公式为：

$$\text{项目资本金净利润率} = \frac{\text{年净利润或年平均净利润}}{\text{项目资本金}} \times 100\%$$

在财务评价中，项目资本金净利润率高于同行业的净利润率参考值，表明用项目资本金净利润率表示的盈利能力满足要求。

【例 3.13】 根据例 3.10，计算该工业项目总投资收益率和项目资本金净利润率。

【解】

$$总投资收益率=\frac{年息税前利润}{总投资}\times 100\%$$

$$=\frac{1\ 990\ 万元}{8\ 000\ 万元+370.91\ 万元+2\ 000\ 万元}\times 100\%=19.19\%$$

$$项目资本金净利润率=\frac{年平均净利润}{项目资本金}\times 100\%$$

$$=\frac{16\ 273\ 万元\div 12}{6\ 000\ 万元}\times 100\%=22.60\%$$

2)财务清偿能力指标计算与评价

清偿能力分析要计算的指标包括利息备付率、偿债备付率、资产负债率、流动比率和速动比率。这些指标是依据资产负债表、借款还本付息计算表、资金来源与运用表进行计算的。

(1)利息备付率。利息备付率是指项目在借款偿还期内，各年可用于支付利息的息税前利润与当期应付利息费用的比值。它从付息资金来源的充裕性角度反映项目偿付债务利息的保障程度。其计算公式为：

$$利息备付率=\frac{息税前利润}{当期应付利息费用}$$

利息备付率应分年计算。利息备付率高，表明利息偿付的保障程度高。

利息备付率应大于 1，并结合债权人的要求确定。

(2)偿债备付率。偿债备付率是指项目在借款偿还期内，各年可用于还本付息的资金与当期应还本付息金额的比值。其计算公式为：

$$偿债备付率=\frac{可用于还本付息的资金}{当期应还本付息金额}$$

可用于还本付息的资金，包括可用于还款的折旧和摊销，在成本中列支的利息费用，可用于还款的利润等；当期应还本付息金额，包括当期应还款本金及计入成本的利息。

偿债备付率应分年计算。偿债备付率高，表明可用于还本付息的资金保障程度高。

偿债备付率应大于 1，并结合债权人的要求确定。

【例 3.14】 根据例 3.10，分别计算第 4 年的利息备付率和偿债备付率，并分析该项目的债务清偿能力。

【解】

$$利息备付率=\frac{息税前利润}{当期应付利息费用}$$

$$=\frac{1\ 250\ 万元}{262\ 万元}=4.77$$

$$偿债备付率=\frac{可用于还本付息的资金}{当期应还本付息金额}$$

$$=\frac{530.16\ 万元+262\ 万元+0}{437\ 万元+262\ 万元}=1.13$$

可用于还本付息的资金为当期折旧费、当期摊销费、当期利息支出和当期未分配利润之和。

∵ 利息备付率＝4.77＞1

偿债备付率＝1.13＞1

∴该项目第4年具有付息能力和偿付债务的能力。

(3)资产负债率。资产负债率是指各期末负债总额与资产总额的比率。其计算公式为：

$$资产负债率=\frac{期末负债总额}{期末资产总额}\times 100\%$$

资产负债率适度，表明企业经营安全、稳健，具有较强的筹资能力，也表明企业和债权人面临的风险较小。

(4)流动比率。流动比率是反映企业的短期偿债能力的重要指标。流动比率是流动资产与流动负债的比值。它表明企业每1元流动负债有多少资产作为偿付担保。因此，这个比率越高，表示短期偿债能力越强，流动负债获得清偿的机会越大，债权人的安全性也越大。但是，具有过高的流动比率也并非好现象。因为过高的流动比率可能是由于企业滞留在流动资产上的资金过多所致，这恰恰反映了企业未能有效地利用资金，从而会影响企业的获利能力。

至于最佳流动比率究竟是多少，应视不同行业、不同企业的具体情况而定；一般认为200％较好。

流动比率的计算公式为：

$$流动比率=流动资产总额/流动负债总额\times 100\%$$

(5)速动比率。速动比率是速动资产与流动负债的比值。按照财务通则或财务制度规定，速动资产是流动资产减去变现能力较差且不稳定的存货、待摊费用、待处理流动资产损失等后的余额。由于剔除了存货等变现能力较弱且不稳定的资产，速动比率能比流动比率更加准确、可靠地评价企业资产的流动性及其偿还短期负债的能力。速动比率的计算公式为：

$$速动比率=(流动资产总额-存货等)/流动负债总额\times 100\%$$

建设项目的财务效果是通过一系列财务评价指标反映的。这些指标可根据财务评价基本报表和辅助报表计算，将其与财务评价参数进行比较，可以判断项目的财务可行性。

3.4.6 建设项目不确定性分析

财务评价所采用的数据，大部分来自估算和预测，有一定程度的不确定性。为了分析不确定性因素对项目经济评价指标的影响，需进行不确定性分析，以估计项目可能承担的风险，确定项目在经济上的可靠性。不确定性分析包括盈亏平衡分析、敏感性分析和概率分析，通常情况下，建设项目可行性研究中一般进行盈亏平衡分析和敏感性分析。

1. 盈亏平衡分析

盈亏平衡分析是通过项目盈亏平衡点(BEP)分析项目成本与收益的平衡关系的一种方法，它可用于考察项目适应市场变化的能力，从而进一步考察项目抗风险的能力。

盈亏平衡点又称为保本点，是指产品销售收入等于产品总成本费用，即产品不亏不盈的临界状态。盈亏平衡点越低，表明项目适应市场变化的能力越大，抗风险能力越强。盈亏平衡分析是根据项目正常年份的产量、成本、销售收入、税金、销售利润等数据，计算分析产量、成本、利润三者之间的平衡关系，确定盈亏平衡点。以盈亏平衡点为界限，当销售收入高于盈亏平衡点时，企业盈利，反之，企业就亏损。在盈亏平衡点上，企业既无盈利，又无亏损。在不确定性分析中，投资者需要明确知道这一平衡点处于何种水平上，据以判断项目的可行性。

在这里只简单介绍线性盈亏平衡分析。线性盈亏平衡分析只在下述前提条件下才能适用：

①单价与销售量无关；

②可变成本与产量成正比，固定成本与产量无关；

③产品不积压。

盈亏平衡分析的目的是找出盈亏平衡点。确定线性盈亏平衡点的方法有图解法和代数法。

1)图解法

图解法是根据销售收入、固定成本、可变成本随产量(销售量)变化的关系画出盈亏平衡图，在图上找出盈亏平衡点。

盈亏平衡图是以产量(销售量)为横坐标，以销售收入和产品总成本费用(包括固定成本和可变成本)为纵坐标绘制的销售收入曲线和总成本费用曲线。两条曲线的交点即为盈亏平衡点。与盈亏平衡点对应的横坐标，即为以产量(销售量)表示的盈亏平衡点。在盈亏平衡点的右方为盈利区，在盈亏平衡点的左方为亏损区。随着销售收入或总成本费用的变化，盈亏平衡点将上下移动。线性盈亏平衡分析图如图 3.4 所示。

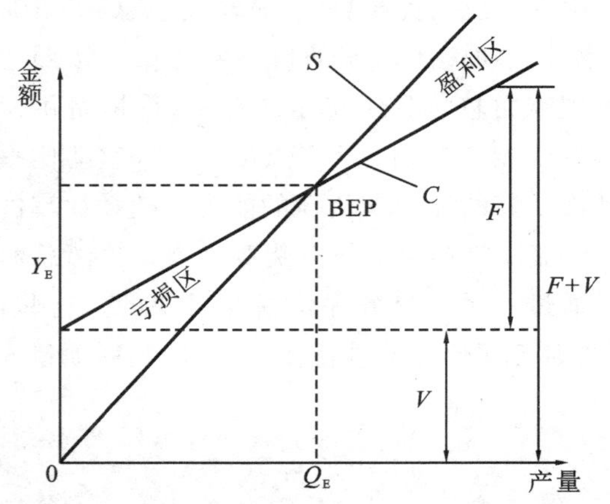

图 3.4　线性盈亏平衡分析图

S—销售收入；*C*—产品成本；BEP—盈亏平衡点；*F*—固定成本；
V—变动成本；*F*+*V*—总成本

2)代数法

代数法是根据销售收入的函数和总成本费用的函数，用数学方法求出盈亏平衡点。

年销售收入＝(单位产品售价－单位产品销售税金及附加)×年产量

年总成本费用＝年固定成本＋单位产品可变成本×年产量

∵　　年销售收入＝年总成本费用

(单位产品售价－单位产品销售税金及附加)×年产量

＝年固定成本＋单位产品可变成本×年产量

∴以产量表示的盈亏平衡点计算公式为：

$$\text{BEP(产量)}=\frac{\text{年固定成本}}{\text{单位产品售价}-\text{单位产品销售税金及附加}-\text{单位产品可变成本}}$$

以单位售价表示的盈亏平衡点的计算公式为：

$$\text{BEP(单位售价)}=\frac{\text{年固定成本}+\text{单位产品可变成本}\times\text{年产量}}{\text{年产量}\times(1-\text{销售税金及附加税率})}$$

以生产能力利用率表示的盈亏平衡点的计算公式为：

$$\text{BEP(生产能力利用率)}=\frac{\text{BEP(产量)}}{\text{设计生产能力的产量}}\times 100\%$$

【例 3.15】 某房地产开发公司拟开发一普通住宅，建成后，每平方米售价为 15 000 元。已知住宅项目总建筑面积为 2 000 m^2，销售税金及附加税率为 5.5%，预计每平方米建筑面积的可变成本为 6 000 元，假定开发期间的固定成本为 800 万元，计算达到盈亏平衡点时的销售量和单位售价，并计算该项目预期利润。

【解】

$$\begin{aligned}\text{BEP(销售量)}&=\frac{\text{固定成本}}{\text{单位产品售价}-\text{单位产品销售税金及附加}-\text{单位产品可变成本}}\\&=\frac{8\ 000\ 000\ \text{元}}{15\ 000\ \text{元}/m^2\times(1-5.5\%)-6\ 000\ \text{元}/m^2}\\&=978.59\ m^2\end{aligned}$$

$$\begin{aligned}\text{BEP(单位售价)}&=\frac{\text{固定成本}+\text{单位产品可变成本}\times\text{总产量}}{\text{总产量}\times(1-\text{销售税金及附加税率})}\\&=\frac{8\ 000\ 000\ \text{元}+6\ 000\ \text{元}/m^2\times 2\ 000\ m^2}{2\ 000\ m^2\times(1-5.5\%)}\\&=10\ 582.01\ \text{元}/m^2\end{aligned}$$

$$\begin{aligned}\text{预期利润}&=\text{单位产品售价}\times\text{总产量}\times(1-\text{销售税金及附加税率})\\&\quad-\text{固定成本}-\text{单位产品可变成本}\times\text{总产量}\\&=15\ 000\ \text{元}/m^2\times 2\ 000\ m^2\times(1-5.5\%)\\&\quad-8\ 000\ 000\ \text{元}-6\ 000\ \text{元}/m^2\times 2\ 000\ m^2\\&=8\ 350\ 000\ \text{元}\\&=835\ \text{万元}\end{aligned}$$

2. 敏感性分析

1)敏感性分析的概念和作用

一个投资方案的各基本变量因素的敏感性是指该因素稍有变化即可引起某一个或几个经济指标的明显变化，以致改变原来的决策。所谓敏感性分析，是通过测定一个或多个敏感性因素的变化所导致的评价指标的变化幅度，了解各种因素的变化对实现预期目标的影响程度，从而对外部条件发生不利变化时的投资方案的风险承受能力做出判断。敏感性分析是经济决策中常用的一种不确定性分析方法。它的目的和作用是：

(1)研究影响因素的变动所引起的经济效果指标变动的范围；

(2)找出影响工程项目的经济效果的关键因素；

(3)通过多方案敏感性大小的对比，选取敏感性小的方案，也就是风险小的方案；

(4)通过对可能出现的最有利与最不利的经济效果范围进行分析，用寻找替代方案或对原方案采取某些控制措施的方法，来确定最现实的方案。

根据不确定性因素每次变动数目的多少，敏感性分析可以分为单因素敏感性分析和多因素敏感性分析。

2)敏感性分析的步骤

(1)确定反映经济效果的指标。进行敏感性分析，首先要根据项目的特点，确定具体的财务分析指标，如财务净现值、财务内部收益率、投资回收期等。

(2)选择不确定性因素。在财务分析过程中，各种财务基础数据都是估算和预测得到的，因此都带有不确定性，如投资额、单价、产量等都为不确定性因素。

(3)计算各不确定性因素对评价指标的影响。设定某个不确定性因素的可能变化幅度，其他因素不变，计算经济效益指标的变动结果，计算出变化率。每一个因素做上述测定后，计算出因素变动以及相应指标变动的结果。当不确定性因素变动5%、10%、20%时，计算其评价指标，反映其变动程度。可用敏感度系数(变化率)表示。

$$敏感度系数=\frac{评价指标变化率}{不确定性因素变化率}$$

(4)确定敏感性因素。将第(3)步计算的结果绘制成敏感性曲线图，寻找敏感性因素。确定敏感性因素可采用相对测定法，即在测算变量因素的变动对经济指标的影响时，将各个不确定性因素的变化率取同一数值，再来计算经济效果指标的影响大小，按其大小进行排列，对经济效果指标影响最大的因素即为敏感性因素。

敏感度系数的绝对值越大，表示该因素的敏感性越大，抗风险能力越弱。对敏感性较大的因素，在实际工程中要严加控制和掌握，以免影响直接的经济效果；对敏感性较小的因素，稍加控制即可。

敏感性分析结果用敏感性分析表和敏感性分析图(见图3.5)表示。

某因素对全部投资内部收益率的影响曲线越接近纵坐标，表明该因素敏感性较大；某因素对全部投资内部收益率的影响曲线越接近横坐标，表明该因素敏感性较小。

【例3.16】 根据例3.9的项目投资现金流量表，假定该项目基准收益率为10%，以建设投资、营业收入为不确定性因素，以财务内部收益率为经济评价指标，营业收入变化与销售税金及附加有关，而与经营成本无关。试进行该项目的单因素敏感性分析，编制单因素敏感性分析表。

【解】 在不考虑不确定性因素的条件下，计算该项目所得税前的财务内部收益率：

$$\begin{aligned}FNPV(FIRR)=&-600\text{ 万元}\times(P/F,FIRR,1)+64\text{ 万元}\times(P/F,FIRR,2)\\&+164\text{ 万元}\times(P/A,FIRR,8)(P/F,FIRR,2)\\&+294\text{ 万元}\times(P/F,FIRR,11)=0\end{aligned}$$

当$i=20\%$时，$FNPV(20\%)=-600$ 万元$\times(P/F,20\%,1)+64$ 万元$\times(P/F,20\%,2)+164$ 万元$\times(P/A,20\%,8)(P/F,20\%,2)+294$ 万元$\times(P/F,20\%,11)=21.02$ 万元。

当$i=22\%$时，$FNPV(22\%)=-600$ 万元$\times(P/F,22\%,1)+64$ 万元$\times(P/F,22\%,2)+$

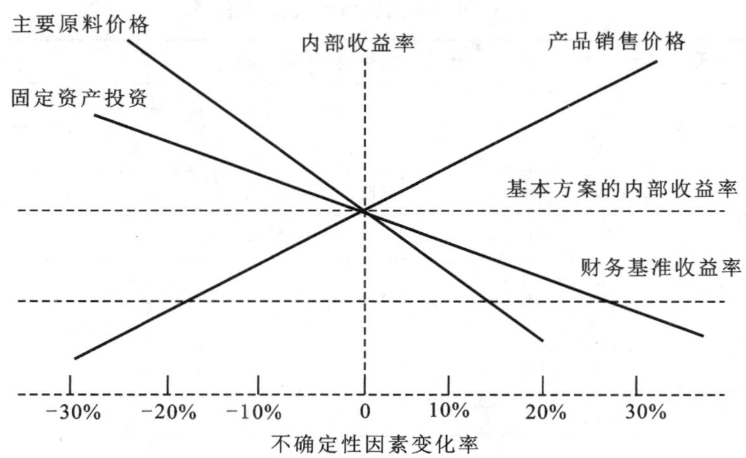

图 3.5　敏感性分析图

164 万元×(P/A,22%,8)(P/F,22%,2)+294 万元×(P/F,22%,11)=-17.02 万元。

$$\text{FIRR}=20\%+\frac{21.02\ \text{万元}}{21.02\ \text{万元}+17.02\ \text{万元}}\times(22\%-20\%)=21.11\%$$

当建设投资增加 5%时,计算该项目所得税前的财务内部收益率:

$$\begin{aligned}\text{FNPV(FIRR)}=&-600\ \text{万元}\times1.05(P/F,\text{FIRR},1)+64\ \text{万元}\times(P/F,\text{FIRR},2)\\&+164\ \text{万元}\times(P/A,\text{FIRR},8)(P/F,\text{FIRR},2)\\&+(200+30\times1.05+100-36)\text{万元}\times(P/F,\text{FIRR},11)=0\end{aligned}$$

采用试算法,计算得到 FIRR=19.81%。

当营业收入增加 5%时,计算该项目所得税前的财务内部收益率:

$$\begin{aligned}\text{FNPV(FIRR)}=&-600\ \text{万元}\times(P/F,\text{FIRR},1)+(200\times1.05-100-25-11\times1.05)\text{万元}\\&\times(P/F,\text{FIRR},2)+(200\times1.05-25-11\times1.05)\text{万元}\\&\times(P/A,\text{FIRR},8)(P/F,\text{FIRR},2)+(200\times1.05+30+100-25-11\times1.05)\text{万元}\\&\times(P/F,\text{FIRR},11)=0\end{aligned}$$

采用试算法,计算得到 FIRR=22.73%。

$$\text{当建设投资增加 5\%时,敏感度系数}=\frac{\dfrac{19.81\%-21.11\%}{21.11\%}}{5\%}=-1.231\,6。$$

$$\text{当营业收入增加 5\%时,敏感度系数}=\frac{\dfrac{22.73\%-21.11\%}{21.11\%}}{5\%}=1.534\,8。$$

编制单因素敏感性分析表,如表 3.19 所示。

从表 3.19 可知,建设投资增加 20%,所得税前财务内部收益率为 16.52%,高于 10%的基准收益率;营业收入下降 20%,所得税前财务内部收益率为 14.20%,高于 10%的基准收益率。这说明建设投资变化和营业收入变化,对项目的影响不太大,这两个不确定性因素对项目的敏感性不太大,但项目在实施过程中,也应时常注意建设投资和营业收入的变化,应使项目获得最大的经济效益。

表 3.19　单因素敏感性分析表

序号	不确定性因素	变化率	所得税前财务内部收益率	敏感度系数
	基本方案		21.11%	
1	建设投资	20%	16.52%	−1.087 2
		10%	18.63%	−1.174 8
		5%	19.81%	−1.231 6
		−5%	22.43%	−1.250 6
		−10%	23.91%	−1.326 4
		−20%	27.30%	−1.466 1
2	营业收入	20%	27.61%	1.539 6
		10%	24.37%	1.544 3
		5%	22.73%	1.534 8
		−5%	19.39%	1.629 6
		−10%	17.68%	1.624 8
		−20%	14.20%	1.636 7

3.5 建设项目投资方案的比较和选择

投资方案在比较和选择的过程中，按其经济关系分为互斥方案和独立方案。互斥方案是指各方案之间是相互排斥的，即在多个投资方案中只能选择其中一个方案。如有甲、乙、丙、丁四个投资方案，最终选择甲方案，则必须放弃乙、丙、丁三个方案。独立方案是指各方案之间经济上互不相关，如有甲、乙、丙、丁四个投资方案，最终选择甲方案或放弃甲方案，与乙、丙、丁三个方案无关。在这里主要介绍互斥方案的比选。

3.5.1 寿命期相同的多个投资方案比较和选择

1. 净现值（NPV）法

净现值法是通过计算多个投资方案的净现值并比较其大小来判断投资方案的优劣。净现值是按行业基准收益率或设定的收益率，将各年的净现金流量折现到建设起点（建设期初）的现值之和。

净现值越大，方案越优。

【例 3.17】　某公司有三个可行而相互排斥的投资方案，三个投资方案的寿命期均为 5 年，基准收益率为 7%。三个投资方案的现金流量表如表 3.20 所示。用净现值法选择最优方案。

表 3.20　三个投资方案的现金流量表(单位:万元)

方　　案	初 始 投 资	年　收　益
A	700	194
B	500	132
C	850	230

【解】

$$NPV(7\%)_A = -700 + 194(P/A, 7\%, 5) = 95.40$$

$$NPV(7\%)_B = -500 + 132(P/A, 7\%, 5) = 41.20$$

$$NPV(7\%)_C = -850 + 230(P/A, 7\%, 5) = 93.00$$

即采用 A 方案净现值为 95.40 万元,采用 B 方案净现值为 41.20 万元,采用 C 方案净现值为 93.00 万元。

根据上述计算结果可知,A 方案净现值最大,故 A 方案为最优方案。

2. 净年值(NAV)法

净年值法是通过计算多个投资方案的净年值并比较其大小而判断投资方案的优劣,是指将所有的净现金流量通过基准收益率或设定的收益率折现到每年年末的等额资金。

净年值越大,方案越优。

【例 3.18】 根据例 3.17,用净年值法选择最优方案。

【解】

$$NAV(7\%)_A = -700(A/P, 7\%, 5) + 194 = 23.27$$

$$NAV(7\%)_B = -500(A/P, 7\%, 5) + 132 = 10.05$$

$$NAV(7\%)_C = -850(A/P, 7\%, 5) + 230 = 22.86$$

即采用 A 方案净年值为 23.27 万元,采用 B 方案净年值为 10.05 万元,采用 C 方案净年值为 22.86 万元。

根据上述计算结果可知,A 方案净年值最大,故 A 方案为最优方案。

3. 差额内部收益率(ΔIRR)法

差额内部收益率法是多个投资方案两两比较,用差额内部收益率的大小来判断投资方案的优劣。差额投资是指投资额大的方案的净现金流量减去投资额小的方案的净现金流量。差额内部收益率是指差额投资净现金流量的内部收益率。

如果 A 方案的投资额大于 B 方案的投资额,则 $\Delta NPV_{A-B}=0$,$\Delta IRR_{A-B} \geqslant i_c$ 时,A 方案优于 B 方案,即投资额大的方案优于投资额小的方案。

计算方法如下:

(1)验证各投资方案可行性;

(2)投资额大的方案与投资额小的方案相比,求出 $\Delta IRR_{A-B} \geqslant i_c$ 时,投资额大的方案为优;

(3)两两相比,确定最优方案。

【例 3.19】 根据例 3.17,用差额内部收益率法选择最优方案。

【解】

$$\Delta NPV_{B-0} = -500 + 132(P/A, \Delta IRR_{B-0}, 5) = 0$$

$$\Delta IRR_{B-0}=10.03\%>i_c(7\%)$$

∴B方案为临时性最优方案。

$$\Delta NPV_{A-B}=-(700-500)+(194-132)(P/A,\Delta IRR_{A-B},5)=0$$

$$\Delta IRR_{A-B}=16.75\%>i_c(7\%)$$

∴A方案为临时性最优方案。

$$\Delta NPV_{C-A}=-(850-700)+(230-194)(P/A,\Delta IRR_{C-A},5)=0$$

$$\Delta IRR_{C-A}=6.42\%<i_c(7\%)$$

∴A方案为最优方案。

4. 最小费用法

当各个投资方案的效益相同或基本相同时，方案比较过程中可以只考虑费用，用最小费用法(费用现值法或费用年值法)进行投资方案的比选。

1)费用现值(PC)法

费用现值法是通过计算多个投资方案的费用现值并比较其大小而判断投资方案的优劣。费用现值是按行业基准收益率或设定的收益率，将各年的费用折现到建设起点(建设期初)的现值之和。

费用现值最小，方案最优。

2)费用年值(AC)法

费用年值法是通过计算多个投资方案的费用年值并比较其大小而判断投资方案的优劣。费用年值是将所有的费用通过基准收益率或设定的收益率折现到每年年末的等额资金。

费用年值最小，方案最优。

【例 3.20】 某建设项目有两个投资方案，其生产能力和产品品种质量相同，有关基本数据如表 3.21 所示。假定基准收益率为 8%，用费用现值法和费用年值法分别选择投资方案。

表 3.21 两个投资方案有关基础数据

项 目	方案 1	方案 2
初始投资/万元	7 000	8 000
生产期/年	10	10
残值/万元	350	400
年经营成本/万元	3 000	2 000

【解】

$$\begin{aligned}PC(8\%)_1&=7\,000+3\,000(P/A,8\%,10)-350(P/F,8\%,10)\\&=26\,967.95\end{aligned}$$

$$\begin{aligned}PC(8\%)_2&=8\,000+2\,000(P/A,8\%,10)-400(P/F,8\%,10)\\&=21\,234.8\end{aligned}$$

即采用方案 1 费用现值为 26 967.95 万元，采用方案 2 费用现值为 21 234.8 万元。

根据上述计算结果可知，方案 2 费用现值较小，故选择方案 2。

$$\begin{aligned}AC(8\%)_1&=7\,000(A/P,8\%,10)+3\,000-350(A/F,8\%,10)\\&=4\,018.85\end{aligned}$$

$$\begin{aligned}AC(8\%)_2&=8\,000(A/P,8\%,10)+2\,000-400(A/F,8\%,10)\\&=3\,164.4\end{aligned}$$

即采用方案1费用年值为4 018.85万元，采用方案2费用年值为3 164.4万元。

根据上述计算结果可知，方案2费用年值较小，故选择方案2。

3.5.2 寿命期不同的多个投资方案比较和选择

1. 年值法

年值法是寿命期不同的多个投资方案选优时常用的一种较简明的方法。它是假定各个寿命期不同的投资方案能无限期重复，分析周期则无限长，每个周期内各方案可被看成寿命期相同，则按费用现值或费用年值进行选择。

【例3.21】 某公司拟建面积为1 500～2 500 m^2 的宿舍楼，拟用砖混结构和钢筋混凝土结构两种形式，其费用如表3.22所示。假设基准收益率为8%。建设期不考虑持续时间。

试确定各方案的经济范围。

表3.22 两种结构形式费用

方　案	造价/(元/m^2)	寿命期/年	年维修费/元	残　值
钢筋混凝土结构	2 000	50	20 000	0
砖混结构	1 800	40	60 000	造价×5%

【解】 设宿舍楼的费用年值是面积 x 的函数：

$$AC(8\%)_{钢混}=2\ 000x(A/P,8\%,50)+20\ 000=163.49x+20\ 000$$

$$AC(8\%)_{砖混}=1\ 800x(A/P,8\%,40)+60\ 000-1\ 800x(A/F,8\%,40)$$
$$=143.99x+60\ 000$$

$$AC(8\%)_{钢混}=AC(8\%)_{砖混}$$

$$163.49x+20\ 000=143.99x+60\ 000$$

$$x=2\ 051.28$$

根据费用年值最小方案最优的原则：

当1 500 $m^2\leqslant x\leqslant 2\ 051.28$ m^2 时，选择钢筋混凝土结构；

当2 051.28 $m^2\leqslant x\leqslant 2\ 500$ m^2 时，选择砖混结构。

2. 最小公倍数法

最小公倍数法是取各投资方案寿命期的最小公倍数，作为各个投资方案的共同寿命期，各投资方案在共同的寿命期内反复实施，然后采用寿命期相同的投资方案比选的常用方法进行选择。例如例3.21中，两种结构方案的寿命期最小公倍数为200，所以这两种结构方案的共同寿命期为200年，钢筋混凝土结构方案在200年寿命期中反复实施4次，砖混结构方案在200年寿命期中反复实施5次，这两种结构方案在共同寿命期内进行方案选择。

3. 研究期法

研究期法是取各投资方案的最短的寿命期作为共同寿命期，然后采用寿命期相同的投资方案选优的常用方法进行选择。例如例3.21中，这两种结构方案的最短的寿命期为40年，则两种结构方案的共同寿命期为40年，在40年的共同寿命期内进行方案的选择。

3.5.3 运用概率分析方法进行互斥方案的比较和选择

概率是指随机事件发生的可能性，投资活动可能产生的种种收益可以看作是一个个随机事件，其出现或发生的可能性，可以用相应的概率描述。概率分析是利用概率来研究和预测不确定性因素对投资方案经济性影响的定量分析方法。这里介绍概率分析的两种方法，即期望值法和决策树法。

1. 期望值法

假如在一个盒子里有70个白球、30个黑球，任意取一个球，是白球的概率为70%，是黑球的概率为30%。

如果猜取出的球的颜色有如下得分情况：

猜白球，猜对得400分，猜错损失200分；猜黑球，猜对得1 000分，猜错损失200分。

在这种情况下，应猜取出的球是白球还是黑球？

猜白球：400×0.7+(−200)×0.3=220。

猜黑球：1 000×0.3+(−200)×0.7=160。

因为猜白球的得分大于猜黑球的得分，所以可做出猜白球的决定。

这种计算方法称为期望值法。期望值是反映随机变量取值的平均数。用公式表示如下：

$$E(x)=\sum_{i=1}^{n}X_iP_i$$

式中：$E(x)$——期望值；

X_i——第 i 种随机变量的取值；

P_i——第 i 种变量值所对应的概率。

$$\sum_{i=1}^{n}P_i=1$$

采用期望值法对互斥方案进行选择时，期望收益越大，方案越好；反之，期望收益越小，方案越差。

【例3.22】 某房地产开发公司，现有A、B两种类型的房地产开发方案，其净收益和各种净收益出现的概率如表3.23所示。试比较哪一个方案较好。

表3.23 两种房地产开发方案信息

销售状况	概率		净收益/万元	
	A方案	B方案	A方案	B方案
良好	0.2	0.2	1 800	3 000
一般	0.5	0.4	1 200	2 000
较差	0.3	0.4	400	−600

【解】

$$E(x)_A=\sum_{i=1}^{n}X_iP_i=1\,800\text{ 万元}\times0.2+1\,200\text{ 万元}\times0.5+400\text{ 万元}\times0.3=1\,080\text{ 万元}$$

$$E(x)_B=\sum_{i=1}^{n}X_iP_i=3\,000\text{ 万元}\times0.2+2\,000\text{ 万元}\times0.4-600\text{ 万元}\times0.4=1\,160\text{ 万元}$$

∵ $E(x)_B>E(x)_A$

∴方案 B 较好。

2. 决策树法

决策树一般由决策点、机会点、方案枝、概率枝等组成。为了便于理解,对决策树中的决策点用"□ "表示,机会点用"○ "表示,并且进行编号,编号的顺序是从左到右、从上到下。决策树具体画法如图 3.6 所示。

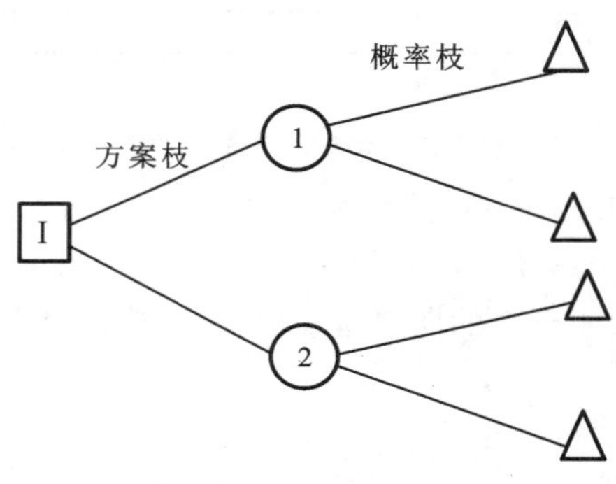

图 3.6 决策树

通过绘制决策树,可以计算出各段终点的期望值,再根据各点的期望值来取舍方案。期望收益越大,方案越好;反之,期望收益越小,方案越差。

【例 3.23】 为生产某种产品,设计两个基建方案:一是建大厂;二是建小厂。建大厂需要投资 3 000 万元,建小厂需要投资 800 万元,基准收益率为 8%。两方案的概率和年度损益值如表 3.24 所示。

表 3.24 两方案的概率和年度损益值

方案状态	概　　率	建　大　厂	建　小　厂
销路好	0.7	1 000 万元	400 万元
销路差	0.3	20 万元	100 万元

如果建设期不考虑,使用期分前 3 年和后 7 年两期考虑,根据市场预测,前 3 年销路好的概率为 0.7,而如果前 3 年的销路好,则后 7 年销路好的概率为 0.9;如前 3 年销路差,则后 7 年的销路肯定差。试用决策树法进行决策。

【解】 画出决策树,如图 3.7 所示。

点 3:$E(3)$=1 000 万元×0.9+20 万元×0.1=902 万元。

点 4:$E(4)$=400 万元×0.9+100 万元×0.1=370 万元。

点 1:$E(\text{NPV})_1$=-3 000 万元+1 000 万元×0.7$(P/A,8\%,3)$+902 万元×0.7$(P/A,8\%,7)(P/F,8\%,3)$+20 万元×0.3$(P/A,8\%,10)$=1 454.09 万元。

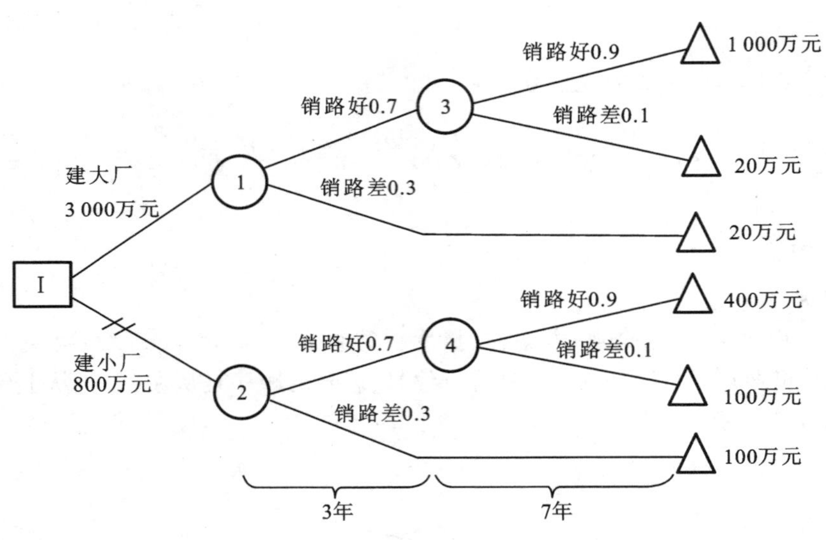

图 3.7　两方案比选决策树

点 2：$E(\mathrm{NPV})_2=-800$ 万元$+400$ 万元$\times 0.7(P/A,8\%,3)+370$ 万元$\times 0.7(P/A,8\%,7)(P/F,8\%,3)+100$ 万元$\times 0.3(P/A,8\%,10)=1\ 193.45$ 万元。

因为点 1 的期望净现值大于点 2 的期望净现值，所以选择建大厂。

本章小结

本章介绍了建设项目决策阶段工程造价控制，主要内容包括建设项目决策阶段与工程造价的关系、可行性研究、投资估算、财务评价以及投资方案的比较和选择。

建设项目的可行性研究是项目前期的主要工作内容，也是决定投资成败的关键环节。本章介绍了可行性研究的概念、作用、编制步骤及主要内容，并以一般工业项目为例，说明了可行性研究报告的内容。

建设项目投资估算包括固定资产投资估算和流动资产投资估算两部分，重点介绍了生产能力指数估算法、系数估算法、比例估算法、混合法、指标估算法及流动资金分项详细估算法，以及这些方法的适用范围。

财务评价是可行性研究报告的重要组成部分，主要包括三部分内容，即财务盈利能力分析、清偿能力分析和财务生存能力分析，其分析要依据基本财务报表计算出财务净现值、投资回收期、投资收益率、财务内部收益率等指标，从而判断项目在财务上是否可行。关于不确定性分析，介绍了盈亏平衡分析和敏感性分析。

关于投资方案的比较和选择，主要介绍了互斥方案比较和选择。互斥方案的评价分为寿命期相等、寿命期不等的情况。对于寿命期相等的互斥方案，可采用净现值法、净年值法、差额内部收益率法、最小费用法；对于寿命期不等的互斥方案，主要采用年值法、最小公倍数法和研究期法，需对各备选方案的寿命期做统一处理（即设定一个共同的分析期），使方案满足可比性的要求。

习题

一、单选题

1. 投资项目前期机会研究阶段对投资估算误差率的要求为(　　)。

A. ≥±30%　　B. ±30%以内
C. ±20%以内　　D. ±10%以内

2. 投资项目前期项目建议书阶段对投资估算误差率的要求为(　　)。

A. ±30%以内　　B. ≥20%
C. ±20%左右　　D. ±20%以内

3. 投资项目前期评估阶段对投资估算误差率的要求为(　　)。

A. ±30%以内　　B. ±20%以内
C. ±10%以内　　D. ±5%以内

4. 流动资金估算一般采用(　　)。

A. 扩大指标估算法　　B. 单位实物工程量投资估算法
C. 概算指标投资估算法　　D. 分项详细估算法

5. 盈利能力分析的主要盈利性指标是(　　)。

A. 财务净现值　　B. 投资回收期
C. 投资利润率　　D. 财务内部收益率

6. 关于项目决策与工程造价的关系,下列说法正确的是(　　)。

A. 项目决策的内容是决定工程造价的基础
B. 工程造价的合理性是项目决策正确的前提
C. 工程造价确定的精确度影响项目决策的深度
D. 工程造价的控制效果影响项目决策的深度

7. 投资决策阶段的造价表现为(　　)。

A. 投资估算　　B. 设计概算
C. 施工图预算　　D. 结算价

8. 投资估算时对项目可行性研究提出结论性意见是在(　　)阶段。

A. 项目建议书　　B. 机会研究
C. 初步可行性研究　　D. 详细可行性研究

9. 项目可行性研究的步骤依次为(　　)。

A. 接受委托—方案比较和选择—调查研究—经济分析和评价—编制可行性研究报告
B. 接受委托—调查研究—经济分析和评价—方案比较和选择—编制可行性研究报告
C. 接受委托—调查研究—方案比较和选择—经济分析和评价—编制可行性研究报告
D. 接受委托—经济分析和评价—调查研究—方案比较和选择—编制可行性研究报告

10. 对互斥方案进行比较和选择时,差额内部收益率 $\Delta IRR_{A-B} > i_c$,则(　　)。

A. 方案 A 优于方案 B　　B. 方案 A 等于方案 B
C. 方案 B 优于方案 A　　D. 无法确定

11. 对寿命期相同的互斥方案进行比较和选择时,不能采用的方法是(　　)。

A. 净现值法　　B. 净年值法

C. 内部收益率法　　D. 最小费用法

二、多选题

1. 下列指标中属于动态评价指标的是(　　)。

A. 静态投资回收期　　B. 净现值

C. 投资收益率　　D. 内部收益率

2. 财务评价盈利能力分析的动态指标有(　　)。

A. 净现值　　B. 投资利润率

C. 借款偿还期　　D. 内部收益率

E. 资产负债率

3. 建设项目可行性研究报告的内容可概括为(　　)。

A. 市场研究　　B. 规模研究

C. 项目场址研究　　D. 技术研究

E. 效益研究

4. 房地产项目可行性研究的内容包括(　　)。

A. 市场调查与预测　　B. 建设地点选择　　C. 项目进度安排

D. 投资估算与资金筹措　　E. 项目经济评价

5. 静态建设投资的估算方法包括(　　)。

A. 资金估算法　　B. 比例估算法　　C. 系数估算法

D. 指标估算法　　E. 扩大指标估算法

6. 建设投资动态部分包括(　　)。

A. 工程费　　B. 工程建设其他费用　　C. 涨价预备费

D. 建设期贷款利息　　E. 建设单位管理费

7. 流动资金估算时，一般采用分项详细估算法，其正确的计算式是(　　)。

A. 流动资金＝流动资产＋流动负债

B. 流动资金＝流动资产－流动负债

C. 流动资金＝应收账款＋预付账款＋存货－现金

D. 流动资金＝应付账款＋预收账款＋存货＋现金－应收账款－预付账款

E. 流动资金＝应收账款＋预付账款＋存货＋现金－应付账款－预收账款

8. 在进行建设项目投资方案经济评价时，建设项目可行的条件是(　　)。

A. $FNPV \geqslant 0$　　B. $FIRR \geqslant i_c$　　C. $P_t \geqslant$行业基准投资回收期

D. 总投资收益率$\geqslant 0$　　E. 资本金净利润率$\geqslant 0$

9. 下列关于不确定性分析的论述，正确的有(　　)。

A. 敏感度系数越高，该因素产生的风险越大

B. 敏感性分析图中，该因素的折线越陡，该因素产生风险越小

C. 敏感程度越大，该因素抗风险能力越小

D. 盈亏平衡点的产量越小，说明项目适应市场变化的能力越强

E. 盈亏平衡点的单价越大，说明项目抗风险能力越强

三、简答题

1. 建设项目可行性研究报告可简单概括为哪三个部分？

2. 简述建设项目总投资的组成内容。

3. 简述建设项目财务评价的基本程序。

4. 什么叫投资估算？投资估算的阶段如何划分？

5. 根据是否考虑资金时间价值，建设项目财务评价指标可分为哪些？这些指标分别根据哪些财务评价报表计算？

6. 简述各项财务评价指标的评判标准。

7. 建设项目财务评价中常用的不确定性分析方法有哪些？试分别说明其抗风险能力。

8. 寿命期相同的互斥方案比选方法有哪几种？

9. 对寿命期不同的多个互斥方案进行比较与选择时常用的方法有哪几种？

四、计算题

1. 已知生产流程相似，年生产能力为15万吨的化工装置，3年前建成的设备装置投资额为3 750万元。拟建装置年设计生产能力为20万吨，两年建成。投资生产能力指数为0.72，近几年设备与物资的价格上涨率平均为3%。用生产能力指数估算法估算拟建装置的投资费用。

2. 某拟建工业项目达到设计生产能力后，全厂定员为1 100人，工资和福利费按照每人每年3万元估算。每年其他费用为860万元(其中，其他制造费用为660万元)。年外购原材料、燃料、动力费估算为19 200万元。年经营成本为21 000万元，年营业费用为3 700万元，年修理费占年经营成本的10%，预付账款为560万元。各项流动资金最低周转天数分别为：应收账款，30天；现金，40天；应付账款，30天；存货，40天。用分项详细估算法估算拟建项目的流动资金。

3. 某工业项目主要设备投资额估算为2 000万元，与其同类型的工业企业附属项目投资占主要设备投资的比例以及由于建造时间、地点、使用定额等方面的因素引起拟建项目的综合调价系数如表3.25所示。拟建项目其他费用占静态建设投资的20%。估算该项目静态建设投资额。

表3.25 附属项目投资占主要设备投资的比例及综合调价系数

工程名称	占主要设备投资比例	综合调价系数
土建工程	40%	1.2
设备安装工程	15%	1.2
管道工程	10%	1.1
给排水工程	10%	1.1
暖通工程	8%	1.1
电气工程	10%	1.1
自动化仪表	7%	1

4. 某拟建工业项目年生产能力为300万吨，与其同类型的已建项目年生产能力为200万吨，已建项目设备投资额为2 475万元，经测算设备的综合调价系数为1.2，生产能力指数为1，已建项目中建筑工程、安装工程及其他工程费占主要设备投资的百分比分别为60%、30%、10%，相应的综合调价系数分别为1.2、1.1、1.05。工程建设其他费用占投资额(含工程费和工程建设其他费用)的20%。同类型的已建项目流动资金占建设投资额的10%。

该项目建设期为2年，第1年完成项目全部投资的40%，第2年完成项目全部投资的60%，第3年投产，第4年达到设计生产能力。该项目建设资金来源为：自有资金4 000万元，先使用自有资金，然后再向银行贷款，贷款年利率为6%。建设期间基本预备费费率为10%，年物价上涨率为4%，项目建设前期年限为1年。

计算：

(1)该工业项目静态建设投资额。

(2)该工业项目建设投资额。

(3)该工业项目建设期贷款利息。

(4)该工业项目总投资。

5.某工业项目计算期为15年，建设期为3年，第4年投产。建设投资(不含建设期贷款利息和投资方向调节税)10 000万元，其中自有资金投资5 000万元。各年不足部分向银行借款。银行贷款条件是年利率为6%，建设期间只计息不还款，第4年投产后开始还贷。建设投资计划如表3.26所示。

表3.26　建设投资计划表(单位：万元)

项　目	建　设　期			合　计
	1	2	3	
建设投资	3 000	4 500	2 500	10 000
其中：自有资金	2 000	1 500	1 500	5 000
借款需要量	1 000	3 000	1 000	5 000

要求：

(1)按每年付清利息并分10年等额还本、利息照付的方式，编制建设投资借款还本付息计划表。

(2)按分10年等额还本付息的方式，编制建设投资借款还本付息计划表。

6.某拟建项目建设期为1年，运营期为10年，建设投资2 000万元，全部形成固定资产，运营期末残值为100万元，按直线法折旧。项目第2年投产并达到生产能力，投入流动资金160万元。运营期内年营业收入1 200万元，经营成本为600万元，销售税金及附加税率为6%。该项目基准收益率为8%，基准投资回收期为7年，所得税税率为25%。

要求：

(1)编制项目投资现金流量表。

(2)计算所得税后财务净现值和静态投资回收期。

(3)根据上述计算结果，判断该项目的可行性。

7.若某大厦的立体车库由某单位建造并由其经营。立体车库建设期为1年，第2年开始经营。建设投资1 000万元，全部形成固定资产，其中该单位自筹资金一半，另一半由银行借款解决，贷款年利率为6%，与银行商定建设投资借款按每年付清利息并分5年等额偿还全部借款本金。流动资金投资100万元，第2年年末一次性投入，全部为自有资金。预计经营期间每年收入350万元，销售税金及附加税率为6%，每年经营成本为50万元。固定资产折旧年限为10年，残值率为5%，按直线法折旧。已知所得税税率为25%，计算期为11年，净利润分配包括法定盈余公积金、未分配利润，不计提应付利润。

要求：

(1)编制借款还本付息计划表。

(2)编制利润与利润分配表。

(3)计算总投资收益率和资本金净利润率。

(4)计算经营期第3年的利息备付率和偿债备付率。

8.某生产性建设项目的年设计生产能力为5 000件，每件产品的销售价格为1 500元(不含税)，单位产品的变动成本为900元，年固定成本为120万元。试求该项目建成后的年最大利润、盈亏平衡点的产量和生产能力利用率。

9.某工业项目计算期为10年，建设期为2年，第3年投产，第4年开始达到设计生产能力。建设投资2 800万元(不含建设期贷款利息)，第1年投入1 000万元，第2年投入1 800万元。投资方自有资金2 500万元，根据筹资情况建设期分两年各投入1 000万元，余下的500万元在投产年初作为流动资金投入。建设投资不足部分向银行贷款，贷款年利率为6%，从第3年起，以年初的本息和为基准开始还贷，每年付清利息，并分5年等额还本。

该项目固定资产投资总额中，预计85%形成固定资产，15%形成无形资产。固定资产综合折旧年限为10年，采用直线法折旧，固定资产残值率为5%，无形资产按5年平均摊销。

该项目计算期第3年的经营成本为1 500万元，第4年至第10年的经营成本为1 800万元。设计生产能力为50万件，销售价格(不含税)为54元/件。产品固定成本占年总成本的40%。

要求：

(1)计算固定资产年折旧额、无形资产摊销费、期末固定资产余值。

(2)编制借款还本付息计划表。

(3)计算计算期第3年、第4年、第8年的总成本费用。

(4)以计算期第4年的数据为依据，计算年产量盈亏平衡点，并据此进行盈亏平衡分析。

10.某公司欲开发某种新产品，为此需增加新的生产线，现有A、B、C三个方案，各方案的初始投资和年净收益如表3.27所示。各投资方案的寿命期均为10年，10年后的残值分别为初始投资的5%。采用净现值法和净年值法比较，基准收益率为8%时，选择哪个方案最有利？

表3.27 投资方案的初始投资和年净收益(单位：万元)

方　案	初始投资	年净收益
A	3 000	800
B	4 000	1 050
C	5 000	1 250

11.某建筑公司正在研究最近承建的购物中心大楼的施工工地是否要预设工地雨水排水系统问题。根据有关部门提供的资料，本工程施工期为3年，若不预设排水系统，估计在3年施工期内每季度将损失4 000元。若预设排水系统，需初始投资50 000元，施工期末可回收排水系统20 000元，假如基准收益利率为8%，每季度计息1次，试用费用现值法和费用年值法分别选择方案。

12.某项目工程，施工管理人员要决定下个月是否开工。假如开工后不下雨，则可以按期完工，获得利润5万元；如遇下雨天气，则要造成1万元的损失。假如不开工，不论下雨还是不下雨,都要付出窝工损失费 1 000 元。根据气象预测,下月天气不下雨的概率为 0.2,下雨的概率为 0.8。试利用期望值法,帮助施工管理人员做出分析决策。

13. 为满足经济开发区的基本建设需要,拟在该地区建一座混凝土搅拌站,向建筑公司出售商品混凝土。现有两个建厂方案:一是投资 4 000 万元建大厂,二是投资 1 500 万元建小厂,使用期限为 10 年。基准收益率为 10%。自然状况发生的概率和每年损益值如表 3.28 所示。

表 3.28　自然状况发生的概率和每年损益值

自 然 状 态	概　　率	建大厂/万元	建小厂/万元
需求量较高	0.7	1 800	800
需求量较低	0.3	200	400

试计算确定建厂方案。

第4章

建设项目设计阶段工程造价控制

学习目标

了解建设项目设计的程序、内容以及与工程造价的关系。
了解设计方案选优的原则和内容。
掌握设计方案选优的方法。
了解设计方案优化方法。
熟悉价值工程原理和研究方法。
能够运用价值工程优化和选择设计方案。
了解设计概算、施工图预算的概念、作用和编制依据。
熟悉设计概算、施工图预算的编制内容、编制原则、审查内容和审查步骤。
掌握设计概算、施工图预算的编制方法和审查方法。

教学要求

能力要求	知识要点	权重
知道项目设计与工程造价的关系	项目设计的程序、内容以及与工程造价的关系	0.1
能进行设计方案选优	设计方案选优的原则、内容和方法	0.2
能进行设计方案优化	设计方案优化方法、价值工程原理和研究方法、功能评价和方案创造、价值工程的运用	0.4
能编制和审查设计概算	设计概算的编制内容、原则、依据和方法；设计概算的审查内容、步骤和方法	0.2
能编制和审查施工图预算	施工图预算的编制内容、原则、依据和方法；施工图预算的审查内容、步骤和方法	0.1

4.1 建设项目设计阶段工程造价控制概述

拟建项目经过投资决策进入设计阶段，设计阶段就成为工程造价控制的关键阶段。施工图设计确定后，就需要按照施工图纸编制施工图预算，从而确定工程造价。设计阶段主要进行设计概算的编制和审查及施工图预算的编制和审查，设计阶段工程造价控制过程中，可以进行设计方案的选优和优化。

4.1.1 建设项目设计程序和内容

建设项目设计是指在建设项目开始施工之前，设计人员根据已批准的可行性研究报告，为具体实现拟建项目的技术、经济等方面的要求，提供建筑、安装和设备制造等所需的规划、图纸、数据等技术文件。建设项目设计是整个工程建设的主导，是组织项目施工的主要依据。设计工作不仅关系到基本建设的多快好省，更重要的是直接影响项目建成后能否获得令人满意的经济效果。为了使建设项目实现预期的经济效果，设计工作必须按一定的程序分阶段进行。

为保证工程建设和设计工作有机地配合和衔接，通常将建设项目设计划分为几个阶段。我国规定，一般工业项目和民用建筑项目可进行“两阶段设计”，即初步设计和施工图设计；对于技术复杂而又缺乏设计经验的项目可进行“三阶段设计”，即初步设计、技术设计和施工图设计。初步设计阶段要编制初步设计概算，技术设计阶段要编制修正概算，施工图设计阶段要编制施工图预算。

建设项目设计工作的程序包括设计准备、方案设计、初步设计、技术设计、施工图设计、设计交底和配合施工等。

1. 设计准备

设计人员根据主管部门和业主对项目设计的要求，了解和掌握建设项目有关基础资料，包括项目所在地的地形、气候、地质、水文等自然条件，所在地的规划条件和政策性规定，所在地的交通、水、电、气、通信等基础设施状况，拟建项目设备条件、投资估算额和资金来源等情况。收集必要的设计基础资料，是为编制设计文件做准备。

2. 方案设计

在已收集项目有关设计资料的基础上，设计人员对拟建项目的主要布局和安排进行大概的设想，然后考虑拟建项目与周边建筑物等周边环境之间的关系，与业主、本地区规划等有关部门充分交换意见，采纳业主和有关部门的意见，最后使方案设计取得本地区规划等有关部门同意，与周围环境协调一致。对于不太复杂的项目，这一阶段可以省略，设计准备后可直接进行初步设计。

3. 初步设计

初步设计是整个设计过程的关键阶段，也是整个设计构思基本形成的阶段，在这一阶段，设计人员根据批准的可行性研究报告、项目设计基础资料和方案设计的内容进行初步设计。工业项目初步设计包括总平面设计、工艺设计和建筑设计三部分，其具体内容包括：设计依据；设计指导思想；建设规模；产品方案；原料、燃料、动力的用量和来源；工艺流程；主要设备选型及配置；总图运输；主要建筑物、构筑物；公用、辅助设施；新技术采用情况；主要材料用量；外部协作条件；占地面积和土地利用情况；综合利用和三废治理；生活区建设；抗震和人防措施；生产组织和劳动定员；各项技术经济指标；设计总概算等。批准后的初步设计（含总概算），是确定建设项目投资额，签订建设工程总包合同、贷款合同，组织主要设备订货，进行施工准备，以及编制技术设计（或施工图设计）等的依据。

4. 技术设计

技术设计是为进一步解决技术复杂而又缺乏设计经验的项目中的某些具体技术问题，或确定某些技术方案而进行的设计，它是对在初步设计阶段中无法解决而又需要进一步研究解决的问题进行设计的一个阶段，其内容包括：特殊工艺流程方面的试验、制作和确定；新型设备的试验、制作和确定；大型建筑物、构筑物某些关键部位的试验、制作和确定；修正总概算等。批准后的技术设计和修正总概算，是进行施工图设计的依据。

5. 施工图设计

施工图设计是根据批准的初步设计（或技术设计），绘制出正确、完整和尽可能详尽的建筑、安装图纸。其具体内容包括：建设项目各部分工程的详图；零部件、结构件明细表；验收标准、方法；施工图预算等。施工图设计是设计工作和施工工作的桥梁，是组织项目施工的依据，施工图预算经审定后，可作为工程结算的依据。

6. 设计交底和配合施工

设计人员应积极配合施工，进行技术交底，介绍设计意图和技术要求，修改不符合实际和有错误的图纸。根据施工需要，设计人员要经常到施工现场，解释设计图纸中不清晰的内容，与业主、施工人员一起解决施工过程中的疑难问题，参加试运转和竣工验收，解决试运转过程中的各种技术问题，并检验设计的正确和完善程度。

4.1.2 建设项目设计阶段与工程造价的关系

设计阶段是项目建设过程中最具创造性的阶段，是人类聪明才智与物质技术手段完美结合的阶段，也是人们充分发挥主观能动性，在技术和经济上对拟建项目的实施进行全面安排的阶段。一旦初步设计完成，就可编制设计概算；技术设计后编制修正概算；施工图设计完成后，编制施工图预算，并计算出工程造价。由此可见，设计工作对工程造价有直接影响。

设计阶段影响工程造价的因素很多。对于工业项目和民用建筑项目，设计内容不同，影响因素也有所不同。

1. 工业建筑设计影响造价的因素

在工业建筑设计中，影响工程造价的主要因素有总平面图设计、空间平面和立面设计、建筑材料与结构方案的选择、工艺技术方案的选择、设备的选型和设计等。

1)总平面图设计

(1)总平面图设计的基本要求如下：

①尽量节约用地，少占或不占农田。

②结合地形、地质条件，因地制宜、依山就势合理布置车间及设施。

③合理布置现场运输和选择运输方式。

④合理组织建筑群体。

工业建筑群体的组合设计，在满足生产功能的前提下，应力求使工业厂区建筑物、构筑物组合设计整齐、简洁、美观，并与同一工业区相邻厂房在体形、色彩等方面相互协调，注意建筑群体的整体艺术和环境空间的统一安排，美化城市。

(2)评价厂区总平面图设计的主要技术经济指标如下：

①建筑系数(即建筑密度)，是指厂区内(一般指厂区围墙内)的建筑物布置密度，即建筑物、构筑物和各种露天仓库及堆积场、操作场地等占地面积与整个厂区建设占地面积之比。它是反映总平面图设计用地是否经济合理的指标。

②土地利用系数，是指厂区内建筑物、构筑物、露天仓库及堆积场、操作场地、铁路、道路、广场、排水设施及地上地下管线等所占面积与整个厂区建设用地面积之比，它综合反映总平面布置的经济合理性和土地利用效率。

③工程量指标。它是反映总平面图及运输部分建设投资的经济指标，包括场地平整土石方量、铁路、道路和广场铺砌面积、排水工程、围墙长度及绿化面积等。

④经营条件指标。它是反映运输设计是否经济合理的指标，包括铁路、无轨道路每吨货物的运输费用及其经营费用等。

2)空间平面和立面设计

新建工业厂房的空间平面设计方案是否合理和经济，不仅影响建筑工程造价和使用费用，而且还直接影响到节约用地和建筑工业化水平。要根据生产工艺流程合理布置建筑平面，控制厂房高度，充分利用建筑空间，选择合适的厂内起重运输方式，尽可能把生产设备露天或半露天布置。具体要求如下：

(1)合理确定厂房建筑的平面布置。

(2)工业厂房建筑层数的选择应合理。

①单层厂房。对于工艺上要求跨度大和层高高、拥有重型生产设备和起重设备、生产时常有较大振动和散发大量热与气体的重工业厂房,采用单层厂房是经济合理的。

②多层厂房。对于工艺过程紧凑、采用垂直工艺流程和利用重力运输方式、设备与产品重量不大并要求恒温条件的各种轻型车间,可采用多层厂房。

(3)合理确定建筑物的高度和层高。

在建筑面积不变的情况下,高度和层高增加,工程造价也随之增加。

(4)尽量减少厂房的体积和面积。

在不影响生产能力的条件下,要尽量减少厂房的体积和面积。为此,要合理布置设备,使生产设备向大型化和空间化发展。

3)建筑材料与结构方案的选择

建筑材料与建筑结构方案的选择是否合理,对建筑工程造价的高低有直接影响。这是因为建筑材料费用一般占工程直接费的 70%左右,设计中采用先进实用的结构形式和轻质高强的建筑材料能更好地满足功能要求,提高劳动生产率,经济效果明显。

4)工艺技术方案的选择

选择工艺技术方案时,应以提高投资的经济效益和企业投产后的运营效益为前提,有计划、有步骤地采用先进的技术方案和成熟的新技术、新工艺。一般而言,先进的技术方案投资大,劳动生产率高,产品质量好。最佳的工艺流程方案应能在保证产品质量的前提下,用较短的时间和较少的劳动消耗完成产品的加工和装配过程。

5)设备的选型和设计

设备的选型与设计是指根据所确定的生产规模、产品方案和工艺流程的要求,选择设备的型号和数量,并按上述要求对非标准设备进行设计。在工业建设项目中,设备投资比重较大,因此,设备的选型与设计对控制工程造价具有重要的意义。

2. 民用建筑设计影响造价的因素

居住建筑是民用建筑中最主要的类型,在居住建筑设计中,影响工程造价的主要因素有小区建设规划设计、住宅建筑的平面布置、层高、层数、结构类型、装饰标准等。

1)小区建设规划设计

小区建设规划设计必须满足人们居住和日常生活的基本需要,在节约用地的前提下,既要为居民的生活和工作创造方便、舒适、优美的环境,又要体现独特的城市风貌。

评价小区建设规划设计的主要技术经济指标有用地面积指标、密度指标和造价指标。小区用地面积指标,反映小区内居住房屋和非居住房屋、绿化园地、道路等占地面积及比重,是考察建设用地利用率和经济性的重要指标。用地面积指标在很大程度上影响小区建设的总造价。小区的居住建筑面积密度、居住建筑密度、居住面积密度和居住人口密度也直接影响小区的总造价。在保证小区居住功能的前提下,密度越高,越有利于降低小区的总造价。

2)住宅建筑的平面布置及层高

在建筑面积相同时,由于住宅建筑平面形状不同,工程造价也不同。在多层住宅建筑中,墙体所占比重大,是影响造价的主要因素。衡量墙体比重大小,常用墙体面积系数(墙体面积/建筑面积)。尽量减小墙体面积系数,能有效地降低工程造价。住宅层高不宜超过 2.8 m,这是因为住宅的层高和净高,直接影响工程造价。

3)住宅建筑结构类型

建筑物的结构方案,对工程造价影响很大。

4)装饰标准

装饰标准对住宅造价的影响很大。要先看住宅的市场定位是怎样的,再来确定装饰标准。

4.1.3 设计阶段工程造价控制的重要意义

设计阶段造价控制是一个有机联系的整体,各设计阶段的造价(估算、概算、预算)相互制约、相互补充,前者控制后者,后者补充前者,共同组成工程造价的控制系统。

(1)设计阶段进行工程造价的计价分析可以使造价构成更合理,提高资金利用效率。

设计阶段通过编制设计概算可以了解工程造价的构成,分析资金分配的合理性,利用价值工程理论分析项目各个组成部分功能与成本的匹配程度,调整项目功能与成本,使其更趋于合理。

(2)提高资金控制效率。

编制设计概预算并进行分析,可以了解工程各组成部分的投资比例,投资比例比较大的部分应作为投资控制的重点,这样可以提高投资控制效率。

(3)设计阶段控制工程造价会使控制工作更主动。

在设计阶段控制工程造价,可以先按一定的质量标准,列出新建建筑物每一分部或分项工程的计划支出报表,即拟订造价计划。在编制出详细设计以后,对工程的每一分部或分项工程估算造价,对照造价计划中所列的指标进行审核,预先发现差异,主动采取一些控制方法消除差异。

(4)设计阶段控制工程造价便于技术与经济相结合。

建筑师等专业技术人员在设计过程中往往更关注工程的使用功能,力求采用比较先进的技术方法实现项目所需功能,而对经济因素考虑较少。如果在设计阶段吸收造价工程师参与全过程设计,在做出技术方案时就能充分考虑其经济后果,使方案获得技术和经济的统一。

(5)在设计阶段控制工程造价效果显著。

国内外工程实践及工程造价资料分析表明,投资决策阶段对整个项目造价的影响度为75%～95%,设计阶段的影响度为35%～75%,施工阶段为5%～35%,竣工阶段为0～5%。很显然,项目投资决策确定以后,设计阶段就是控制工程造价的关键环节。因此,在设计一开始设计人员就应将控制投资的思想根植于脑海,保证选择恰当的设计标准和合理的功能水平。

4.2 设计方案选优

通常,一个建设项目有多个不同的设计方案,作为投资方,想要达到最好的建设投资效果,就要从所有方案中选择技术先进适宜、经济合理的最佳方案。选择最佳方案时,要从实用性、经济性、功能性和美观性等方面来考虑,采用不同的选优方法来进行选择。

4.2.1 设计方案选优的原则

设计方案选优时，必须结合当时当地的实际条件，选取功能完善、技术先进、经济合理、安全可靠的最佳设计方案。设计方案选优应遵循以下原则。

1. 处理好技术先进性和经济合理性的关系

技术与经济相结合是设计阶段造价控制的有效手段。经济合理性要求工程造价尽可能低，但如果一味追求经济效果，可能会导致项目的功能水平偏低，无法满足使用者的要求。技术先进性追求技术的尽善尽美，但项目功能水平先进，很可能会导致工程造价偏高。因此，技术先进性与经济合理性是一对矛盾的主体。设计者应妥善处理二者的关系。设计人员必须使技术和经济有机地结合，在每个设计阶段都从功能和成本两个角度认真地进行综合考虑、评价，使功能与造价互相平衡、协调。一般情况下，要在满足使用者要求的前提下，尽可能降低工程造价；在限制建设资金的前提下，尽可能提高项目功能水平。

2. 设计必须兼顾近期和长远的要求

一项工程建设完成后，往往会在很长一段时间内发挥作用。如果在设计过程中，一味强调建设资金的节约，技术上只按照目前的要求设计项目，若干年后由于项目功能水平无法满足需要而对原有项目进行技术改造甚至重新建造，从长远来看，反而造成建设资金的浪费；如果目前设计阶段就按照未来设计要求设计项目，会增加建设项目造价，并且可能由于项目功能水平较高，目前阶段使用者不需要较高的功能或无力承受使用较高功能而产生的费用，造成项目资源闲置浪费。所以，设计人员必须兼顾近期设计要求和长远设计要求，进行多方案的比较，选择有合理的功能水平的项目，并且根据长远发展的需要，适当提高项目功能水平。

3. 兼顾工程造价和使用成本

项目建设过程中是以工程造价控制为目标的，但在控制工程造价时，应满足项目功能水平和项目建设的质量。如果一味节约工程造价，项目功能水平近期不能满足使用者的需要，使用者在使用过程中，为了达到项目功能水平而增加使用成本，甚至追加投资，反而造成建设资金浪费；如果为了节约工程造价而不保证建设质量，就会造成使用过程中维修费增加，从而增加使用成本，甚至会给使用者的安全带来严重损害。所以，方案设计必须考虑项目全寿命费用，在设计过程中应兼顾工程造价和使用成本，在多方案费用比较中，选择项目全寿命费用最低的方案作为最优方案。

4.2.2 设计方案评价的内容

设计方案评价就是对设计方案进行技术与经济的分析、计算、比较和评价，从而选出与环境协调、功能适用、结构坚固、技术先进、造型美观和经济合理的最优设计方案，为决策提供依据。设计方案评价主要通过各种技术经济指标来体现，不同类型的建筑，由于使用目的及功能要求不同，技术经济评价的指标也不相同。

1. 工业建筑设计方案评价的内容

工业建筑设计方案技术经济评价指标，可从总平面设计评价指标、工艺设计评价指标和建筑设计评价指标三方面来设置。工业建筑设计方案技术经济评价指标如表 4.1 所示。

表 4.1　工业建筑设计方案技术经济评价指标

序　　号	一级评价指标	二级评价指标
1	总平面设计	厂区占地面积
2		新建建筑面积
3		厂区绿化面积
4		绿化率
5		建筑密度
6		土地利用系数
7		经营费用
8	工艺设计	生产能力
9		工厂定员
10		主要原材料消耗
11		公用工程系统消耗
12		年运输量
13		三废排出量
14		净现值
15		净年值
16		差额内部收益率
17	建筑设计	单位面积造价
18		建筑物周长与建筑面积比
19		厂房展开面积
20		厂房有效面积与建筑面积比
21		建设投资

2. 民用建筑设计方案评价的内容

民用建筑一般包括公共建筑和住宅建筑两大类。公共建筑设计方案技术经济评价指标，可从设计主要特征、面积及面积系数和能源消耗指标三方面来设置，如表 4.2 所示。住宅建筑设计方案技术经济评价指标，按照建筑功能效果设置，包括平面空间布置、平面特征、物理性能、厨卫、安全性、建筑艺术等评价指标，如表 4.3 所示。

表 4.2　公共建筑设计方案技术经济评价指标

序　　号	一级评价指标	二级评价指标
1	设计主要特征	建筑面积
2		建筑层数
3		建筑结构类别
4		抗震设防等级
5		耐火等级
6		建设规模
7		建设投资
8	面积及面积系数	用地面积
9		建筑物占地面积
10		构筑物占地面积
11		道路、广场、停车场等占地面积
12		绿化面积
13		建筑密度
14		平面系数
15		单方造价
16	能源消耗	总用水量
17		总采暖耗热量
18		总空调冷量
19		总用电量
20		总燃气量

表 4.3　住宅建筑设计方案技术经济评价指标

序　　号	一级评价指标	二级评价指标
1	平面空间布置	平均每套卧室、起居室数
2		平均每套良好朝向卧室、起居室数
3		平均空间布置合理程度
4		家具布置适宜程度
5		储藏设施
6	平面特征	建筑面积
7		建筑层数
8		建筑层高
9		建筑密度
10		建筑容积率
11		使用面积系数
12		绿化率
13		单方造价

续表

序号	一级评价指标	二级评价指标
14	物理性能	采光
15		通风
16		保温与隔热
17		隔声
18	厨卫	厨房
19		卫生间
20	安全性	安全措施
21		结构安全
22		耐用年限
23	建筑艺术	室内效果
24		外观效果
25		环境效果

4.2.3 运用多指标综合评分法优选设计方案

根据建设项目不同的使用目的和功能要求，对设计方案设置若干个技术经济评价指标，对这些评价指标，按照其在建设项目中的重要程度，分配指标权重，并根据相应的评价标准，邀请有关专家对各设计方案的评价指标的满足程度打分，最后计算各设计方案的综合得分，由此选择综合得分最高的设计方案为最优方案。其计算公式如下：

$$S=\sum_{i=1}^{n}S_iW_i$$

式中：S—— 设计方案综合得分；

S_i—— 各设计方案在不同评价指标上的得分；

W_i—— 各评价指标权重，$\sum W_i=1$；

n—— 评价指标数。

【例 4.1】 某住宅项目有 A、B、C、D 四个设计方案，各设计方案从适用、安全、美观、技术和经济五个方面进行考察，具体评价指标、权重和评分值如表 4.4 所示。运用多指标综合评分法，选择最优设计方案。

表 4.4 各设计方案评价指标得分表

评价指标		权重	A	B	C	D
适用	平面布置	0.1	9	10	8	10
	采光通风	0.07	9	9	10	9
	层高、层数	0.05	7	8	9	9

续表

评价指标		权重	A	B	C	D
安全	牢固耐用	0.08	9	10	10	10
	"三防"设施	0.05	8	9	9	7
美观	建筑造型	0.13	7	9	8	6
	室外装修	0.07	6	8	7	5
	室内装修	0.05	8	9	6	7
技术	环境设计	0.1	4	6	5	5
	技术参数	0.05	8	9	7	8
	便于施工	0.05	9	7	8	8
	易于设计	0.05	8	8	9	7
经济	单方造价	0.15	10	9	8	9

【解】 运用多指标综合评分法，分别计算A、B、C、D四个设计方案的综合得分，计算结果如表4.5所示。

表4.5 各设计方案评价结果计算表

评价指标		权重	A	B	C	D
适用	平面布置	0.1	9×0.1	10×0.1	8×0.1	10×0.1
	采光通风	0.07	9×0.07	9×0.07	10×0.07	9×0.07
	层高、层数	0.05	7×0.05	8×0.05	9×0.05	9×0.05
安全	牢固耐用	0.08	9×0.08	10×0.08	10×0.08	10×0.08
	"三防"设施	0.05	8×0.05	9×0.05	9×0.05	7×0.05
美观	建筑造型	0.13	7×0.13	9×0.13	8×0.13	6×0.13
	室外装修	0.07	6×0.07	8×0.07	7×0.07	5×0.07
	室内装修	0.05	8×0.05	9×0.05	6×0.05	7×0.05
技术	环境设计	0.1	4×0.1	6×0.1	5×0.1	5×0.1
	技术参数	0.05	8×0.05	9×0.05	7×0.05	8×0.05
	便于施工	0.05	9×0.05	7×0.05	8×0.05	8×0.05
	易于设计	0.05	8×0.05	8×0.05	9×0.05	7×0.05
经济	单方造价	0.15	10×0.15	9×0.15	8×0.15	9×0.15
综合得分		1	7.88	8.61	7.93	7.71

根据表4.5的计算结果可知，设计方案B的综合得分最高，故方案B为最优设计方案。

多指标综合评分法是采用定性分析与定量分析相结合的原则，运用加权评分法进行设计方案的优选。其优点在于，通过定量计算可取得唯一评价结果；其缺点在于，确定各评价指标的权重和评分过程存在主观臆断成分，并且由于各评分值是相对的，不能直接判断各设计方案的各项功能实际水平。

4.2.4 运用静态评价法优选设计方案

静态评价法优选设计方案时通常采用计算费用法，其计算原理为：在多个设计方案寿命期相同并能满足相同需要的前提下，不考虑资金时间价值，用项目的总计算费用（即建设费用和生产费用）比较各个设计方案，总计算费用最低的设计方案最优。其计算公式如下：

$$PC=K+C\times P_c$$

式中：PC——总计算费用；

K——建设费用；

C——年生产费用；

P_c——基准投资回收期（年）。

【例 4.2】 某企业为制作一台非标准设备，特邀请三家设计单位进行方案设计，三家设计单位提供的甲、乙、丙方案设计均达到有关规定的要求。预计采用这三种设计方案制作的设备使用后产生的效益基本相同，基准投资回收期均为 5 年，三种设计方案的建设投资和年生产费用如表 4.6 所示。采用计算费用法，选择最佳设计方案。

表 4.6 三种设计方案的建设投资和年生产费用

设 计 方 案	建设投资/万元	年生产费用/万元
甲	1 000	850
乙	880	950
丙	650	1 000

【解】

$$PC_{甲}=K+C\times P_c=1\ 000\ 万元+850\ 万元\times 5=5\ 250\ 万元$$

$$PC_{乙}=K+C\times P_c=880\ 万元+950\ 万元\times 5=5\ 630\ 万元$$

$$PC_{丙}=K+C\times P_c=650\ 万元+1\ 000\ 万元\times 5=5\ 650\ 万元$$

根据上述计算结果，甲设计方案的总计算费用最低，故甲方案为最佳设计方案。

静态评价法计算简单，易被接受，但是它没有考虑资金时间价值以及各方案寿命期的差异。

【例 4.3】 为满足开发区建设的要求，某施工企业使用商品混凝土有两种方案可供选择：方案 A 为购买商品混凝土，方案 B 为建设一小型混凝土搅拌站。已知商品混凝土平均单价为 320 元/m^3，建设一小型混凝土搅拌站的商品混凝土单价计算公式为：

$$C=\frac{C_1}{Q}+\frac{C_2\times T}{Q}+C_3$$

式中：C——制作 1 m^3 商品混凝土的价格（元）；

C_1——建设一小型混凝土搅拌站一次性投资，为 300 000 元；

C_2——制作 1 m^3 商品混凝土搅拌站设备装置的月租金和维修费，为 15 000 元；

C_3——制作 1 m^3 商品混凝土所需费用，为 220 元；

T——工期数值，此处为 36，表示 36 个月；

Q——制作商品混凝土的数量。

要求：

(1)确定 A、B 两方案的经济范围。

(2)假设该工程的一根 9.9 m 长的现浇钢筋混凝土梁可采用三种设计方案，其断面尺寸均满足强度要求。该三种方案分别采用 A、B、C 三种不同的商品混凝土，有关数据如表 4.7 所示。经测算，各种商品混凝土单价为：A 种混凝土为 220 元/m^3，B 种混凝土为 230 元/m^3，C 种混凝土为 225 元/m^3。另外，梁侧模板单价为 21.4 元/m^2，梁底模板单价为 24.8 元/m^2，钢筋制作、绑扎单价为 3 390 元/t。

表 4.7　三种方案基础数据

方　　案	断面尺寸/mm	钢筋/(kg/m^3 混凝土)	混凝土种类
一	300×900	95	A
二	500×600	80	B
三	300×800	105	C

试选择最经济的方案。

【解】 (1)设建设一小型混凝土搅拌站的商品混凝土单价 C 是制作商品混凝土数量 Q 的函数：

$$C=\frac{C_1}{Q}+\frac{C_2\times T}{Q}+C_3=\frac{300\ 000}{Q}+\frac{540\ 000}{Q}+220$$

当 A、B 两方案的混凝土单价相等时：

$$\frac{300\ 000}{Q}+\frac{540\ 000}{Q}+220=320$$

$$Q=8\ 400$$

即商品混凝土制作量为 8 400 m^3。

当商品混凝土用量低于 8 400 m^3 时，选择方案 A；当商品混凝土用量高于 8 400 m^3 时，选择方案 B。

(2)三种方案的费用计算如表 4.8 所示。

表 4.8　三种方案费用计算表

项　　目		方案一	方案二	方案三
混凝土	工程量/m^3	2.673	2.970	2.376
	单价/(元/m^3)	220	230	225
	费用小计/元	588.06	683.10	534.60
钢筋	工程量/(kg)	253.94	237.60	249.48
	单价/(元/kg)	3.39		
	费用小计/元	860.86	805.46	845.74
梁侧模板	工程量/m^2	17.82	11.88	15.84
	单价/(元/m^2)	21.4		
	费用小计/元	381.35	254.23	338.98

续表

项　　目		方案一	方案二	方案三
梁底模板	工程量/m^2	2.97	4.95	2.97
	单价/(元/m^2)	24.8		
	费用小计/元	73.66	122.76	73.66
费用合计/元		1 903.93	1 865.55	1 792.98

由表 4.8 的计算结果可知，第三种方案的费用最低，则选用 C 种混凝土的方案三为最经济的方案。

4.2.5　运用动态评价法优选设计方案

动态评价法是在考虑资金时间价值的情况下，对多个设计方案进行优选。其选优方法如 3.5 节所示。

【例 4.4】　某公司欲开发某种新产品，为此需设计一条新的生产线。现有 A、B、C 三个设计方案，各设计方案预计的初始投资、每年年末的销售收入和生产费用如表 4.9 所示。各设计方案的寿命期均为 6 年，6 年后的残值为零。当基准收益率为 8%时，选择最佳设计方案。

表 4.9　三个设计方案的现金流量表(单位:万元)

设 计 方 案	初 始 投 资	年销售收入	年生产费用
A	2 000	1 200	500
B	3 000	1 600	650
C	4 000	1 600	450

【解】

$$NPV(8\%)_A = -2\ 000 + (1\ 200 - 500)(P/A, 8\%, 6) = 1\ 236.16$$

$$NPV(8\%)_B = -3\ 000 + (1\ 600 - 650)(P/A, 8\%, 6) = 1\ 391.95$$

$$NPV(8\%)_C = -4\ 000 + (1\ 600 - 450)(P/A, 8\%, 6) = 1\ 316.57$$

即采用 A、B、C 方案的净现值分别为 1 236.16 万元、1 391.95 万元、1 316.57 万元。

根据上述计算结果可知，B 方案净现值最大，故 B 方案为最佳设计方案。

【例 4.5】　某企业为制作一台非标准设备，特邀请三家设计单位进行方案设计，三家设计单位提供的甲、乙、丙方案设计均达到有关规定的要求。预计采用这三种设计方案制作的设备使用后各年产生的效益和生产产品成本基本相同。生产该产品所需的费用全部为自有资金，设备制作一年内就可完成。有关资料如表 4.10 所示。当基准收益率为 8%时，选择最佳设计方案。

表 4.10　设计方案有关资料

名　　称	使用寿命/年	初始投资/万元	维修间隔期/年	每次维修费/万元
甲方案	10	1 000	2	30
乙方案	6	680	1	20
丙方案	5	750	1	15

【解】

$$PC(8\%)_{甲}=1\,000+30(P/F,8\%,2)+30(P/F,8\%,4)+30(P/F,8\%,6)+30(P/F,8\%,8)=1\,082.86$$

$$AC(8\%)_{甲}=1\,082.86(A/P,8\%,10)=161.38$$

$$PC(8\%)_{乙}=680+20(P/A,8\%,5)=759.86$$

$$AC(8\%)_{乙}=759.86(A/P,8\%,6)=164.37$$

$$PC(8\%)_{丙}=750+15(P/A,8\%,4)=799.68$$

$$AC(8\%)_{丙}=799.68(A/P,8\%,5)=200.27$$

即采用甲、乙、丙方案费用年值分别为161.38万元、164.37万元、200.27万元。

根据上述计算结果可知，甲方案的费用年值最小，故甲方案为最佳设计方案。

4.3 设计方案的优化

4.3.1 运用价值工程优化设计方案

价值工程(VE)是一种技术经济分析方法，是现代科学管理的组成部分，是研究用尽可能少的成本支出提高产品价值的科学，是降低成本、提高经济效益的有效方法。下面介绍其在建设项目设计阶段的设计方案比选与优化中的应用。

工程设计主要针对的是建设项目的功能实现手段，工程设计方案可以直接作为价值工程的研究对象。

1. 价值工程原理

1)价值

价值工程中的“价值”是指对象所具有的功能与获得该功能的全部费用之比，它不是对象的使用价值，也不是对象的交换价值，而是对象的比较价值。假设对象(如产品、工艺、劳务等)的功能为F(function)，其成本为C(cost)，价值为V(value)，则可利用下列公式计算价值：

$$V=F/C$$

价值的高低取决于功能和成本。产品的价值高低表明产品合理有效利用资源的程度和产品物美价廉的程度。价值高的产品就是好产品，其资源利用程度就高；价值低的产品，其资源没有得到有效利用，应设法改进和提高。由于“价值”的引入，对产品新的评价形式产生了，即把功能F与成本、技术、经济结合起来进行评价。

2)功能

价值工程中的功能是对象能够满足某种需求的一种属性。任何产品都具有功能，如住宅的功能是提供居住空间，建筑物基础的功能是承受荷载等。

功能是产品的本质属性，因为产品具备了功能才得以存在。人们购买产品实际上是购买产品所具有的功能。价值工程的特点之一就是研究并切实保证用户要求的功能。

3)寿命周期成本(寿命周期费用)

产品在整个寿命周期中所发生的费用,称为寿命周期费用,为设计制造费用 C_1 和使用费用 C_2 两部分之和:

$$C=C_1+C_2$$

产品的寿命周期费用与产品的功能有关,寿命周期费用曲线如图 4.1 所示。从图 4.1 可以看出,随着产品的功能水平提高,产品的使用费用降低,但是设计制造费用增高。一座精心设计施工的住宅,其质量得到保证,使用过程中发生的维修费用就会比较低;相反,粗心设计并且施工中偷工减料,建造的住宅质量一定低劣,使用过程中的维修费用就会比较高。设计制造费用、使用费用与功能水平的变化规律决定了寿命周期费用曲线的形状——马鞍形,也决定了寿命周期费用存在最低值 C_0。

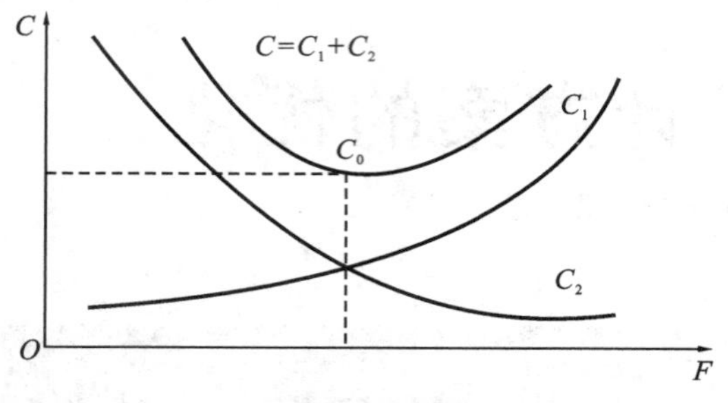

图 4.1　寿命周期费用曲线

建设项目的全寿命周期涵盖了从项目前期可行性研究、投资决策开始,经过工程设计、施工安装、竣工投产,直至项目生产期末的全过程,对建设项目进行评价,应充分考虑该项目在整个寿命周期内的成本费用。

因此,在价值工程中的功能指必要功能,成本指寿命周期成本(包括生产成本和使用成本),价值指寿命周期成本投入所获得的产品必要功能。运用价值工程的目的是,研究对象的最低寿命周期成本,可靠地实现使用者所需的必要功能,获得最佳的综合效益。其目标为从功能和成本两方面改进研究对象,提高其价值。一般来说,提高产品价值的途径有:

(1)提高功能和降低成本并举;

(2)保持成本不变的条件下,提高功能;

(3)成本略有提高,功能大大提高;

(4)保持功能不变的条件下,降低成本;

(5)功能略有降低,成本大大降低。

2. 价值工程的工作程序

价值工程的工作过程,实质上就是针对产品的功能和成本提出问题、分析问题、解决问题的过程,其工作程序如下:

(1)对象选择。这一过程应明确目标、限制条件和分析范围,并根据选择的研究对象,组成价值工程领导小组,制订工作计划。

(2)收集整理信息资料。此项工作应贯穿于价值工程的全过程。

(3)功能分析。功能分析是价值工程的核心,此项工作是指根据功能的不同特点和要求进行功能分类，从定性的角度进行功能定义，然后用系统的观点将定义了的功能系统化，找出各局部功能相互之间的逻辑关系，用功能系统图表示。

(4)功能评价。确定研究对象各项功能和成本的量化形式，根据价值、功能和成本三者的关系，计算出价值的量化形式，从而进行价值分析，为方案创新打下基础。

(5)方案创新与评价。根据功能评价的结果，提出实现功能的不同方案，从技术、经济和社会等方面综合评价各种方案优劣，选择最佳方案，并进一步对选出的最佳方案进行优化，然后由主管部门组织进行审批，最后制订实施计划，组织实施，并跟踪检查，对实施后取得的技术经济效果进行成果鉴定。

针对价值工程的研究对象，整个活动是围绕着7个基本问题的明确和解决而系统地展开的。这7个问题决定了价值工程的一般工作程序，如表4.11所示。

表4.11 价值工程的一般工作程序

<table>
<tr><th rowspan="2">价值工程工作阶段</th><th rowspan="2">设计程序</th><th colspan="2">工作步骤</th><th rowspan="2">价值工程对应问题</th></tr>
<tr><th>基本步骤</th><th>详细步骤</th></tr>
<tr><td rowspan="2">准备阶段</td><td rowspan="2">制订工作计划</td><td rowspan="2">确定目标</td><td>1.对象选择</td><td rowspan="2">1.这是什么？</td></tr>
<tr><td>2.信息搜集</td></tr>
<tr><td rowspan="5">分析阶段</td><td rowspan="5">规定评价（功能要求事项实现程度）标准</td><td rowspan="2">功能分析</td><td>3.功能定义</td><td rowspan="2">2.这是干什么用的？</td></tr>
<tr><td>4.功能整理</td></tr>
<tr><td rowspan="3">功能评价</td><td>5.功能成本分析</td><td>3.它的成本是多少？</td></tr>
<tr><td>6.功能评价</td><td rowspan="2">4.它的价值是多少？</td></tr>
<tr><td>7.确定改进范围</td></tr>
<tr><td rowspan="5">创新阶段</td><td>初步设计（提出各种设计方案）</td><td rowspan="5">制订创新方案</td><td>8.方案创新</td><td>5.有其他方法实现这一功能吗？</td></tr>
<tr><td rowspan="3">评价各设计方案，对方案进行改进、选优</td><td>9.概略评价</td><td rowspan="3">6.新方案的成本是多少？</td></tr>
<tr><td>10.调整完善</td></tr>
<tr><td>11.详细评价</td></tr>
<tr><td>书面化</td><td>12.提出提案</td><td>7.新方案能满足功能要求吗？</td></tr>
<tr><td rowspan="3">实施阶段</td><td rowspan="3">检查实施情况并评价活动成果</td><td rowspan="3">实施评价成果</td><td>13.审批</td><td rowspan="3"></td></tr>
<tr><td>14.实施与检查</td></tr>
<tr><td>15.成果鉴定</td></tr>
</table>

3.价值工程对象选择

运用价值工程的主要途径是进行分析，选择对象是在总体中确定的功能分析对象，该对象是根据企业、市场的需要，从得到效益出发来分析确定的。

1)选择价值工程对象的一般原则

(1)从设计上考虑。

从设计上考虑，应当选择结构复杂的、重量大的、尺寸大的、材料贵的、性能差的、技术水平低的，应当简化复杂结构，避免使用昂贵的材料。

(2)从市场销售角度考虑。

从市场销售角度考虑，选择用户意见多、系统配套差、维修能力低的，产量大的（由于大批量生产，故小小的改变可能引起成本大幅度变化），以及工艺复杂的（易导致次品增加）。

(3)从成本方面考虑。

从成本方面考虑，应当选择成本高于同类、功能相似的产品。

2)选择价值工程对象的方法

(1)经验分析法，又称为因素分析法，即根据上述选择对象时应考虑的因素，凭借运用 VE 人员之经验，选择和确定对象。

(2)ABC 法，又称为 Pareto 法和成本比重法等。这是一种按零部件成本在整个产品成本中所占比重的大小选择 VE 对象的方法。

据统计，在一件产品中，往往有 10%～20%的零件，其成本占产品整个成本的 60%～80%，ABC 法就是把产品零件按成本大小顺序排列，选出前边 10%～20%的零件作为 VE 重点对象，把所有研究对象划分成主次有别的 A、B、C 3 类，通过这种划分，明确关键的少数和一般的多数，准确地选择价值工程对象，如图 4.2 所示。

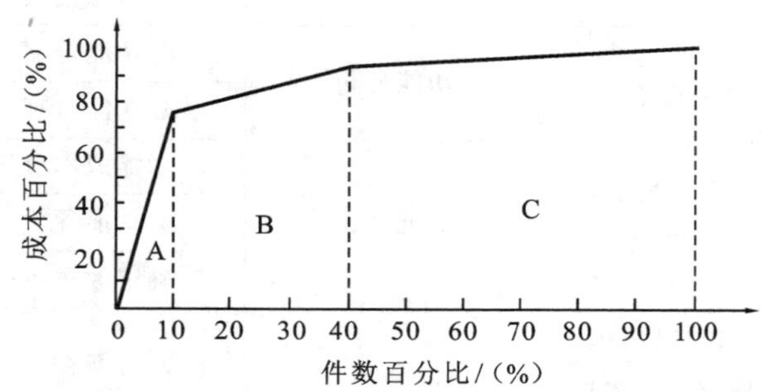

图 4.2 ABC **法分析曲线图**

(3)强制确定法(forced decision method)，简称 FD 法，常用的有 0-1 评分法。

在对象选择、功能评价、方案的评价中均可使用 FD 法。在对象选择中，它的做法是通过求算成本系数、功能重要性系数，得到价值系数。根据价值系数判断对象的价值，将价值低的选为 VE 对象。

$$\text{价值系数}\ V=\frac{\text{功能重要性系数}\ F}{\text{成本系数}\ C}$$

运用强制确定法时，价值系数 V 的计算结果有 3 种情况：

①$V>1$，说明该功能比较重要，但分配的成本较少，应具体分析，可能功能与成本分配已较理想，或者有不必要的功能，或者应该提高成本。

②$V<1$，说明该功能分配的成本很多，而功能要求不高，应该作为价值工程活动的研究对象，功能不足则应提高功能，成本过高应着重从各方面降低成本，使成本与功能比例趋于合理。

③$V=1$，说明该零件功能与成本匹配，从而不作为价值工程活动的选择对象。

从以上分析可以看出，对产品零件进行价值分析，就是使每个零件的价值系数尽可能趋近于 1。

(4)费用百分比法。这是根据各个对象（如产品、设备等）所花费的某种费用占该种费用总额的比重大小来确定 VE 对象的方法。

例如，某工厂生产多种产品，其生产用动力消耗大大超过同类企业的一般水平。为了进行 VE 活动，首先分析各产品动力消耗之比重，然后与各产品的产值比重进行比较，如发现 A、C 两产品的动力消耗比重超过产值比重，就可确定 A、C 两产品为 VE 对象，设法降低其动力消耗成本。

(5)价值指数法，即最合适区域法（又称田中法）。以成本系数为横坐标，功能系数为纵坐标，如图 4.3 所示，则与横轴成 45°的一条直线为理想价值线（$F/C=1$）。围绕该线有一朝向原点由两条曲线包围的喇叭形区域，叫作最合适区域或合适区。凡落在这个区域的价值系数点，可不作为重点改善目标。凡落在喇叭形区域的左上方或者右下方的价值系数点，均属于功能改善的目标。这种方法由日本田中提出，也是一种通过计算价值系数选择 VE 对象的方法。它计算价值系数的方法步骤与 FD 法相同，但在根据价值系数选择 VE 对象时，提出了一个选用价值系数的最合适区域。

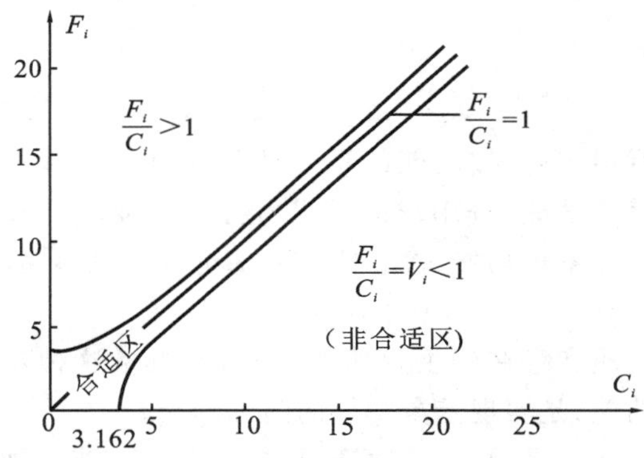

图 4.3　最合适区域法示意图

4. 信息资料收集

信息资料的收集，应该是全面、准确和及时的，内容如表 4.12 所示。

表 4.12　信息资料收集内容

项　　目	内　　容
用户方面	使用目的、使用条件、使用环境、维护保养条件、操作标准、用户对产品的意见等（如果是消费品，尚需了解用户的经济收入、身份、民族习惯、审美观等）
市场方面	市场需求、市场容量、竞争产品的价格、利润、销售量、质量指标、用户反应等
技术方面	本产品设计、创造等技术档案，国内外同类产品的设计方案，产品结构、加工工艺、设备、材料标准、成品率及其成本，新技术、新工艺、新材料，三废处理，国外专利、产品目录等
经济方面	产品成本的构成，包括生产费用，销售费用，运输储存费用，零部件的成本，外购件、协助件的费用等
本企业的基本情况	经营方针、生产能力、经营情况、技术经济指标等
政府和社会方面	有关法律、条例、政策、防止公害、环境保护等

搜集情报资料的方法一般有以下几种：

(1)询问法。询问法一般有面谈、电话询问、书面询问、计算机网络询问等方式。询问法将要调查的内容告诉被调查者，并请其认真回答，从而获得满足自己需要的情报资料。

(2)查询法。通过网络查询，查阅各种书籍、刊物、专刊、样本、目录、广告、报纸、录音、论文等，来寻找与调查内容有关的情报资料。

(3)观察法。派遣调查人员到现场直接观察搜集情报资料。这就要求调查人员十分熟悉各种情况并具备较敏锐的洞察力和提出问题、分析问题的能力。运用这种方法可以搜集到第一手资料。可以采用录音、摄像、拍照等工具协助搜集。

(4)购买法。通过购买元件、样品、模型、样机、产品、科研资料、设计图纸、专利等来获取有关的情报资料。

(5)试销试用法。将生产出的样品试销试用来获取有关情报资料。利用这种方法，必须同时将调查表发给试销试用的单位和个人，请他们把试用情况和意见随时填写在调查表上，调查表按规定期限收回。

5. 功能分析

1)功能分类

功能类别的划分方式有很多种：按功能的重要性程度可分为基本功能和辅助功能；按功能的性质可分为使用功能和美学功能；按用户的需求可分为必要功能和不必要功能；从数量是否恰当的角度可分为过剩功能和不足功能；按总体与局部可分为总体功能和局部功能。

(1)基本功能和辅助功能。

基本功能是决定产品性质和存在的主要功能，如果不具备这种功能，产品就失去了其存在的价值。辅助功能是次要功能，是实现基本功能的附加功能。

例如，对于台灯，其基本功能是照明，其次还要求造型美观、光线柔和、具有适宜的色彩等辅助功能。但是，如果有人将台灯作为摆设，那么显而易见，此时的台灯本质上属于装饰用品，之前的辅助功能则变成基本功能。

(2)使用功能和美学功能。

使用功能从功能的内涵上反映其使用属性；美学功能从产品外观上反映其艺术属性。

(3)必要功能和不必要功能。

必要功能是指用户所要求的功能以及与实现用户所需求功能有关的功能，使用功能、美学功能、基本功能、辅助功能等均为必要功能；不必要功能是不符合用户要求的功能，是完全没有必要或没有意义的“画蛇添足”功能，包括多余功能、重复功能和过剩功能 3 个方面。因此，价值工程的功能，一般是指必要功能。

(4)过剩功能和不足功能。

过剩功能是指某些功能虽属必要，但满足需要有余，在数量上超过了用户的要求或标准功能水平，常常表现为“大材小用”。不足功能是相对于过剩功能而言的，表现为功能水平在数量上不能完全满足用户需要，或低于标准功能水平。

例如，某机器本来需要 5.5 kW 电动机，却配备了 7.5 kW 的电动机，即为功能过剩。相反，若实际需要 7.5 kW 的电动机，却配备了 5.5 kW 的电动机，那就是功能不足的问题了。

(5)总体功能和局部功能。

总体功能和局部功能之间是目的与手段的关系，总体功能以局部功能为基础，又呈现出整体的新特征。

2)功能定义

功能定义就是限定其内容。功能定义是价值工程的特殊方法,它要达到以下目的:

(1)定义产品及各零部件的功能,明晰各自相应的成本代价。

(2)便于功能评价,确定价值低的功能和有问题的功能。

(3)改进产品及零部件的设计方案。

由此可见,功能定义要确切,同时又要适当概括和抽象。

3)功能整理

功能整理是把各个功能之间的相互关系加以系统化,并将各个功能按一定的逻辑关系排列成一个体系,目的是确认必要功能,发现不必要功能,确认功能定义的准确性,明确功能领域。

进行功能整理的步骤是:①明确基本功能、辅助功能和最基本功能;②明确各功能之间的相互关系。

产品的各个功能之间是相互配合、相互联系的,为实现产品的整体功能发挥各自的作用。各个功能之间存在着并列关系或者上下位置关系,要通过功能整理予以确定。

例如,住宅的最基本功能是居住,为实现该项功能,住宅必须具有遮风避雨、御寒防暑、采光、通风、隔声、防潮等功能,这些功能之间属并列关系,都是实现居住功能的手段,因而居住是上位功能,上述所列的并列功能是居住功能的下位功能,即上位功能是目的,下位功能是手段。

但是,上下位关系是相对的。例如,为达到居住的目的必须通风,则居住是目的,是上位功能,通风是手段,是下位功能;为达到通风的目的,必须组织自然通风,则通风是目的,是上位功能,组织自然通风是手段,是下位功能;为达到自然通风的目的,必须提供进出风口,则组织自然通风是目的,是上位功能,提供进出风口是手段,是下位功能,等等。将上述各功能按并列和上下位功能关系以一定的顺序排列出来,即形成功能系统图,如图4.4所示。

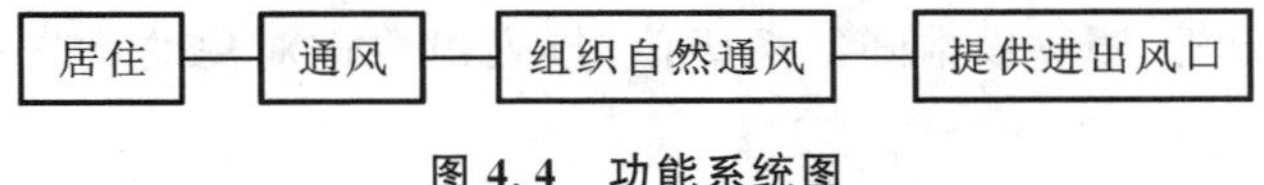

图4.4 功能系统图

通过绘制功能系统图,可以清楚地看出每个功能在全部功能中的作用和地位,使各功能之间的关系系统化,便于发现不必要功能,为功能评价、方案创新奠定基础。

6.功能评价

1)功能评价的概念

功能评价就是确定功能的现实成本、目标成本、目标成本与现实成本的比值、现实成本与目标成本的差值及根据价值系数或上述差值选择价值工程对象的功能领域。

(1)功能现实成本。

功能现实成本是按产品或零部件的功能计算的,产品的一个零部件往往具有多种功能,如墙体除具有围护功能外,还具有保温、隔热、挡风雨、传递荷载等多种功能;而一种功能往往要通过多个零部件予以实现,如保温功能要由墙体、门窗、屋面等予以实现。功能的现实成本就是将产品或零部件的实际成本分配到功能成本上去。

例如,某产品的6种功能(功能领域)F_1～F_6 是由5种零部件A～E实现的,则功能现实成本的计算步骤是:先将与功能相对应的零部件名称及现实成本填入计算表中;然后再将功能领域 F_1 至 F_6 填入表中,将各零部件的现实成本逐一按其为实现多功能提供的成本分配至各功能领域,例如

C部件提供了三种功能，则将C部件现实成本2 500元按上述思想分配到3种功能中；最后将每项功能分配的成本相加，即可得功能的现实成本。该例中功能现实成本计算表如表4.13所示。

表4.13 功能现实成本计算表

零部件			功能(或功能领域)					
序号	名称	成本/元	F_1	F_2	F_3	F_4	F_5	F_6
1	A	3 000	1 000		1 000		1 000	
2	B	2 000		500		1 500		
3	C	2 500	500		500			1 500
4	D	1 500		1 000		500		
5	E	1 000			400		600	
合计		10 000	1 500	1 500	1 900	2 000	1 600	1 500

(2)功能目标成本。

功能目标成本又称功能评价值，是实现该功能的最低费用，是功能价值的衡量标准。若该值小于功能现实成本，则功能价值低；若该值等于或大于功能现实成本，则功能价值高。

功能评价就是找出实现某一必要功能的最低成本(称为功能评价值)，并将功能评价值与实现同一功能的现实成本(目前成本)相比，求出两者的比值和两者的差值，作为功能改进的对象。功能评价包括相互关联的价值评价和成本评价两个方面。价值评价是通过计算功能价值来寻找功能改进的对象，而成本评价是通过计算成本改善期望值来确定价值工程对象的改进范围。

价值评价的量化形式为：

$$\text{价值系数} V=\frac{\text{功能评价值} F}{\text{目前成本} C}=\frac{\text{实现该功能的目标成本} C_{\text{目标}}}{\text{实现该功能的目前成本} C}$$

成本评价是通过分析、测算成本降低期望值，排列出改进对象的优先次序。成本评价的表达式为：

$$\Delta C=C-F=C-C_{\text{目标}}$$

其中，ΔC——成本降低期望值。

一般情况下，ΔC大于零时，ΔC大者为优先改进对象。

【例4.6】 某建筑物的土建工程划分为A、B、C、D四个功能区域，各功能目前成本和目标成本如表4.14所示。

表4.14 各功能目前成本和目标成本的资料

功能区域	目前成本/万元	目标成本/万元
A	1 520	1 295
B	1 482	1 424
C	4 705	4 531
D	5 105	4 920
合计	12 812	12 170

计算各功能区域的价值系数和成本降低期望值。

【解】 各功能区域的价值系数和成本降低期望值计算如表 4.15 所示。

表 4.15 各功能区域价值工程计算表

功能区域	目前成本/万元 (1)	目标成本/万元 (2)	价值系数 V (3)=(2)÷(1)	成本降低期望值/万元 (4)=(1)−(2)
A	1 520	1 295	0.852 0	225
B	1 482	1 424	0.960 9	58
C	4 705	4 531	0.963 0	174
D	5 105	4 920	0.963 8	185
合计	12 812	12 170	—	642

2)功能评价的方法

功能评价方法有功能成本法和功能指数法。在这里只介绍功能指数法。

功能指数法是通过评定各对象功能的重要程度,用功能指数来表示其功能重要程度的大小,然后将评价对象的功能指数与相对应的成本指数进行比较,得出该评价对象的价值指数,从而确定改进对象,并计算出该对象的成本改进期望值。

其表达式为:

$$\text{价值指数(VI)}=\frac{\text{功能指数(FI)}}{\text{成本指数(CI)}}$$

(1)计算功能指数。各功能指数的计算是将各评价对象功能得分值与各评价对象功能总得分值相比,其表达式为:

$$\mathrm{FI}=\frac{f_i}{\sum f_i}$$

各评价对象功能得分值的推算方法有 0-1 评分法、0-4 评分法、多比例评分法、环比评分法、逻辑流程评分法等。

①0-1 评分法。该评分法要求两个功能相比,相对重要的得 1 分,相对不重要的得 0 分。

【例 4.7】 某产品由 A、B、C、D、E 五个零部件组成,各个零部件的功能重要性如下:A 比 C、D、E 重要,但没有 B 重要;B 比 C、D、E 重要;C 比 E 重要;D 比 C、E 重要。用 0-1 评分法,计算各零部件的功能指数。

【解】 各零部件功能指数计算如表 4.16 所示。

表 4.16 功能指数计算表(0-1 评分法)

评价对象	A	B	C	D	E	功能得分 (1)	修正得分 (2)=(1)+1	功能指数 (3) = (2) ÷ $\sum$(2)
A	×	0	1	1	1	3	4	0.266 7
B	1	×	1	1	1	4	5	0.333 3
C	0	0	×	0	1	1	2	0.133 3
D	0	0	1	×	1	2	3	0.200 0
E	0	0	0	0	×	0	1	0.066 7
合计							15	1

②0-4 评分法。该评分法要求两个功能相比，相对很重要的得 4 分，相对不重要的得 0 分；相对较重要的得 3 分，相对较不重要的得 1 分；同样重要的两个功能各得 2 分。

【例 4.8】 有关专家从五个方面（分别以 F_1～F_5 表示），对各功能的重要性达成以下共识：F_2 和 F_3 同样重要，F_4 和 F_5 同样重要，F_1 相对于 F_4 很重要，F_1 相对于 F_2 较重要。用 0-4 评分法，计算各功能指数。

【解】 各功能指数计算如表 4.17 所示。

表 4.17　功能指数计算表（0-4 评分法）

评价对象	F_1	F_2	F_3	F_4	F_5	功能得分 (1)	功能指数 (2) = (1) ÷ $\sum$(1)
F_1	×	3	3	4	4	14	0.350
F_2	1	×	2	3	3	9	0.225
F_3	1	2	×	3	3	9	0.225
F_4	0	1	1	×	2	4	0.100
F_5	0	1	1	2	×	4	0.100
合计						40	1

③多比例评分法。该方法要求两个功能相比，按（0,10）、（1,9）、（2,8）、（3,7）、（4,6）、（5,5）这六种组合来评分。

④环比评分法。该方法要求从上到下依次比较相邻两个功能的重要程度并给分，然后令最后一个被比较的功能的重要程度为 1，依次进行修正。

⑤逻辑流程评分法。按功能重要性由大到小顺序排列对象，然后选定基准评价对象，适当规定其评分值，最后根据逻辑判断，自下而上找出各评价对象功能重要性之间的关系。

(2)计算成本指数。各成本指数的计算是将各评价对象的目前成本与全部评价对象的目前成本相比，其表达式为：

$$CI=\frac{c_i}{\sum c_i}$$

(3)计算价值指数并进行分析。根据价值指数的表达式，计算价值指数，此时计算结果有三种情况：

①VI=1，表示功能指数等于成本指数，即评价对象的功能比重与实现该功能的目前成本比重大致平衡，合理匹配，可以认为是理想的状态，此功能无须改进。

②VI<1，表示成本指数大于功能指数，即评价对象的目前成本比重大于其功能比重，说明其目前成本偏高，会导致功能过剩。此时应将该评价对象的功能作为改进对象，在满足该功能的前提下，尽量降低成本。

③VI>1，表示功能指数大于成本指数，即评价对象的功能比重大于实现该功能的目前成本比重，此时应做出具体分析。如果目前成本偏低，不能满足评价对象实现其应具有的功能要求，致使该功能比重偏低，此时应将该评价对象的功能作为改进对象，在满足必要功能的前提下，适当增加成本；如果评价对象的功能超出了应该具有的功能水平，即功能过剩，该评价对象的功能也应作为改进对象；如果客观上存在着功能重要而需要耗费的成本却较少的情况，则不必改进。

【例 4.9】 某评价对象的功能指数为 0.334 5，而该评价对象的成本指数为 0.385 6，计算该评价对象的价值指数并进行价值分析。

【解】 该评价对象的价值指数 $VI=\frac{\text{功能指数 FI}}{\text{成本指数 CI}}=\frac{0.3345}{0.3856}=0.8675$。

该评价对象的价值指数小于 1，说明该评价对象的功能需要改进，改进的方向主要为降低成本。

(4)确定目标成本并确定改进对象。先根据尽可能收集到的同行业、同类产品的情况，从中找出实现此产品的最低成本作为该产品的目标成本，然后将目标成本按各功能指数的大小分摊到各评价对象上，作为控制性指标，最后计算成本降低期望值 ΔC，ΔC 大于零时，ΔC 大者为优先改进对象。

7. 方案创新

方案创新的理论依据是：任何功能都有多种实现的可能，或者说，任何功能载体都具有替代性。

VE 活动成功与否，关键在于功能分析之后能否构思出创造性的实施方案。

引导和启发创造性思维的常见方法有以下几种。

(1)头脑风暴(brain storming，BS)法。

BS 法以开小组会的方式进行，人数不宜过多，以 5～10 人为宜。与会者的关系要非常融洽，会中的气氛要轻松愉快。会议有 4 个原则：

①不评论好坏；

②鼓励自由奔放地提出想法；

③要求提出大量方案；

④相互启发，要求结合别人意见提出设想。

经验证明，采用这种方法提方案比同样的人数单独提方案得到的方案数量要多 65%～90%，因而此方法被用得甚多。

(2)哥顿法(模糊目标法)。

哥顿法是美国人哥顿在 1964 年提出的方法。这种方法的指导思想是，把要研究的问题适当抽象，以开阔思路。会议主持者并不把要解决的问题全部摊开，只把问题抽象地介绍给与会者，要求与会者海阔天空地提出各种设想。例如要研究一种新型割稻机，则只提出如何把东西割断和分开，与会者围绕这一问题提方案。会议主持者要善于引导，步步深入，等到适当时机，再把问题讲明，以做进一步研究。

(3)专家意见法(德尔菲法)。

德尔菲法不采用开会的形式，而是主管人员或部门负责人把已构思的方案以信函的方式分发给有关的专业人员，征询他们的意见，然后将意见汇总，统计和整理之后再分发下去，进行再次补充修改，如此反复若干次，即经过几上几下，把原来比较分散的意见集中处理，作为新的代替方案。

8. 方案评价

创造出许多新的价值工程方案后，先进行概略评价，去掉一些明显价值低的方案，然后使留下的方案具体化，成为具体的改进方案，经试验与研究后，从其中选出最优的方案进行详细评价，并提交有关部门审批、实施。

概略评价和详细评价的内容都包括技术评价、经济评价和社会评价。技术评价主要围绕功能开展活动，经济评价主要围绕成本开展活动，社会评价主要围绕方案的实施是否具有社会效益开展活动；在技术评价、经济评价和社会评价的基础上进行综合评价。

方案评价方法有加权评分法、比较价值评分法、环比评分法、强制评分法、几何平均值评分法等，其中常用的方法是加权评分法。加权评分法是用功能的重要度权数来反映评价指标的主次程度，用满足程度评分来反映评价指标的技术水平的高低，根据功能重要度权数和指标评分值来计算各方案的评分加权值，然后计算功能指数和成本指数，最后计算价值指数，选择价值指数最大的方案作为最优方案。

【例 4.10】 某市对其沿江流域进行全面规划，划分出会展区、商务区和风景区等区段进行分段设计招标。其中会展区用地 100 000 m^2，专家组综合各界意见确定了会展区的主要评价指标为总体规划的适用性(F_1)、各功能区的合理布局(F_2)、与流域景观的协调一致性(F_3)、充分利用空间增加会展面积(F_4)、建筑物美观性(F_5)，并对各功能的重要性分析如下：F_3 相对于 F_4 很重要，F_3 相对于 F_1 较重要，F_2 和 F_5 同样重要，F_4 和 F_5 同样重要。经层层筛选后，有三个设计方案进入最终评审。专家组对这三个设计方案满足程度的评分结果和各方案的单位面积造价如表 4.18 所示。

表 4.18　各设计方案评价指标的评分值和单方造价表

功　　能	得　　分		
	方案 A	方案 B	方案 C
总体规划的适用性(F_1)	9	8	9
各功能区的合理布局(F_2)	8	7	8
与流域景观的协调一致性(F_3)	8	10	10
充分利用空间增加会展面积(F_4)	7	6	8
建筑物美观性(F_5)	10	9	8
单位面积造价/(元/m^2)	2 560	2 640	2 420

(1)用 0-4 评分法计算各功能的权重。

(2)用功能指数法选择最佳设计方案。

【解】 (1)功能权重计算如表 4.19 所示。

表 4.19　功能权重计算

功　　能	F_1	F_2	F_3	F_4	F_5	得　　分	权　　重
F_1	×	3	1	3	3	10	0.250
F_2	1	×	0	2	2	5	0.125
F_3	3	4	×	4	4	15	0.375
F_4	1	2	0	×	2	5	0.125
F_5	1	2	0	2	×	5	0.125
合计						40	1

(2)各方案功能指数计算如表 4.20 所示。

表 4.20　各方案功能指数计算

方案功能	功能权重	方案功能加权得分		
		A	B	C
F_1	0.250	9×0.250=2.250	8×0.250=2.000	9×0.250=2.250
F_2	0.125	8×0.125=1.000	7×0.125=0.875	8×0.125=1.000
F_3	0.375	8×0.375=3.000	10×0.375=3.750	10×0.375=3.750
F_4	0.125	7×0.125=0.875	6×0.125=0.750	8×0.125=1.000
F_5	0.125	10×0.125=1.250	9×0.125=1.125	8×0.125=1.000
合计		8.375	8.500	9.000
功能指数		8.375/25.875=0.324	8.500/25.875=0.329	9.000/25.875=0.348

各方案价值指数计算如表 4.21 所示。

表 4.21　各方案价值指数计算

方　　案	功能指数 (1)	单方造价/(元/m^2) (2)	成本指数 (3)=(2)÷∑(2)	价值指数 (4)=(1)÷(3)
A	0.324	2 560	0.336 0	0.964 3
B	0.329	2 640	0.346 5	0.949 5
C	0.348	2 420	0.317 6	1.095 7
合计	1	7 620	1	—

根据上述计算结果，方案 C 价值指数最大，则方案 C 为最佳设计方案。

【例 4.11】 某承包商在某高层住宅楼的现浇楼板施工中拟采用钢木组合模板体系或小钢模体系施工。经有关专家讨论，决定从模板总摊销费用(F_1)、楼板浇筑质量(F_2)、模板人工费(F_3)、模板周转时间(F_4)、模板装拆便利性(F_5)五个技术经济指标对这两个方案进行评价，并采用 0-4 评分法对各技术经济指标的重要程度进行评分，其部分结果如表 4.22 所示，两方案各技术经济指标的得分如表 4.23 所示。

经造价工程师估算，钢木组合模板在该工程的总摊销费用为 45 万元，每平方米楼板的模板人工费为 9 元；小钢模在该工程的总摊销费用为 55 万元，每平方米楼板的模板人工费为 6 元。该住宅楼的楼板工程量为 30 000 m^2。

表 4.22　各技术经济指标的重要程度评分

评 价 对 象	F_1	F_2	F_3	F_4	F_5
F_1	×	3	3	4	4
F_2		×	2	3	3
F_3			×	3	3
F_4				×	2
F_5					×

表 4.23　两方案各技术经济指标的得分

指　　标	方　　案	
	钢木组合模板	小钢模
总摊销费用	9	8
楼板浇筑质量	8	9
模板人工费	7	10
模板周转时间	10	10
模板装拆便利性	10	9

(1)试确定各技术经济指标的权重。

(2)若以楼板工程的模板费用作为成本比较对象,试用价值指数法选择较经济的模板体系。

(3)若该承包商准备参加另一幢高层办公楼的投标,为提高竞争能力,公司决定模板总摊销费用仍按本住宅楼考虑,其他有关条件均不变。以办公楼现浇楼板工程量作为不确定性因素,用价值指数法选择该办公楼现浇楼板施工体系经济性范围。

【解】　(1)用 0-4 评分法对各技术经济指标的重要程度进行评分,计算结果如表 4.24 所示。

表 4.24　对各技术经济指标的重要程度进行评分

评价对象	F_1	F_2	F_3	F_4	F_5	功能得分 (1)	功能权重 (2) = (1) ÷ $\sum$(1)
F_1	×	3	3	4	4	14	0.350
F_2	1	×	2	3	3	9	0.225
F_3	1	2	×	3	3	9	0.225
F_4	0	1	1	×	2	4	0.100
F_5	0	1	1	2	×	4	0.100
合计						40	1

(2)方案选择步骤如下。

①计算两方案的功能指数,如表 4.25 所示。

表 4.25　功能指数计算表

指　　标	权　　重	钢木组合模板	小钢模
总摊销费用	0.350	9×0.350=3.150	8×0.350=2.800
楼板浇筑质量	0.225	8×0.225=1.800	9×0.225=2.025
模板人工费	0.225	7×0.225=1.575	10×0.225=2.250
模板周转时间	0.100	10×0.100=1.000	10×0.100=1.000
模板装拆便利性	0.100	10×0.100=1.000	9×0.100=0.900
合计	1	8.525	8.975
功能指数		8.525/(8.525+8.975)=0.487	8.975/(8.525+8.975)=0.513

②计算两方案的成本指数。

钢木组合模板的费用为:45 万元+0.000 9 万元/m^2×30 000 m^2=72 万元。

小钢模的费用为:55 万元+0.000 6 万元/m^2×30 000 m^2=73 万元。

钢木组合模板的成本指数=72 万元÷(72 万元+73 万元)=0.497。

小钢模的成本指数=73 万元÷(72 万元+73 万元)=0.503。

③计算两方案的价值指数。

钢木组合模板的价值指数=0.487÷0.497=0.980。

小钢模的价值指数=0.513÷0.503=1.020。

因为小钢模的价值指数高于钢木组合模板的价值指数,所以应选用小钢模体系。

(3)设办公楼现浇楼板工程量 Q(单位:万平方米)是模板费用 C 的函数。

钢木组合模板的费用为:

$$C_Z=45+9Q$$

小钢模的费用为:

$$C_X=55+6Q$$

钢木组合模板的成本指数:

$$\mathrm{CI}_Z=(45+9Q)\div(100+15Q)$$

小钢模的成本指数:

$$\mathrm{CI}_X=(55+6Q)\div(100+15Q)$$

令两方案价值指数相等,则:

$$\frac{\mathrm{FI}_Z}{\mathrm{CI}_Z}=\frac{\mathrm{FI}_X}{\mathrm{CI}_X}$$

$$\frac{0.487}{\dfrac{45+9Q}{100+15Q}}=\frac{0.513}{\dfrac{55+6Q}{100+15Q}}$$

解得 Q=2.183,即当该办公楼现浇楼板工程量低于 21 830 m^2 时,选择钢木组合模板体系;当该办公楼现浇楼板工程量高于 21 830 m^2 时,选择小钢模体系。

【例 4.12】 根据例 4.10 选定的设计方案,设计单位对会展区内的会展中心进行功能改进,按照限额设计要求,确定该工程目标成本额为 10 000 万元,然后以主要分部工程为对象进一步开展价值工程分析。各分部工程评分值和目前成本如表 4.26 所示。试计算各功能项目成本降低期望值,并确定功能改进顺序。

表 4.26 各分部工程评分值和目前成本

功能项目	功能得分	目前成本/万元
基础工程	21	2 201
主体结构工程	35	3 669
装饰工程	28	3 224
水电安装工程	32	2 835

【解】 各功能项目改进计算如表 4.27 所示。

表 4.27 各功能项目改进计算

功能项目	功能得分 (1)	功能指数 (2)=(1)÷∑(1)	目前成本/万元 (3)	目标成本/万元 (4)=10 000×(2)	成本降低期望值/万元 (5)=(3)-(4)
基础工程	21	0.181	2 201	1 810	391
主体结构工程	35	0.302	3 669	3 020	649
装饰工程	28	0.241	3 224	2 410	814
水电安装工程	32	0.276	2 835	2 760	75
合计	116	1	11 929	10 000	1 929

成本降低期望值较大的功能项目作为优先改进的对象，根据上述计算结果可知，功能改进的顺序为装饰工程→主体结构工程→基础工程→水电安装工程。

4.3.2 设计方案招投标和设计方案竞选

1. 设计方案招投标

设计方案招投标是指招标单位就拟建工程的设计任务，发布招标公告或发出投标邀请书，以吸引设计单位参加投标，经招标单位审查符合投标资格的设计单位，按照招标文件要求在规定的时间内向招标单位填报投标文件，从而择优确定设计中标单位来完成工程设计任务的过程。

2. 设计方案竞选

设计方案竞选是指由组织竞选活动的单位发布竞选公告，吸引设计单位参加方案竞选，参加竞选的设计单位按照竞选文件和国家关于城市建筑方案设计文件编制深度规定，做好方案设计和编制有关文件，经具有相应资格的注册建筑师签字，并加盖单位法人或委托的代理人的印鉴，在规定日期内，密封送达组织竞选单位。竞选单位邀请有关专家组成评定小组，采用科学方法，综合评定设计方案优劣，择优确定中选方案，最后双方签订合同。实践中，建筑工程特别是大型建筑设计的发包习惯上多采用设计方案竞选的方式。

4.3.3 限额设计

1. 限额设计的概念

所谓限额设计，就是按照设计任务书批准的投资估算额进行初步设计，按照初步设计概算造价限额进行施工图设计，按施工图预算造价对施工图设计的各个专业设计文件做出决策，保证总投资限额不被突破。限额设计是技术项目投资控制系统的一项关键措施，包含两个方面的内容：一方面是项目的下一阶段按照上一阶段的投资或者造价限额达到设计技术要求；另一方面是项目局部按照设定的投资或者造价限额达到设计技术要求。实行限额设计的有效途径和主要方法是投资分解和工程量控制。

2. 确定合理的限额设计目标

限额设计目标是在初步设计开始前，根据批准的可行性研究报告及其投资估算确定的。一旦限额设计目标确定，设计项目经理或总设计师按总额度的90%下达任务，把具体的目标值分解到各专业内部，各专业限额指标用完或节约下来的单项费用，需经批准才能调整。

3. 实现限额设计目标

在进行限额设计时，应按照之前确定的限额设计总目标来进行分解，确定各专业设计的分解限额设计指标，以此实现设计阶段的造价控制。要实现限额设计的目标，除了分解完成目标之外，还需要对设计进行优化。优化设计是以系统工程理论为基础，应用现代数学方法，对工程设计方案、设备选型、参数匹配和效益分析等方面进行优化的设计方法，它是控制投资的重要措施。在进行优化设计时，必须根据问题的性质，选择不同的优化方法。通过优化设计不仅可以选择最佳设计方案，提高设计质量，而且能有效控制工程造价。

4. 限额设计的控制过程

限额设计控制工程造价从两种途径实施：一种途径是按照限额设计过程从前往后依次进行控制，称为纵向控制；另一种途径是对设计单位及其内部各专业、科室及设计人员进行考核，实施奖惩，进而保证质量，称为横向控制。

1）限额设计的纵向控制

限额设计的纵向控制，是指随着勘察设计阶段的不断深入，即从可行性研究、初步设计、技术设计到施工图设计阶段，各个阶段都必须贯穿限额设计。

（1）投资分解。

投资分解是实行限额设计的有效途径和主要方法。设计单位在设计之前，就应该按照设计任务书规定的范围，将投资分解到各个专业工程，然后再分解到各个单项工程和单位工程。

（2）限额进行初步设计。

在初步设计开始时，对设计人员分专业下达设计任务和投资限额，促使设计人员进行多方案比选，使设计人员严格按分配的投资限额进行设计，为此，初步设计阶段的限额设计，控制设计概算不超过投资估算，主要是对工程量、设备和材质进行控制。如果发现投资超限额，应及时反映，并提出解决问题的办法。

（3）施工图设计造价控制。

施工图设计阶段，设计单位应以已批准的初步设计和初步设计概算为依据，严格按批准的初步设计和初步设计概算进行设计。设计得到的项目总造价和单项工程造价都不能超过初步设计概算造价，要将施工图预算严格控制在批准的概算之内。重点应放在工程量控制上，控制的工程量是经审定的初步设计工程量，并作为施工图设计工程量的最高限额，不得突破，且应注意把握两个标准，一个是质量标准，一个是造价标准，使两个标准协调一致，相互制约。如果发现单位工程施工图预算超设计概算，应及时找出原因，及时修改施工图设计，直到满足限额要求。

（4）设计变更控制。

由于外部条件的制约和人们主观认识的局限，在施工图设计阶段应对初步设计进行局部的修改和变更，使设计更趋完善，但设计变更应尽量提前，施工图设计阶段的变更只需修改设计图纸，这种变更损失不大；如果在采购阶段变更，不仅需要修改图纸，而且需要重新采购材料、设备;如果在施工阶段变更,除上述费用外,变更部分工程需要拆除,会造成更大的损失。所以,应尽量把变更控制在设计阶段初期,对于设计变更较大的项目,采用先算账后变更的方法解决,使工程造价控制在限额范围内。

2)限额设计的横向控制

限额设计横向控制的主要工作就是健全和加强设计单位对建设单位以及设计单位内部的经济责任制,建立起限额设计的奖惩机制。设计单位和设计人员在保证工程功能水平和工程安全的前提下,采用新工艺、新材料、新设备、新技术优化设计方案,节约项目投资额的,按节约投资额的大小,给予设计单位和设计人员奖励;设计单位设计错误、由于设计原因造成较大设计变更,导致投资额超过了目标控制限额的,按超支比例扣除相应比例的设计费用。

5. 限额设计的不足与完善

1)限额设计的不足

(1)限额设计中投资估算、设计概算、施工图预算等,都是建设项目的一次性投资,对项目建成后的维护使用费、项目使用期满后的拆除费用考虑较少,这样可能出现限额设计效果较好,但项目全生命周期费用不一定少的现象。

(2)限额设计强调了设计限额的重要性,而忽视了工程功能水平的要求及功能与成本的匹配性,可能会出现功能水平过低而增加工程运营维护成本,或在投资限额内没有达到最佳功能水平的现象。

(3)限额设计目的是提高投资控制的主动性,所以贯彻限额设计,重要的一点是在设计和施工图设计前,对工程项目、各单位工程、各分部工程进行合理的投资分配,控制设计。若在设计完成后发现概预算超了再进行设计变更以满足限额设计的要求,则会使投资控制处于被动地位,也会降低设计的合理性。

2)限额设计的完善

限额设计中要正确处理投资限额与项目功能之间的对立统一关系,从如下方面加以改进和完善:①正确理解限额设计的含义,处理好限额设计与价值工程之间的关系;②合理确定设计限额;③合理分解和使用投资限额,为采纳有创新性的优秀设计方案及设计变更留有一定的余地。

4.3.4 标准化设计

标准化是指,在经济、技术、科学和管理等社会实践中,对重复性事物和概念通过制定、发布和实施标准,达到统一,以获得最佳秩序和社会效益。标准化设计是工程建设标准化的组成部分,是对各类工程建设的构件、配件、零部件、通用的建筑物、构筑物、公用设施等制定统一的设计标准、统一的设计规范。其目的就是获得最佳的设计方案,取得最佳的社会效益。标准化设计的基本原理可概括为"统一、简化、协调、择优"。"统一"是在一定的范围内、一定的条件下,使标准对象的形式、功能或其他技术特征具有一致性,如房屋建筑制图统一标准、建筑构件设计统一标准、工业企业采光设计标准等。"简化"是使标准对象由复杂到简单,简化设计往往与模数化联系在一起,模数化设计有利于促进实现工厂化生产,实现建筑产品预制化、装配化。"协调"是处理好标准对象与相关标准和相关因素的关系,使其发挥特定的功能和保持相对的稳定性,使方案设计取得最佳效果。"择优"是在一定的目标和条件下,对标准的内容和标准化系统的多种设计方案进行方案比较和选择，优化设计方案。总结推广标准规范、标准设计，公布合理的技术经济指标及考核指标，可为优化设计方案提供良好的服务。

工程建设标准和规范设计，来源于工程建设的实践经验和科研成果，是工程建设必须遵循的科学依据，对降低工程造价有着很重要的影响。推广标准化设计有益于降低设计成本和工程成本，提高设计的正确性和科学性，缩短建设周期，其具体表现在以下几个方面。

1.采用标准化设计，可节约建筑材料，降低工程造价

采用标准化设计，简化设计工作，可以节约设计费用；另外，由于建筑构件、配件、零部件等实行标准化设计，具有较强的通用性，便于大批量的工厂化生产，合理配置资源，优化资源结构，可以节约建筑材料，从而可降低整个工程造价。如《工业与民用建筑灌注桩基础设计与施工规范》(现已废止)实施以后，同原来采用的预制桩相比，每平方米建筑可降低投资30%，节约钢材50%，并避免了施工过程中的噪声和对周围建筑物的影响，既提高了经济效益，又提高了社会效益。

2.采用标准化设计，可提高劳动生产率，缩短建设周期

随着科学技术的发展，建筑产品专业化程度越来越高，建筑规模越来越大，技术要求越来越复杂，这就要通过工程建设的标准化设计，来保证各专业设计在技术上保持高度的统一和协调，可大大加快提供设计图纸的速度，缩短设计周期，也可以使施工准备和定制预制构件等工作提前，从而缩短建设周期。另外，采用建筑构件、配件、零部件等的标准设计，能使工艺稳定，容易提高工人技术，且提高劳动生产率，缩短建设周期。

3.采用标准化设计，可提高设计质量，为实现优良工程创造条件

工程建设标准化设计来源于基础理论的研究和实践经验，吸收国内外先进经验和技术，总结出的科研成果，按照“统一、简化、协调、择优”的原则，提炼上升为设计规范和设计标准，所以，按照标准化设计可以保证设计质量。另外，标准化设计有较强的通用性，可提高设计人员的熟练程度，保证设计图纸的质量，同样由于采用标准化设计，施工人员对施工方案比较熟悉，也可保证施工质量，从而为实现优良工程创造条件。

4.4 设计概算和施工图预算的编制和审查

4.4.1 设计概算的编制

1.设计概算的概念

设计概算是在投资估算的控制下，由设计单位根据初步设计(或扩大初步设计)图纸及说明、概算定额(或概算指标)、各项费用定额或取费标准(指标)以及设备、材料预算价格等资料，编制和确定的建设项目从筹建至竣工交付使用所需全部费用的文件。

根据《建设项目设计概算编审规程》(CECA/GC 2—2015)，建设项目设计概算是设计文件的重要组成部分，是确定和控制建设项目全部投资的文件，是编制固定资产投资计划、实行建设项目投资包干、签订承发包合同的依据，同时也是签订贷款合同、项目实施全过程造价控制管理以及考核项目经济合理性的依据。

设计概算的特点是编制工作相对简略，不需要达到施工图预算的准确程度。采用两阶段设计的建设项目，初步设计阶段必须编制设计概算；采用三阶段设计的建设项目，扩大初步设计阶段必须编制修正概算。

2. 设计概算的作用

(1)设计概算是编制建设项目投资计划、确定和控制建设项目投资的依据。

根据我国现行文件规定，编制年度固定资产投资计划，确定计划投资总额及其构成数额，要以批准的初步设计概算为依据，没有批准的初步设计文件及其概算的建设工程就不能列入年度固定资产投资计划。

设计概算一经批准，将作为控制建设项目投资的最高限额。竣工结算不能突破施工图预算，施工图预算不能突破设计概算。如果由于设计变更等原因建设费用超过概算，必须重新审查批准。

(2)设计概算是签订建设工程合同和贷款合同的依据。

在国家颁布的相关法律中明确规定，建设工程合同价款是以设计概预算价为依据的，并且总承包合同不得超过设计总概算的投资额。

银行贷款或各单项工程的拨款累计总额不能超过设计概算。如果项目投资计划所列支投资额与贷款突破设计概算，必须查明原因，之后由建设单位报请上级主管部门调整或追加设计概算总投资，凡未批准，银行对超支部分不予拨付。

(3)设计概算是控制施工图设计和施工图预算的依据。

设计单位必须按照批准的初步设计和总概算进行施工图设计，施工图预算不得突破设计概算；如果确实需要突破总概算，应按规定程序报批。

(4)设计概算是衡量设计方案技术经济合理性和选择最佳设计方案的依据。

设计部门在初步设计阶段要选择最佳设计方案，而设计概算是从经济角度衡量设计方案经济合理性的重要依据，因此，设计概算是衡量设计方案技术经济合理性和选择最佳设计方案的依据。

(5)设计概算是考核建设项目投资效果的依据。

通过对比设计概算与竣工决算，可以分析和考核投资效果的好坏，同时还可以验收设计概算的准确性，有利于加强设计概算管理和建设项目的造价管理工作。

3. 设计概算的编制内容

设计概算可分为单位工程概算、单项工程综合概算和建设项目总概算三级。各级概算之间相互关系如图 4.5 所示。

1)单位工程概算

单位工程概算是确定各单位工程建设费用的文件，是编制单项工程综合概算的依据，是单项工程综合概算的组成部分。

单位工程概算按其工程性质分为建筑工程概算和设备及安装工程概算两类。建筑工程概算包括土建工程概算，给排水、采暖工程概算，通风、空调工程概算，电气、照明工程概算，弱电工

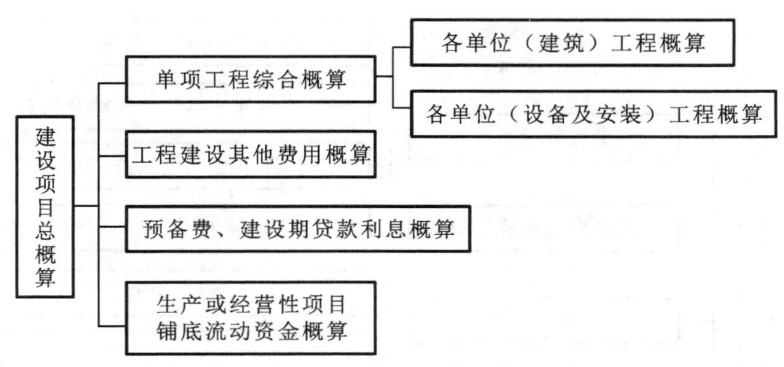

图 4.5　设计概算的三级概算关系

程概算，特殊构筑物工程概算等；设备及安装工程概算包括机械设备及安装工程概算、电气设备及安装工程概算、热力设备及安装工程概算以及工器具购置费概算等。

2)单项工程综合概算

单项工程综合概算是确定一个单项工程所需建设费用的文件，是由单项工程中的各单位工程概算汇总编制而成的，是建设项目总概算的组成部分。单项工程综合概算的组成如图 4.6 所示。

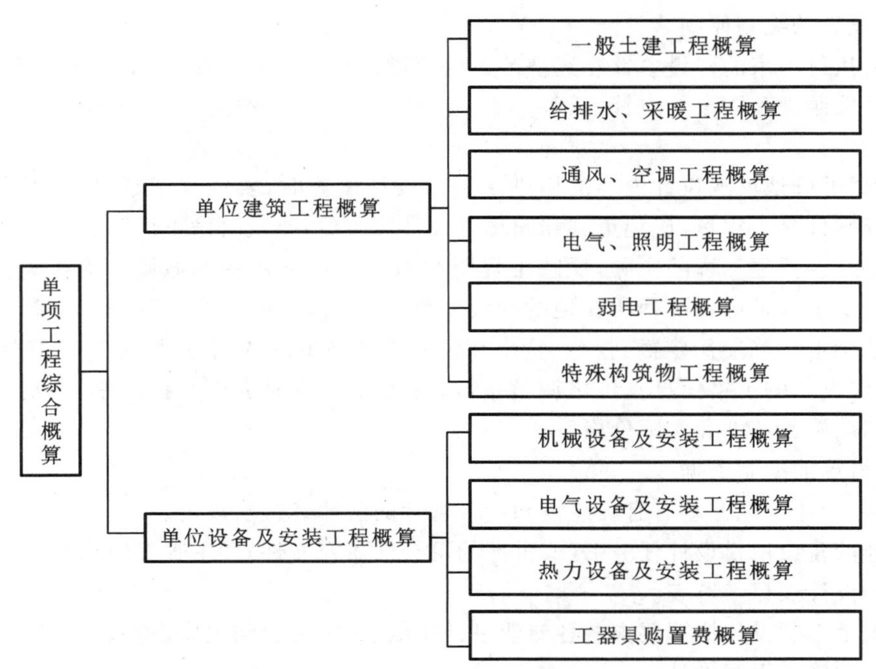

图 4.6　单项工程综合概算的组成

3)建设项目总概算

建设项目总概算是确定整个建设项目从筹建到竣工验收所需全部费用的文件，是由各单项工程综合概算(工程费用概算)、工程建设其他费用概算、预备费概算、建设期贷款利息概算和生产或经营性项目铺底流动资金概算汇总编制而成的。建设项目总概算的组成如图 4.7 所示。

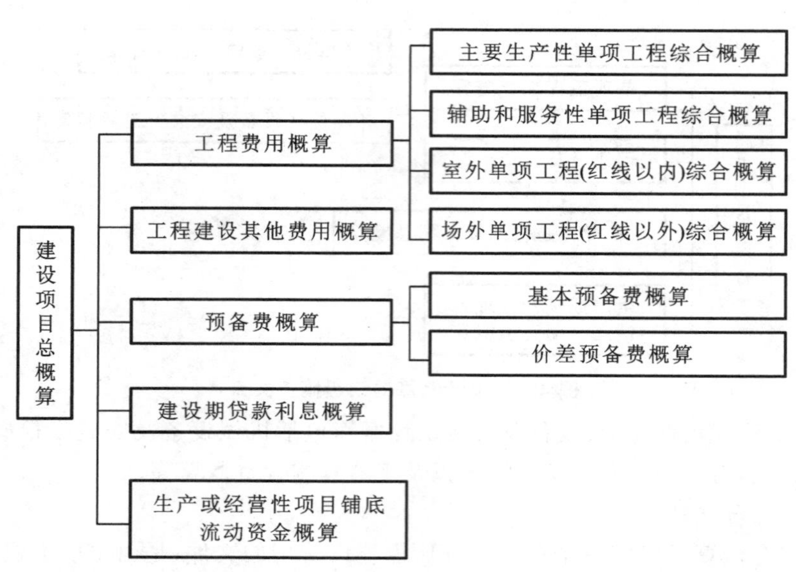

图 4.7 建设项目总概算的组成

4. 设计概算的编制原则和编制依据

1)设计概算的编制原则

(1)严格执行国家的建设方针和经济政策的原则。设计概算的编制是一项重要的技术经济工作,要严格按照党和国家的方针、政策办事,坚决执行勤俭节约的方针,严格执行规定的设计标准。

(2)完整、准确地反映设计内容的原则。编制设计概算时,要认真了解设计意图,根据设计文件、图纸准确计算工程量,避免重算和漏算。设计修改后,要及时修正概算。

(3)坚持结合拟建工程的实际,反映工程所在地当时价格水平的原则。为提高设计概算的准确性,要求实事求是地对工程所在地的建设条件、可能影响造价的各种因素进行认真的调查研究,在此基础上正确使用定额、指标、费率和价格等各项编制依据,按照现行工程造价的构成,根据有关部门发布的价格信息及价格调整指数,考虑建设期的价格变化因素,使概算尽可能地反映设计内容、施工条件和实际价格。

2)设计概算的编制依据

(1)国家、行业和地方政府有关建设和造价管理的法律、法规、规定。

(2)批准的建设项目设计任务书(或批准的可行性研究文件)和主管部门的有关规定。

(3)初步设计项目一览表。

(4)能满足编制设计概算要求的各专业设计图纸、文字说明和主要设备表。

(5)正常的施工组织设计。

(6)当地和主管部门的现行建筑工程和专业安装工程的概算定额、单位估价表、材料及构配件预算价格、工程费用定额和有关费用规定的文件等资料。

(7)现行的有关设备原价及运杂费率。

(8)现行的有关其他费用定额、指标和价格。

(9)资金筹措方式。

(10)建设场地的自然条件和施工条件。

(11)类似工程的概预算及技术经济指标。

(12)建设单位提供的有关工程造价的其他资料。

(13)有关合同、协议等其他资料。

5. 设计概算的编制方法

建设项目设计概算编制时，一般首先编制单位工程概算，然后再逐级汇总，形成单项工程综合概算及建设项目总概算。

1)单位工程概算的编制方法

单位工程概算由人工费、材料费、施工机具使用费、企业管理费、利润、规费和税金组成，分为建筑工程概算和设备及安装工程概算两大类。

(1)建筑工程概算的编制方法。

建筑工程概算的编制方法有概算定额法、概算指标法、类似工程预算法等。

第一种，概算定额法，又称为扩大单价法或扩大结构定额法。它是采用概算定额编制建筑工程概算的方法。先根据初步设计图纸资料和概算定额的项目划分计算出工程量，然后套用概算定额单价(基价)，计算汇总后，再计取有关费用，便可得出单位工程概算造价。

概算定额法要求初步设计达到一定深度，建筑结构比较明确，能按照初步设计的平面、立面、剖面图纸计算出楼地面、墙身、门窗和屋面等分部工程(或扩大结构构件)项目的工程量时，才可采用。

采用概算定额法编制设计概算的具体步骤如下：

①列出单位工程中分项工程或扩大分项工程的项目名称，并计算其工程量。工程量计算应按照概算定额中规定的工程量计算规则进行，并将计算所得的各分项工程量根据概算定额的编号顺序，填入工程概算表。

②确定各分部分项工程项目的概算定额单价。工程量计算完成后，逐项套用相应概算定额单价和人工、材料消耗指标，分别将其填入工程概算表和工料分析表。如果分项工程项目名称、内容与采用的概算定额手册不相符，应先进行换算。

③计算分部分项工程的人工费、材料费和施工机具使用费，汇总各分部分项工程的人工费、材料费和施工机具使用费得到单位工程的人工费、材料费和施工机具使用费。将已经计算出来的各分部分项工程的工程量及在概算定额中已查出来的相应定额单价和单位人工、材料消耗指标分别相乘，即可得出各分部分项工程的人工费、材料费、施工机具使用费和人工材料消耗量，再汇总各分部分项工程的人工费、材料费、施工机具使用费及人工、材料消耗量，即可得到该单位工程的人工费、材料费、施工机具使用费和工料总消耗量。如果地区的人工、材料价差调整指标，计算人工费、材料费和施工机具使用费有规定，按规定的调整系数或者其他调整方法进行调整计算。

④按照一定的取费标准和计算基础计算企业管理费、规费和税金。

⑤计算单位工程概算造价。将已经计算出来的单位工程人工费、材料费和施工机具使用费、企业管理费、规费和税金汇总，得到单位工程概算造价。

【例 4.13】 某市拟建一座 7 560 m^2 的教学楼，请按给出的工程量和扩大单价(见表 4.28)编制出该教学楼土建工程设计概算造价和平方米造价。按有关规定标准计算得到规费为 38 000 元，各项费率分别为：企业管理费费率为 5%，增值税税率为 3%。

表 4.28　某教学楼土建工程量和扩大单价

分部工程名称	单　　位	工　程　量	扩大单价/元
基础工程	10 m^3	160	2 500
混凝土及钢筋混凝土	10 m^3	150	6 800
砌筑工程	10 m^3	280	3 300
地面工程	100 m^2	40	1 100
楼面工程	100 m^2	90	1 800
卷材屋面	100 m^2	40	4 500
门窗工程	100 m^2	35	5 600

【解】　根据已知条件，求得该教学楼土建工程概算造价如表 4.29 所示。

表 4.29　某教学楼土建工程概算造价计算表

序　　号	分部工程或费用名称	单　　位	工　程　量	扩大单价/元	合价/元
1	基础工程	10 m^3	160	2 500	400 000
2	混凝土及钢筋混凝土	10 m^3	150	6 800	1 020 000
3	砌筑工程	10 m^3	280	3 300	924 000
4	地面工程	100 m^2	40	1 100	44 000
5	楼面工程	100 m^2	90	1 800	162 000
6	卷材屋面	100 m^2	40	4 500	180 000
7	门窗工程	100 m^2	35	5 600	196 000
A	分部分项工程费小计	以上 7 项之和			2 926 000
B	企业管理费	A×5%			146 300
C	规费	38 000 元			38 000
D	税金	(A+B+C)×3%			93 309
概算造价		A+B+C+D			3 203 609
平方米造价		3 203 609 元/7 560			423.76

第二种，概算指标法。该法采用直接工程费指标，用拟建工程的建筑面积(或体积)乘以技术条件相同或基本相同的概算指标，得出直接工程费，然后按规定计算出企业管理费、规费和税金等，编制出单位工程概算。

概算指标法适用于初步设计深度不够，不能准确地计算工程量，但工程设计技术比较成熟而又有类似工程概算指标可以利用的情况。该方法计算精度较低，是一种估算工程造价的方法。

由于拟建工程往往与类似工程的概算指标的技术条件不尽相同，而且概算指标编制年份的设备、人工、材料等价格与拟建工程当时当地的价格也可能不会一样，因此，必须对其进行结构和价格的调整。

①拟建工程的结构特征与概算指标有局部差异时的调整。当拟建工程的结构特征与概算指标的结构特征有出入时，可用修正后的概算指标及单位造价计算出工程概算造价，公式如下：

$$结构变化修正概算指标(元/m^2)=J+Q_1P_1-Q_2P_2$$

式中：J——原概算指标；

Q_1——概算指标中换入结构的工程量；

P_1——换入结构的直接工程费单价；

Q_2——概算指标中换出结构的工程量；

P_2——换出结构的直接工程费单价。

拟建工程造价计算公式如下：

$$直接工程费=修正后的概算指标\times 拟建工程建筑面积$$

求出直接工程费后，再按照规定的取费方法计算其他费用，最终得到单位工程概算。

②设备、人工、材料、施工机具使用费的调整，公式如下：

$$\begin{array}{c}设备、人工、材料、\\机具修正概算费用\end{array}=\begin{array}{c}原概算指标的设备、\\人工、材料、机具费用\end{array}+\sum\left(\begin{array}{c}换入设备、人工、\\材料、机具消耗量\end{array}\times\begin{array}{c}拟建地区\\相应单价\end{array}\right)-\sum\left(\begin{array}{c}换出设备、人工、\\材料、机具消耗量\end{array}\times\begin{array}{c}原概算指标设备、\\人工、材料、机具单价\end{array}\right)$$

【例 4.14】 假设新建单身宿舍一栋，其建筑面积为 3 500 m²，按概算指标和地区材料预算价格等算出单位造价为 738 元/m²。其中，一般土建工程 640 元/m²，采暖工程 32 元/m²，给排水工程 36 元/m²，照明工程 30 元/m²，但新建单身宿舍设计资料与概算指标相比较，其结构构件有部分变更。设计资料表明，外墙为 1 砖半外墙，而概算指标中外墙为 1 砖墙。根据当地土建工程预算定额，外墙带形毛石基础的预算单价为 147.87 元/m³，1 砖外墙的预算单价为 177.10 元/m³，1 砖半外墙的预算单价为 178.08 元/m³；概算指标中每 100 m² 中含外墙带形毛石基础 18 m³、1 砖外墙 46.5 m³。新建工程设计资料表明，每 100 m² 中含外墙带形毛石基础 19.6 m³、1 砖半外墙 61.2 m³。请计算调整后的概算单价和新建宿舍的概算造价。

【解】 土建工程中对结构构件的变更和单价调整如表 4.30 所示。

表 4.30　结构变化引起的单价调整

序号	结构名称	单位	数量(每 100 m² 含量)	单价/(元/m³)	合价/(元/m²)
	土建工程单位面积造价				640
	换出部分				
1	外墙带形毛石基础	m³	18	147.87	2 661.66/100
2	1 砖外墙	m³	46.5	177.10	8 235.15/100
	合计	元			10 896.81/100
	换入部分				
3	外墙带形毛石基础	m³	19.6	147.87	2 898.25/100
4	1 砖半外墙	m³	61.2	178.08	10 898.50/100
	合计	元			13 796.75/100
单位面积造价修正：(640－10 896.81/100＋13 796.75/100)元≈669 元					

其余的单价指标都不变，因此调整后的概算单价为(669＋32＋36＋30)元/m²＝767 元/m²。

新建宿舍的概算造价＝767 元/m²×3 500 m²＝2 684 500 元

第三种,类似工程预算法。该法是利用技术条件与设计对象相类似的已完工程或在建工程的工程造价资料来编制拟建工程设计概算的方法。

类似工程预算法在拟建工程初步设计与已完工程或在建工程的设计相类似而又没有可用的概算指标时采用,采用时必须对建筑结构差异和价差进行调整。此法建筑结构差异的调整方法与概算指标法的调整方法相同。类似工程造价的价差可以有两种方法进行调整。

①类似工程造价资料有具体的人工、材料、机具台班的用量时,可按类似工程预算造价资料中的主要材料用量、工日数量、机具台班用量乘以拟建工程所在地的主要材料预算价格、人工单价、机具台班单价,计算出直接工程费,再乘以当地的综合费率,得出所需的造价指标。

②类似工程造价资料只有人工费、材料费、机具台班费、企业管理费、规费时,可调整为:

$$D=AK$$

$$K=a\%K_1+b\%K_2+c\%K_3+d\%K_4+e\%K_5$$

式中:D——拟建工程单方概算造价;

A——类似工程单方预算造价;

K——综合调整系数;

$a\%$、$b\%$、$c\%$、$d\%$、$e\%$——类似工程预算的人工费、材料费、机具台班费、企业管理费、规费占预算造价的比重;

K_1、K_2、K_3、K_4、K_5——拟建工程地区与类似工程地区人工费、材料费、机具台班费、企业管理费、规费价差系数。

【例 4.15】 新建一幢教学大楼,建筑面积为 3 200 m²,根据下列类似工程施工图预算的有关数据,试用类似工程预算法编制概算。已知数据如下:

①类似工程的建筑面积为 2 800 m²,预算成本为 926 800 元。

②类似工程各种费用占预算成本的权重是:人工费 8%,材料费 61%,机具费 10%,企业管理费 6%,规费 9%,其他费 6%。

③拟建工程地区与类似工程地区造价之间的差异系数为 $K_1=1.03$,$K_2=1.04$,$K_3=0.98$,$K_4=1.00$,$K_5=0.96$,$K_6=0.90$。

④利税率为 10%。

求拟建工程的概算造价。

【解】 ①综合调整系数为:

$$\begin{aligned}K&=8\%\times1.03+61\%\times1.04+10\%\times0.98\\&\quad+6\%\times1.00+9\%\times0.96+6\%\times0.90\\&=1.015\ 2\end{aligned}$$

②类似工程单方概算成本为:926 800 元÷2 800 m²=331 元/m²。

③拟建教学楼工程单方概算成本为:331 元/m²×1.015 2≈336.03 元/m²。

④拟建教学楼工程单方概算造价为:336.03 元/m²×(1+10%)≈369.63 元/m²。

⑤拟建教学楼工程的概算造价为:369.63 元/m²×3 200 m²=1 182 816 元。

(2)设备及安装工程概算的编制方法。

设备及安装工程概算包括设备购置费概算和设备安装工程费概算两大部分。

第一部分,设备购置费概算。设备购置费由设备原价和运杂费两项组成。其中,设备运杂费的计算公式如下。

设备运杂费＝设备原价×运杂费率

第二部分，设备安装工程费概算。设备安装工程费概算的编制方法应根据初步设计深度和要求所明确的程度而采用。其主要编制方法有预算单价法、扩大单价法、设备价值百分比法和综合吨位指标法。

①预算单价法。当初步设计程度较深，有详细的设备清单时，可直接按安装工程预算定额单价编制设备安装工程概算，概算程序与安装工程施工图预算程序基本相同。

②扩大单价法。当初步设计深度不够，设备清单不完备，只有主体设备或仅有成套设备重量时，可采用主体设备、成套设备的综合扩大安装单价来编制概算。

③设备价值百分比法。当初步设计深度不够，只有设备出厂价而无详细规格、重量信息时，安装费可按其占设备费的百分比来计算。此法常用于价格波动不大的定型产品和通用设备产品。

④综合吨位指标法。当初步设计提供的设备清单有规格和设备重量信息时，可采用综合吨位指标编制概算，其综合吨位指标由主管部门或由设计单位根据已完类似工程资料确定。

2)单项工程综合概算的编制方法

单项工程综合概算文件一般包括编制说明和综合概算表两个部分。当建设项目只有一个单项工程时，综合概算文件还包括工程建设其他费用、预备费和建设期贷款利息的概算。

(1)编制说明。

编制说明应列在综合概算表的前面，其内容包括：

①工程概况：简述建设项目性质、特点、生产规模、建设周期、建设地点等主要情况。

②编制依据：包括国家和有关部门的规定、设计文件、现行概算定额或概算指标、设备材料的预算价格和费用指标等。

③编制方法：说明设计概算编制是采用概算定额法，还是采用概算指标法或其他方法。

④其他必要的说明。

(2)综合概算表。

综合概算表是根据单项工程所管辖范围内的各单位工程概算等基础资料，按照国家或部委所规定的统一表格进行编制。单项工程综合概算表如表4.31所示。

表4.31　综合概算表

建设项目名称：　　　　单项工程名称：　　　　单位：万元　　　　共　页　第　页

序号	概算编号	工程项目和费用名称	概算价值						
			设计规模和主要工程量	建筑工程	安装工程	设备购置	工器具及生产家具购置	其他	总价

3)建设项目总概算的编制方法

设计总概算文件一般应包括编制说明、总概算表、各单项工程综合概算书、工程建设其他费用概算表、主要建筑安装材料汇总表等。独立装订成册的总概算文件宜加封面、签署页(扉页)和目录。

(1)编制说明。编制说明的内容与单项工程综合概算文件相同。

(2)总概算表。总概算表如表4.32所示。

表4.32 总概算表

总概算编号： 工程名称： 单位:万元 共 页 第 页

序号	概算编号	工程项目和费用名称	概算价值						占总投资比例/(%)
			建筑工程	安装工程	设备购置	工器具及生产家具购置	其他费用	合计	

(3)工程建设其他费用概算表。工程建设其他费用概算表按国家(或地区)或部委所规定的项目和标准确定,并按统一格式编制。

(4)主要建筑安装材料汇总表。针对每一个单项工程列出钢筋、型钢、水泥、木材等主要建筑安装材料的消耗量。

4.4.2 设计概算的审查

1.设计概算的审查内容

1)审查设计概算的编制依据

(1)审查编制依据的合法性。各种编制依据必须经过国家和相关授权机关的批准,符合国家的编制规定。

(2)审查编制依据的时效性。各种编制依据应及时按照国家的政策或者法规调整后的新办法和新规定进行。

(3)审查编制依据的适用范围。各种编制依据都有规定的适用范围,如各主管部门规定的各种专业定额及其取费标准,只适用于该部门的专业工程;各地区规定的各种定额及其取费标准,只适用于该地区范围内,特别是地区的材料预算价格,区域性极强。

2)审查设计概算的编制深度

(1)审查编制说明。审查概算的编制方法和编制依据等重大原则问题,若编制说明有差错,具体概算必有差错。

(2)审查概算编制的完整性。审查是否有符合规定的“三级概算”,各级概算的编制、核对、审核是否按规定签署,有无随意简化。

(3)审查概算的编制范围。审查概算编制范围及具体内容是否与主管部门批准的建设项目范围及具体工程内容一致,是否有重复、交叉,是否重复计算或漏算,审核其他费用应列的项目是否符合规定,静态投资、动态投资和经营性项目铺底流动资金是否分别列出。

3)审查设计概算的内容

(1)审查概算的编制是否符合党的方针、政策,是否根据工程所在地的自然条件进行编制。

(2)审查建设规模、建设标准、配套工程、设计定员等是否符合原批准的可行性研究报告或立项批文的标准。

(3)审查编制方法、计价依据和程序是否符合现行规定。

(4)审查工程量是否正确。

(5)审查材料用量和价格。

(6)审查设备规格、数量和配置是否符合设计要求,是否与设备清单相一致,设备预算价格是否真实,设备原价和运杂费的计算是否正确等。

(7)审查建筑安装工程的各项费用的计取是否符合国家或地方有关部门的现行规定,计算程序和取费标准是否正确。

(8)审查综合概算、总概算的编制内容、方法是否符合现行规定和设计文件的要求。

(9)审查总概算文件的组成内容,是否完整地包括了建设项目从筹建到竣工投产为止的全部费用。

(10)审查工程建设其他各项费用。

(11)审查项目的三废治理。

(12)审查技术经济指标。

(13)审查投资经济效果。

2. 设计概算的审查步骤

设计概算审查一般采用集中会审的方式进行。由会审单位分头审核,然后集中共同研究定案,或组织有关部门成立专门的审核班子,根据审核人员的业务专长分组,再将概算费用进行分解,分别审核,最后集中讨论定案。

一般的审核步骤包括概算审核前准备,进行概算审核,进行技术经济对比分析,进行调查研究以及进行资料的整理工作。

3. 设计概算的审查方法

设计概算的审查方法包括对比分析法、查询核实法和联合会审法。采用适当方法审查设计概算,是确保审查质量、提高审查效率的关键。

1)对比分析法

对比分析法主要是通过建设规模、标准与立项批文对比,工程数量与设计图纸对比,综合范围、内容与编制方法、规定对比,各项取费与规定标准对比,材料、人工单价与统一信息对比,引进设备、技术投资与报价要求对比,技术经济指标与同类工程对比等,进行设计概算审核。

2)查询核实法

查询核实法是对一些关键设备和设施、重要装置、引进工程图纸不全且难以核算的较大投资进行多方查询核对、逐项落实的方法。主要设备的市场价向设备供应部门或招标公司查询核实,重要生产设备、设施向同类工程查询了解,引进设备价格及有关费税向进出口公司调查清楚,复杂的建筑安装工程向同类的建设、承包、施工单位征求意见,深度不够或者不清楚的问题直接向原概算编制人员、设计者询问清楚。

3)联合会审法

联合会审前,可先采取多种形式分头审查,包括设计单位自审,主管、建设、承包单位初审,工程造价咨询公司评审,邀请同行专家预审,审批部门复审等,经层层审查把关后,由有关单位和专家进行联合会审。在会审大会上,由设计单位介绍概算编制情况及有关问题,各有关单位、专家汇报初审及预审意见,然后进行认真分析、讨论,结合对各专业技术方案的审查意见所产生的投资增减,逐一核实原概算出现的问题,经过充分协商,认真听取设计单位意见后,实事求是地处理或调整。

4.4.3 施工图预算的编制

1. 施工图预算的概念

施工图预算是在施工图设计完成后、工程开工前,根据已批准的施工图纸、现行的预算定额、费用定额和地区人工、材料、设备与机具台班等资源价格,在施工方案和施工组织设计大致确定的前提下,按照规定的计算程序计算直接工程费、措施费,并计取间接费、利润、税金等费用,确定单位工程造价的技术经济文件。

2. 施工图预算的作用

施工图预算作为建设工程建设程序中一个重要的技术经济文件,在工程建设实施过程中具有十分重要的作用。

1)施工图预算对投资方的作用

(1)施工图预算是控制造价及资金合理使用的依据。

(2)施工图预算是确定工程招标控制价的依据。

(3)施工图预算是拨付工程款及办理工程结算的依据。

2)施工图预算对施工企业的作用

(1)施工图预算是建筑施工企业投标时报价的参考依据。

(2)施工图预算是建筑工程预算包干的依据和签订施工合同的主要内容。

(3)施工图预算是施工企业安排调配施工力量、组织材料供应的依据。

(4)施工图预算是施工企业控制工程成本的依据。

(5)施工图预算是进行“两算”对比的依据。

3)施工图预算对其他方面的作用

(1)对于工程咨询单位来说,客观、准确地为委托方做出施工图预算,可以强化投资方对工程造价的控制,有利于节省投资,提高建设项目的投资效益。

(2)对于工程造价管理部门来说,施工图预算是其监督检查执行定额标准、合理确定工程造价、测算造价指数及审定工程招标控制价的重要依据。

3. 施工图预算的编制内容

施工图预算由单位工程施工图预算、单项工程施工图预算和建设项目施工图预算三级逐级编制、综合汇总而成。单位工程施工图预算是根据施工图设计文件、现行预算定额、单位估价表、费用定额以及人工、材料、设备、机具台班等预算价格资料,编制单位工程的施工图预算。单项工程施工图预算由各单位工程施工图预算汇总而成。将所有单项工程施工图预算汇总,可以形成最终的建设项目施工图预算。

由于施工图预算是以单位工程为单位编制的，按单项工程汇总而成，施工图预算编制的关键在于编制好单位工程施工图预算。

单位工程施工图预算包括建筑工程预算和设备安装工程预算。建筑工程预算按其工程性质分为一般土建工程预算、给排水工程预算、采暖通风工程预算、燃气工程预算、电气照明工程预算、弱电工程预算、特殊构筑物(如炉窑等)工程预算和工业管道工程预算等。设备安装工程预算可分为机械设备安装工程预算、电气设备安装工程预算和热力设备安装工程预算等。

4. 施工图预算的编制依据

(1)国家、行业和地方政府有关工程建设和造价管理的法律、法规和规定。

(2)经过批准和会审的施工图设计文件和有关标准图集。

(3)工程地质勘查资料。

(4)企业定额、现行建筑工程和安装工程预算定额和费用定额、单位估价表、有关费用规定等文件。

(5)材料与构配件市场价格、价格指数。

(6)施工组织设计或施工方案。

(7)经批准的拟建项目的概算文件。

(8)现行的有关设备原价及运杂费率。

(9)建设场地中的自然条件和施工条件。

(10)工程承包合同、招标文件。

5. 施工图预算的编制方法

《建筑工程施工发包与承包计价管理办法》规定，施工图预算、招标标底、投标报价由成本、利润和税金构成。建筑工程施工图预算就是计算建筑安装工程费用。根据《建筑安装工程费用项目组成》，建筑安装工程费用项目按费用构成要素划分为人工费、材料费、施工机具使用费、企业管理费、利润、规费和税金；按工程造价形成顺序划分为分部分项工程费、措施项目费、其他项目费、规费和税金。

1)按费用构成要素划分

建筑安装工程费用项目按费用构成要素划分如图 2.2 所示。

(1)人工费：

$$\text{人工费} = \sum(\text{工日消耗量} \times \text{日工资单价})$$

(2)材料费。

①普通材料费：

$$\text{普通材料费} = \sum(\text{材料消耗量} \times \text{材料单价})$$

②工程设备费：

$$\text{工程设备费} = \sum(\text{工程设备量} \times \text{工程设备单价})$$

(3)施工机具使用费。

①施工机械使用费：

$$\text{施工机械使用费} = \sum(\text{施工机械台班消耗量} \times \text{机械台班单价})$$

②仪器仪表使用费：

$$仪器仪表使用费=工程使用的仪器仪表摊销费+维修费$$

(4)企业管理费。

企业管理费费率有以下三种计算方法。

①以分部分项工程费为计算基础：

$$企业管理费费率(\%)=\frac{生产工人年平均管理费}{年有效施工天数\times 人工单价}\times 人工费占分部分项工程费比例(\%)$$

②以人工费和机械费合计为计算基础：

$$企业管理费费率=\frac{生产工人年平均管理费}{年有效施工天数\times(人工单价+每一工日机械使用费)}\times 100\%$$

③以人工费为计算基础：

$$企业管理费费率=\frac{生产工人年平均管理费}{年有效施工天数\times 人工单价}\times 100\%$$

(5)利润。

①施工企业根据企业自身需求并结合建筑市场实际自主确定，列入报价。

②工程造价管理机构在确定计价定额中利润时，应以定额人工费或“定额人工费＋定额机械费”作为计算基数，其费率根据历年工程造价积累的资料，并结合建筑市场实际确定，以单位(单项)工程测算，利润在税前建筑安装工程费用中可按不低于5%且不高于7%的费率计算。利润应列入分部分项工程和措施项目。

(6)规费。

①社会保险费和住房公积金。

社会保险费和住房公积金应以定额人工费为计算基础，根据工程所在地省、自治区、直辖市或行业建设主管部门规定费率计算。

$$社会保险费和住房公积金=\sum(工程定额人工费\times 社会保险费和住房公积金费率)$$

②工程排污费。

工程排污费等其他应列而未列入的规费应按工程所在地环境保护等部门规定的标准缴纳，按实计取列入。

(7)税金：

$$税金=税前造价\times 增值税税率(\%)$$

税前造价为人工费、材料费、施工机具使用费、企业管理费、利润和规费之和，各费用项目均以不包含增值税可抵扣进项税额计算。

2)按工程造价形成顺序划分

按造价形成顺序划分的建筑安装工程费用项目如图2.3所示。

(1)分部分项工程费：

$$分部分项工程费=\sum(分部分项工程量\times 综合单价)$$

(2)措施项目费。

①国家计量规范规定应予计量的措施项目，其计算公式如下：

$$措施项目费=\sum(措施项目工程量\times 综合单价)$$

②国家计量规范规定不宜计量的措施项目计算方法如下。

a. 安全文明施工费：

安全文明施工费＝计算基数×安全文明施工费费率（%）

计算基数应为定额基价（定额分部分项工程费＋定额中可以计量的措施项目费）、定额人工费或“定额人工费＋定额机械费”，安全文明施工费费率由工程造价管理机构根据各专业工程的特点综合确定。

b. 夜间施工增加费：

夜间施工增加费＝计算基数×夜间施工增加费费率（%）

c. 二次搬运费：

二次搬运费＝计算基数×二次搬运费费率（%）

d. 冬雨季施工增加费：

冬雨季施工增加费＝计算基数×冬雨季施工增加费费率（%）

e. 已完工程及设备保护费：

已完工程及设备保护费＝计算基数×已完工程及设备保护费费率（%）

上述第 b～e 项措施项目的计费基数应为定额人工费或“定额人工费＋定额机械费”，其费率由工程造价管理机构根据各专业工程特点和调查资料综合分析后确定。

（3）其他项目费。

①暂列金额由建设单位根据工程特点，按有关计价规定估算，施工过程中由建设单位掌握使用、扣除合同价款调整后如有余额，归建设单位。

②计日工由建设单位和施工企业按施工过程中的签证计价。

③总承包服务费由建设单位在招标控制价中根据总包服务范围和有关计价规定编制，施工企业投标时自主报价，施工过程中按签约合同价执行。

（4）规费和税金。

规费和税金的构成和计算与按费用构成要素划分建筑安装工程费用项目组成部分是相同的。

4.4.4 施工图预算的审查

1. 施工图预算的审查内容

审查施工图预算的重点，应该放在工程量计算、预算单价套用、设备材料预算价格取定是否正确，各项费用标准是否符合现行规定等方面。

1）审查工程量

（1）土方工程。土方工程的工程量审查内容包括以下几方面：

①平整场地、地槽与地坑等土方工程量的计算是否符合定额的计算规定，施工图纸标示尺寸、土壤类别是否与勘察资料一致，地槽与地坑放坡、挡土板是否符合设计要求，有无重算或者漏算等。

②地槽、地坑回填土的体积是否扣除了基础所占的体积，地面和室内填土的厚度是否符合设计要求，运土距离、运土数量、回填土土方的扣除是否符合规定等。

③桩料长度是否符合设计要求,需要接桩时的接头数是否正确等。

(2)砖石工程。砖石工程的工程量审查内容包括以下几方面:

①墙基与墙身的划分是否有混淆。

②不同厚度的内墙与外墙是否分别计算,是否扣除门窗洞口及埋入墙体的各种钢筋混凝土梁、柱等所占用的体积。

③同砂浆强度的墙和定额规定按立方米或平方米计算的墙是否有混淆、错算或漏算等。

(3)混凝土及钢筋混凝土工程。混凝土及钢筋混凝土工程的工程量审查内容包括以下几方面:

①现浇构件与预制构件是否分别计算,是否有混淆。

②现浇构件与梁、主梁与次梁及各种构件计算是否符合规定,有无重算或漏算。

③有筋和无筋的是否按设计规定分别计算,是否有混淆。

④钢筋混凝土的含钢量与预算定额含钢量存在差异时,是否按规定进行增减调整。

(4)结构工程。结构工程的工程量审查内容包括以下几方面:

①门窗是否按不同种类、按框外面积或扇外面积计算。

②木装修的工程量是否按规定分别以延长米或平方米进行计算。

(5)地面工程。地面工程的工程量审查内容包括以下几方面:

①楼梯抹面是否按踏步和休息平台部分的水平投影面积进行计算。

②当细石混凝土地面或找平层的设计厚度与定额厚度不同时,是否按其厚度进行换算。

(6)屋面工程。屋面工程的工程量审查内容包括以下几方面:

①卷材屋面工程是否与屋面找平层工程量相符。

②屋面找平层的工程量是否按屋面的建筑面积乘以保温层平均厚度计算,不做保温层的挑檐部分是否按规定不做计算。

(7)构筑物工程。构筑物工程的工程量审查内容主要是烟囱和水塔脚手架是否以墙面的净高和净宽计算,有无重算和漏算。

(8)装饰工程。装饰工程的工程量审查内容主要是内墙抹灰的工程量是否按墙面的净高和净宽计算,有无重算和漏算。

(9)金属构件制作。金属构件制作的工程量审查内容主要是各种型钢、钢板等金属构件制作工程量是否以吨为单位,其形状尺寸计算是否正确,是否符合现行规定。

(10)水暖工程。水暖工程的工程量审查内容包括以下几方面:

①室内外排水管道、暖气管道的划分是否符合规定。

②各种管道的长度、口径是否按设计规定计算。

③接头零件所占长度是否多扣,应扣除卫生设备本身所附带管道长度的是否漏扣。

④室内排水采用铸铁管的是否将异型管及检查口所占长度错误地扣除,有无漏算。

⑤室外排水管道是否已扣除检查井与连接井所占的长度。

⑥暖气片的数量是否与设计相一致。

(11)电气照明工程。电气照明工程的工程量审查内容包括以下几方面:

①灯具的种类、型号、数量是否与设计一致;

②线路的敷设方法、线材品种是否达到设计标准，有无重复计算预留线的工程量。

(12)设备及安装工程。设备及安装工程的工程量审查内容包括以下几方面：

①设备的品种、规格、数量是否与设计相一致；

②需要安装的设备和不需要安装的设备是否分清，有无将不需要安装的设备作为需要安装的设备多计工程量。

2)审查设备、材料的预算价格

(1)审查设备、材料的预算价格是否符合工程所在地的真实价格及价格水平。

(2)设备、材料的原价确定方法是否正确。

(3)设备的运杂费率及其运杂费的计算是否正确，材料预算价格的各项费用的计算是否符合规定、有无差错。

3)审查预算单价的套用

(1)预算中所列各分项工程预算单价是否与现行预算定额的预算单价相符，其名称、规格、计量单位和所包括的工程内容是否与单位估价表一致。

(2)审查换算的单价，首先要审查换算的分项工程是否是定额中允许换算的，其次审查换算是否正确。

(3)审查补充定额和单位估价表的编制是否符合编制原则，单位估价表计算是否正确。

4)审查有关费用项目及其计取

(1)措施费的计算是否符合有关的规定标准，间接费和利润的计取基础是否符合现行规定，有无不能作为计费基础的费用列入计费基础。

(2)预算外调增的材料差价是否计取了间接费。

(3)有无巧立名目乱计费、乱摊费用现象。

2. 施工图预算的审查步骤

1)做好审查前的准备工作

(1)熟悉施工图纸。施工图是编审预算分项数量的重要依据，必须全面熟悉了解，核对所有图纸，清点无误后，依次识读。

(2)了解预算包括的范围。根据预算编制说明，了解预算包括的工程内容，例如配套设施、室外管线等。

(3)弄清预算采用的单位估价表。任何单位估价表或预算定额都有一定的适用范围，应根据工程性质，搜集、熟悉相应的单价、定额资料。

2)选择合适的审查方法，按相应内容审查

由于工程规模、繁简程度不同，施工方法和施工企业情况不一样，所编工程预算和质量也不同，需选择适当的审查方法进行审查。

3)调整预算

综合整理审查资料，并与编制单位交换意见，定案后编制调整预算。审查后需要进行增加或核减的，经与编制单位协商，统一意见后进行相应的修正。

3. 施工图预算的审查方法

审查施工图预算方法较多，主要有全面审查法、标准预算审查法、分组计算审查法、对比审查法、筛选审查法、重点抽查法、利用手册审查法和分解对比审查法八种。

1)全面审查法

全面审查法又叫逐项审查法,首先根据施工图预算全面计算工程量,然后将计算的工程量与审查对象的工程量逐一进行对比,同时,根据定额或单位估价表逐项对审查对象的单价进行核实。此法适用于一些工程量较小、工艺比较简单的工程。优点是全面、细致,审查质量较高,审核效果较好;缺点是工作量大。

2)标准预算审查法

对于利用标准设计图纸或通用图集的工程,可先集中力量编制标准预算,以此为准来审查工程预算。按标准设计图纸或通用图集施工的工程,一般上部结构和做法相同,只是根据现场施工条件或地质情况不同,对基础部分做局部改变。此法优点是时间短、效果好,好定案;缺点是只适应按标准图纸设计的工程,适用范围小。

3)分组计算审查法

分组计算审查法是将预算中有关项目按类别划分为若干组,利用同组中的一组数据审核分项工程量的一种方法。做法是:首先将相邻且有一定内在联系的分部分项工程进行编组,然后计算其中一组工程量数据,由此判断同组中其他几个分项工程的准确程序。此法优点是审核速度快,工作量小。

4)对比审查法

与已完工程的施工图相同但基础部分和施工现场条件不同、工程设计相同但建筑面积不同、工程面积相同但设计图纸不完全相同的拟建工程,应该用已建成工程的预算或虽未建成但已审查修正的工程预算对比审查。

5)筛选审查法

筛选审查法是统筹法的一种,也是一种对比法。建筑工程虽有建筑面积和高度的不同,但是各分部分项工程的工程量、造价、用工量在每个单位面积上的数值变化不大。通过归纳工程量、价格、用工三方面基本指标来筛选各分部分项工程,对不符合条件的进行详细审查,若审查对象的预算标准与基本指标的标准不同,就要对其进行调整。此法优点是简单易懂,便于掌握,审查速度快,便于发现问题;缺点是不易发现问题产生的原因。

6)重点抽查法

重点抽查法是抓住工程预算中的重点进行审核,一般包括工程量较大或者造价较高的各种工程、补充定额以及各项费用等。此法优点是重点突出,审查时间短、效果好。

7)利用手册审查法

利用手册审查法是把工程中常用的构件、配件事先整理成预算手册,按手册对照审查的方法。例如,把工程常用的预制构配件,如洗脸池、坐便器、化粪池等,按标准图集计算出工程量,套上单价,编制成预算手册使用。此法优点是简化了预结算的编审工作。

8)分解对比审查法

分解对比审查法是指,将一个单位工程按直接费与间接费进行分解,然后再把直接费按分部分项工程进行分解,分别与审定的标准预算进行对比分析。

- 设计阶段与工程造价的关系
  - 程序和内容
    - 设计阶段
    - 设计程序
  - 设计工作与工程造价的关系
    - 建筑设计参数
    - 住宅单元、进深
    - 结构类型、施工方法、工期
    - 建筑材料
- 设计方案选优
  - 原则和内容
  - 多指标综合评分法优选设计方案
  - 静态评价法优选设计方案
  - 动态评价法优选设计方案
- 设计方案优化
  - 价值工程
    - 原理
      - 概念
      - 特点
      - 工作程序
    - 方法
      - 对象选择
      - 收集资料
      - 功能分析(核心)
      - 功能评价
      - 方案创新与评价
    - 优选设计方案
    - 优化设计方案
  - 实行限额设计
  - 推广标准化设计
- 设计概算和施工图预算的编制和审查
  - 设计概算的编制
    - 概念
    - 作用
    - 编制内容
    - 编制原则和依据
    - 编制方法
  - 设计概算审查
    - 内容
    - 步骤
    - 方法
  - 施工图预算的编制
    - 概念
    - 作用
    - 编制内容
    - 编制依据
    - 编制方法
  - 施工图预算审查
    - 内容
    - 步骤
    - 方法

习题

一、单选题

1. 设计阶段是决定建设工程价值和使用价值的(　　)阶段。

A. 主要　　B. 次要　　C. 一般　　D. 特殊

2. 价值工程中的总成本是指(　　)。

A. 生产成本　　B. 产品寿命周期成本

C. 使用成本　　D. 使用和维修成本

3. 价值工程的核心是(　　)。

A. 功能分析　　B. 成本分析　　C. 费用分析　　D. 价格分析

4. 限额设计目标是在初步设计前,根据已批准的(　　)确定的。

A. 可行性研究报告和概算　　B. 可行性研究报告的投资估算

C. 项目建议书和概算　　D. 项目建议书和投资估算

5. 设计深度不够时,对一般附属工程项目及投资比较小的项目可采用(　　)编制概算。

A. 概算定额法　　B. 概算指标法

C. 类似工程预算法　　D. 预算定额法

6. 下列不属于设计概算编制依据的审查范围的是(　　)。

A. 合理性　　B. 合法性　　C. 时效性　　D. 适用范围

7. 审查原批准的可行性研究报告时,对总概算投资超过批准的投资估算(　　)以上的应查明原因,重新上报审批。

A. 10%　　B. 15%　　C. 20%　　D. 25%

8. 采用扩大单价法编制预算时,套用预算定额单价后紧接着的步骤是(　　)。

A. 计算工程量　　B. 编制工料费用清单

C. 计算其他各项费用　　D. 预算人、材、机定额用量

9. 某市一栋普通办公楼为框架结构,面积为 3 000 m^2,建筑工程单方直接工程费为 400 元/m^2,其中毛石基础为 40 元/m^2,而今拟建一栋办公楼 4 000 m^2,采用钢筋混凝土结构,带形基础造价为 55 元/m^2,其他结构相同。该拟建新办公楼建筑工程直接工程费为(　　)元。

A. 220 000　　B. 1 660 000　　C. 380 000　　D. 1 600 000

10. 审查施工图预算的重点,应放在(　　)等方面。

A. 审查文件的组成　　B. 审查总设计图

C. 审查项目的三废处理　　D. 审查工程量预算是否正确

二、多选题

1. 关于设计阶段的特点描述正确的是(　　)。

A. 该阶段工作表现为创造性的脑力劳动

B. 设计阶段是决定建设工程价值和使用价值的特殊阶段

C. 设计阶段是影响建设工程投资的主要阶段

D. 设计工作需要反复协调

E. 设计质量对建设工程总体质量有决定性影响

2. 在价值工程活动中功能评价方法有(　　)。

A. 0-1 评分法　　B. 0-4 评分法　　C. 环比评分法
D. 因素分析法　　E. 目标成本法

3. 设计概算可分为(　　)3 级。
A. 单位工程概算　　B. 分部工程概算　　C. 分项工程概算
D. 单项工程综合概算　　E. 建设项目总概算

4. 总概算文件一般由(　　)组成。
A. 编制前言　　B. 编制说明　　C. 总概算表
D. 综合概算表　　E. 工程建设其他费用概算表

5. 采用重点抽查法审查施工图预算,其重点审查内容包括(　　)。
A. 工程量大或造价较高的工程　B. 结构复杂的工程　　C. 补充单位估价表
D. 直接费的计算　　E. 费用的计取及取费标准

6. 方案比选是一项复杂的工作,涉及的因素很多,一般要遵循的原则有(　　)。
A. 协调好技术先进性和经济合理性的关系
B. 考虑建设投资和运营费用的关系
C. 兼顾近期与远期的要求
D. 考虑社会平均水平与个别先进水平的统筹
E. 既要简明又要实用

7. 在设计阶段,对于建设项目进行局部的多方案比选,一般采用的方法包括(　　)。
A. 造价额度　　B. 运行费用　　C. 净现值法
D. 财务评价　　E. 净年值法

8. 施工图预算审查的方法有(　　)。
A. 全面审查法　　B. 重点抽查法　　C. 对比审查法
D. 系数估算审查法　　E. 联合会审法

9. 采用扩大单价法编制施工图预算造价时,应在汇总单位工程直接工程费的基础上,计算出直接费后,再加上(　　)。
A. 其他直接费　　B. 风险费　　C. 利润
D. 税金　　E. 间接费

10. 审查施工图预算,应重点关注(　　)。
A. 预算的编制深度是否适当
B. 预算单价套用是否正确
C. 设备材料预算价格取定是否合理
D. 费用标准是否符合现行规定
E. 技术经济指标是否合理

三、简答题

1. 设计方案选优的原则有哪些?
2. 运用多指标综合评分法和价值工程优化设计方案的步骤是什么?
3. 限额设计的目标和意义是什么?
4. 设计概算包括哪些内容?
5. 设计概算的编制方法有哪些?每种方法对应的步骤是什么?

6. 设计概算审查的内容和方法分别有哪些?
7. 施工图预算的编制方法和步骤有哪些?
8. 施工图预算审查的内容和方法分别有哪些?

第5章

建设项目招投标阶段工程造价控制

学习目标

了解建设项目招投标的概念。
了解建设项目招标的范围、方式和内容。
了解建设项目施工招标、投标的程序。
熟悉建设项目招标控制价的计价依据、编制方法、编制内容和审查内容。
熟悉建设项目投标报价的编制原则、计价依据、编制方法和编制内容。
掌握建设项目投标报价的控制方法。
掌握建设项目中标价控制方法。

教学要求

能力要求	知识要点	权重
熟悉招投标的概念	招投标的概念、 招投标的内容、 招投标的程序	0.1
会编制招标控制价	招标控制价的计价依据、 招标控制价的编制方法、 招标控制价的编制内容	0.2
会审查招标控制价	招标控制价的审查内容	0.1
会编制投标报价	投标报价的编制原则、 投标报价的计价依据、 投标报价的编制方法、 投标报价的编制内容	0.2
会控制投标报价	投标报价的控制方法	0.25
会控制中标价	中标价的控制方法	0.15

建设项目交易阶段一般指建设项目招投标阶段，涉及很多环节，每个环节对工程造价水平都产生较大的影响。交易阶段形成的招标公告、招标文件、工程量清单、招标控制价、投标书、中标通知书以及合同等，都是工程施工和竣工结算阶段造价管理的重要依据。

5.1 建设项目招投标概述

建设项目实行的招投标制度，是一种通过竞争择优选定建设项目的工程承包单位、勘察设计单位、施工单位、监理单位、设备制造供应单位等，达到保证工程质量、缩短建设周期、控制工程造价、提高投资效益的目的，由发包人与承包人通过招投标签订承包合同的经营制度。

5.1.1 建设项目招投标的概念

建设项目招标是指招标人在发包建设项目之前，依据法定程序，以公开招标或邀请招标方式，鼓励潜在的投标人依据招标文件参与竞争，通过评定，从中择优选定中标人的一种经济活动。

建设项目投标是工程招标的对称概念，指具有合法资格和能力的投标人，根据招标条件，在指定期限内填写标书，提出报价，并等候开标、能否中标决定的经济活动。

在市场经济条件下，招投标是一种市场竞争行为。招标人通过招标活动来选择条件优越者，使其力争用更优的技术、更佳的质量、更低的价格和更短的周期完成工程项目；投标人也通过这种方式选择项目和招标人，以使自己获得更丰厚的利润。

5.1.2 建设项目招投标的理论基础

建设工程招投标是运用于建设工程交易阶段的一种方式。它的特点是由固定买主设定以商品质量、价格、工期为主的标的，邀请若干卖主通过秘密报价竞标，由买主选择优胜者后，与其达成交易协议，签订工程承包合同，然后按合同实现标的。其理论是建立在竞争机制、供求机制和价格机制之上的。

1. 竞争机制

竞争机制是商品的普遍规律。竞争的结果是优胜劣汰。竞争机制不断促进企业经济效益的提高，从而推动本行业乃至整个社会生产力的不断发展。

招投标方式体现了商品供给者之间的竞争，即建筑市场主体的竞争。为了争夺和占领有限的市场容量，在竞争中处于不败之地，投标者从质量、价格、交货期限等方面提高自己的竞争能力，尽可能将其他投标者挤出市场。因而，这种竞争的实质是投标者之间经营实力、科学技术、商品质量、服务质量、经营思想、合理定价、投标策略等方面的竞争。

2. 供求机制

供求机制是市场经济的主要规律。供求规律在提高经济效益和保障社会生产平衡发展方面起到了积极作用。实行招投标制是利用供求规律解决建筑商品供求问题的一种方式。利用这种方式，必须建立供略大于求的买方市场，使建筑商品招标者在市场上处于有利地位，对商品或商品生产者有较充裕的选择范围。其特点表现为：招标者需要什么，投标者就生产什么；招标者需要多少，投标者就生产多少；招标者要求何种质量，投标者就按何种质量等级生产。

实行招投标制的买方市场，是招标者导向的市场。其主要表现为，商品的价格由市场价值决定。因而，投标者必须采用先进的技术、管理手段和管理方法，努力降低成本，以较低的报价中标，并能获得较好的经济效益。另外，在买方市场条件下，招标者对投标者有充分的选择余地，市场能为投标者提供广泛的需求信息，从而对投标者的经营活动起到了导向作用。

3. 价格机制

实行招投标制的建设工程，同样受到价格机制的影响。其表现为，以本行业的社会必要劳动量为指导，制定合理的招标控制价格，通过招标，选择报价合理、社会信誉高的投标者为中标单位，完成商品交易活动。由于价格竞争成为重要内容，因此，生产同种建筑产品的投标者，为了提高中标率，必然会自觉运用价值规律，使报价低而合理，以便取胜。

5.1.3 建设项目招标的范围

根据《中华人民共和国招标投标法》的规定，凡在中华人民共和国境内进行下列建设项目，包括项目的勘察、设计、施工、监理以及与工程建设有关的重要设备、材料等的采购，必须实行招标：

(1)大型基础设施、公用事业等关系社会公共利益、公众安全的项目。

(2)全部或部分使用国有资金投资或国家融资的项目。

(3)使用国际组织或者外国政府贷款、援助资金的项目。

5.1.4 建设项目招标的方式

建设项目招标一般采取公开招标和邀请招标两种方式进行。

1. 公开招标

1)概述

公开招标又称竞争性招标,是指招标人通过报刊、广播或电视等公共传播媒介介绍、发布招标公告或信息而进行招标,是一种无限制的竞争方式。优点是招标人有较大的选择范围,可在众多的投标人中选定报价合理、工期较短、信誉良好的承包商。

2)公开招标的程序

(1)申请批准招标。

(2)准备招标文件(包括编制招标控制价或标底)。

(3)发布招标公告。

(4)对报名的投标单位进行资格审查,待确定参加投标的单位后,发售招标文件,并收取投标保证金。

(5)组织投标单位勘查现场和对招标文件进行答疑。

(6)接受投标单位递送的标书。

(7)公开开标。

(8)由依法组建的评标委员会负责评标并推荐中标候选单位。

(9)确定中标单位和发出中标通知书,收回未中标单位领取的招标资料和图纸,退还投标保证金。

(10)与中标单位签订工程施工承包合同。

2. 邀请招标

1)概述

邀请招标又称为有限竞争性招标或选择性招标,是指由招标人以投标邀请书的方式邀请特定的法人或者其他组织投标。优点是可以缩短招标有效期,节约招标费用,提高投标人的中标机会;缺点是会排除许多更有竞争力的企业,中标价格也可能高于公开招标的价格。

2)邀请招标的程序

邀请招标的程序与公开招标的程序基本相同。

3)邀请招标的有关说明

(1)邀请招标的工程通常是保密工程或者有特殊要求的工程,或者属于规模小、内容简单的工程以及非政府投资工程。

(2)被邀请参加投标的施工企业不得少于 3 个。

(3)招标单位发出招标邀请书后,被邀请的施工企业也可以不参加投标;在施工企业收到投标邀请书后,招标单位不得以任何借口拒绝被邀请单位参加投标,因拒绝而延误被邀请单位投标的,招标单位应负包括经济赔偿等在内的一切责任。

5.1.5 建设项目的招标内容

建设项目的招标内容如图 5.1 所示。

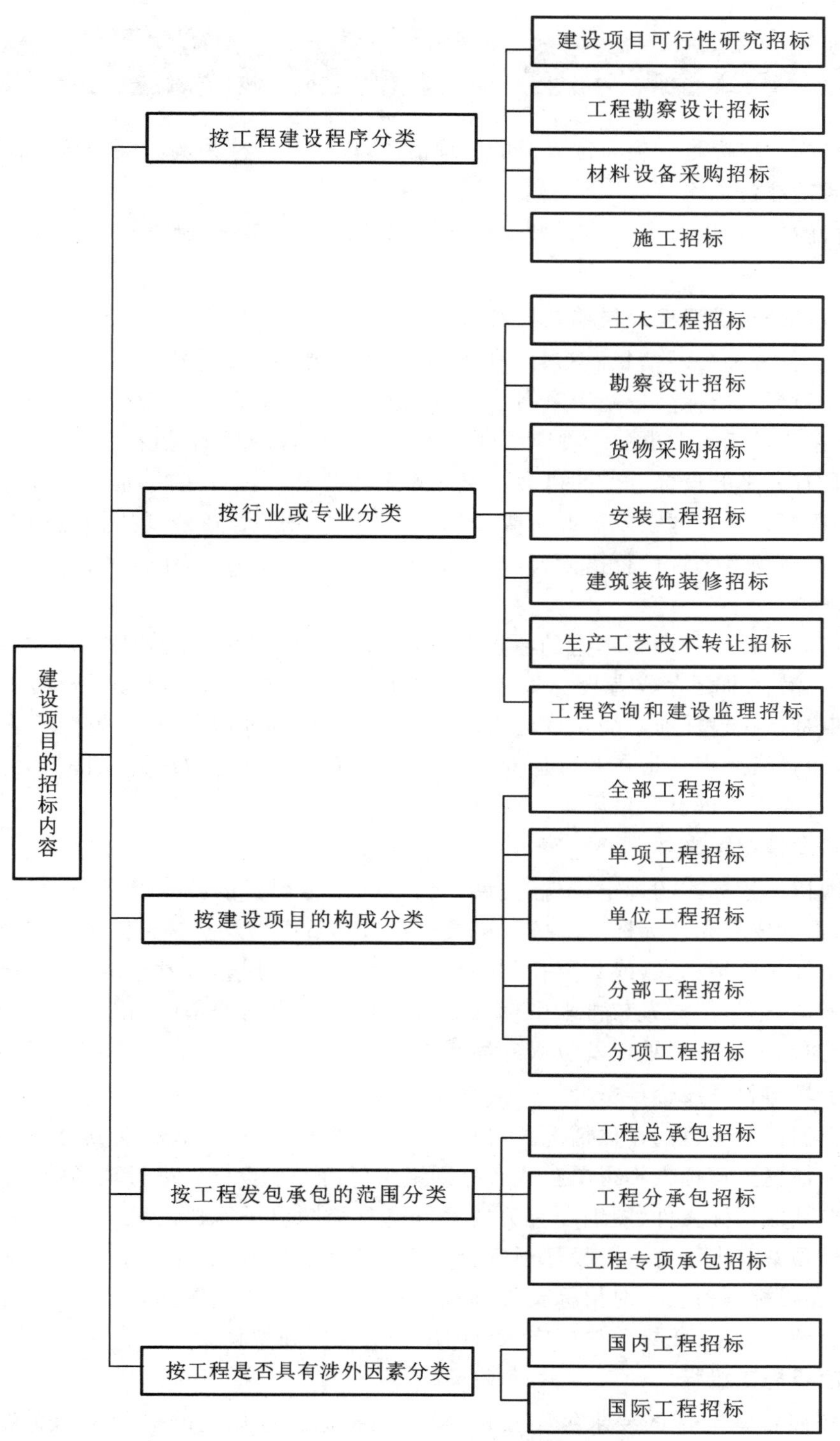

图5.1　建设项目的招标内容

5.1.6 建设项目施工招标程序

建设项目施工招标是一项非常规范的管理活动，以公开招标为例，一般应遵循以下流程。.

1. 招标活动准备工作

建设项目施工招标前，招标人应当进行办理有关的审批手续、确定招标方式以及划分标段等工作。

2. 资格预审公告或招标公告编制与发布

根据《招标公告和公示信息发布管理办法》(国家发展改革委令第 10 号，2018 年 1 月 1 日起施行)，招标公告是指采用公开招标方式的招标人(包括招标代理机构)向所有潜在的投标人发出的一种广泛的通告。招标公告的目的是使所有潜在的投标人都具有公平的投标竞争的机会。招标人采用公开招标方式的，应当发布招标公告。根据《标准施工招标文件》(国家发展改革委令第 56 号)的规定，若在公开招标过程中采用资格预审程序，可用资格预审公告代替招标公告，资格预审后不再单独发布招标公告。

3. 资格审查

招标人可以根据招标项目本身的特点和需要，要求潜在投标人或者投标人提供满足其资格要求的文件，对潜在投标人或者投标人进行资格审查。资格审查可以分为资格预审和资格后审。资格预审是指在投标前对潜在投标人的资质条件、业绩、信誉、技术、资金等多方面情况进行资格审查，而资格后审是指在开标后对投标人进行资格审查。除招标文件另有规定外，进行资格预审的，一般不再进行资格后审。

4. 编制和发售招标文件

按照我国招标投标法的规定，招标文件应当包括招标项目的技术要求、对投标人资格审查的标准、投标报价要求和评标标准等所有实质性要求和条件以及拟签合同的主要条款。建设项目施工招标文件是由招标人(或其委托的咨询机构)编制、由招标人发布的，既是投标单位编制投标文件的依据，也是招标人与将来中标人签订工程承包合同的基础，招标文件中提出的各项要求，对整个招标工作乃至承包发包双方都有约束力。

5. 踏勘现场与召开投标预备会

招标人根据招标项目的具体情况，可以组织投标人踏勘项目现场，向其介绍工程场地和相关环境的有关情况。招标人不得单独或者分别组织任何一个投标人进行现场踏勘。

投标人在领取招标文件、图纸和有关技术资料及踏勘现场后提出疑问的，招标人可通过书面形式或投标预备会进行解答。投标预备会在招标管理机构监督下，由招标单位组织并主持召开，招标单位在投标预备会上对招标文件和现场情况进行介绍或解释，并解答投标单位提出的疑问。在投标预备会上，招标单位还应该对图纸进行交底和解释。

6. 建设项目施工投标

投标人按照招标文件的要求编制投标文件，在招标文件规定的提交投标文件的截止时间前，将投标文件密封送达投标地点。招标人收到投标文件后，应当向投标人出具标明签收人和签收时间的凭证。在招标文件要求提交投标文件的截止时间后送达或未送达指定地点的投标文件，为无效的投标文件，招标人不予受理。

7. 评标工作

评标应由招标人依法组建的评标委员会负责，评标委员会职责是根据招标文件确定的标准和方法，对每一个投标人的标书进行评审和比较，以选出最优的投标人。评标工作一般分为开标和评标。

(1)开标。我国招标投标法规定，开标应当在招标文件确定的提交投标文件截止时间的同一时间公开进行。开标由招标人主持，并邀请所有投标人的法定代表人或其委托代理人准时参加。

(2)评标。评标活动遵循公平、公正、科学、择优的原则，招标人应当采取必要的措施，保证评标在严格保密的情况下进行。

招标人组建的评标委员会由招标人的代表及在专家库中随机抽取的技术、经济、法律等方面的专家组成，总人数一般为 5 人以上且总人数为单数，其中受聘的专家不得少于总人数的 2/3。与投标人有利害关系的人员不得进入评标委员会。

评标委员会按照招标文件的规定对投标文件进行评审和比较。除招标人授权直接确定中标人外，评标委员会按照经评审的价格由低到高的顺序推荐中标候选人。评标委员会完成评标后，应当向招标人提交书面评标报告，并抄送有关行政监督部门。评标报告由评标委员会全体成员签字。

某些省市为了更好地进行商务标的评审，先由招标代理公司的造价人员进行回标分析。回标分析一般是指在开标后、评标前对各家投标书的内容进行审查分析，其目的是保证投标文件能响应招标文件所要求的基本点以及行业相关规定，起到把关的作用。这一步如果做不好将会给评标和中标后的工作带来巨大的影响。商务标回标分析的内容包括对分部分项工程量清单报价的分析、对措施项目清单报价的分析和对其他项目清单报价的分析。

工程量清单计价模式下的回标分析一般是指，由招标人(或招标代理机构)把各投标单位的清单报价进行汇总分析，得出各项目的相对报价，依据工程量清单招标文件、招标方编制的招标控制价进行对比审查，对投标文件分析中发现的疑问和需要澄清、说明或补充的事项，要求有关投标人向评标委员会做出澄清、说明和补充，经评标委员会认可，“经评审的投标价”方可作为评标的依据。

8. 签订合同

除招标文件中特别规定并授权评标委员会直接确定中标人外，招标人依据评标委员会推荐的中标候选人确定中标人，评标委员会推荐中标候选人的人数应符合招标文件的要求，一般应当限定在 1～3 人，并标明排列顺序。

中标人确定后，招标人向中标人发出中标通知书，并同时将中标结果通知所有未中标的投标人。招标人和中标人应当自中标通知书发出之日起 30 天内，根据招标文件和中标人的投标文件订立书面合同。

5.1.7 建设项目施工投标程序

任何一个施工项目的投标报价都是一项复杂的系统工程，需要周密思考、统筹安排，并遵循一定的程序。

1. 通过资格预审及获取招标文件

在取得招标信息后，投标人首先要决定是否参加投标，如果确定参加投标，则要进行资格预审并获取招标文件。为了能顺利地通过资格预审，承包人申报资格预审时应当注意：

(1)平时对资格预审有关资料注意积累，随时存入计算机，经常整理，以备填写资格预审表格之用。

(2)填表时应重点突出，除满足资格预审要求外，还应适当地反映出本企业的技术管理水平、财务能力、施工经验和良好业绩。

(3)如果在资格预审准备中，发现本企业某些方面难以满足投标要求，则应考虑组成联合体参加资格预审。

2. 组织投标报价班子

组织一个专业水平高、经验丰富、精力充沛的投标报价班子是投标获得成功的基本保证。班子中应包括企业决策层人员、估价人员、工程计量人员、施工计划人员、采购人员、设备管理人员、工地管理人员等。

一般来说，班子成员可分为三个层次，即报价决策人员、报价分析人员及基础数据采集和配备人员。各层次成员之间应分工明确、通力合作配合，协调发挥各自的主动性、积极性和专长，完成既定投标报价工作。

另外，还要注意保持投标报价班子成员的相对稳定，以便积累经验，不断提高其素质和水平，提高报价工作效率。

3. 研究招标文件

投标人取得招标文件后，为保证工程量清单报价的合理性，应对投标人须知、合同、技术规范、图纸和工程量清单等重点内容进行分析，深刻而正确地理解招标文件和发包人的意图。

(1)投标人须知。投标人须知反映了招标人对投标的要求，在对其进行分析时特别要注意项目的资金来源、投标书的编制和递交、投标保证金、更改或备选方案、评标方法等，重点在于防止废标。

(2)合同。合同分析的内容包括合同背景分析、合同形式分析、合同条款分析、施工工期分析和发包人责任分析。

①合同背景分析。投标人有必要了解与自己承包的工程内容有关的合同背景，了解监理方式，了解合同的法律依据，为报价和合同实施及索赔提供依据。

②合同形式分析。主要分析承包方式(如分项承包、施工承包、设计与施工总承包或管理承包等)及计价方式(如固定合同价格、可调合同价格或成本加酬金确定的合同价格等)等。

③合同条款分析。主要包括承包商的任务、工作范围和责任，工程变更及相应的合同价款调整，付款方式、时间等。应注意合同条款中关于工程预付款、材料预付款的规定。根据这些规定和预计的施工进度计划，计算出占用资金的数额和时间，从而计算出需要支付的利息数额并计入投标报价。

④施工工期分析。合同条款中关于合同工期、竣工日期、部分工程分期交付工期等的规定，是投标人制订施工进度计划的依据，也是报价的重要依据。要注意合同条款中有无工期奖罚的规定，尽可能做到在工期符合要求的前提下使报价有竞争力，或在报价合理的前提下使工期有竞争力。

⑤发包人责任分析。投标人所制订的施工进度计划和做出的报价，都是以发包人履行责任

为前提的，所以应注意合同条款中关于发包人责任措辞的严密性，以及关于索赔的有关规定。

(3)技术规范。工程技术规范是按建设项目类型来描述工程技术和工艺内容特点，对设备、材料、施工和安装方法等提出的技术要求。有的技术规范是对工程质量检验、实验和验收规定方法和要求，它们与工程量清单中各子项工作密不可分，报价人员应在准确理解招标人要求的基础上对有关工程内容进行报价。任何忽视技术标准的报价都是不完整、不可靠的，有时可能导致工程承包重大失误和亏损。

(4)图纸。图纸是确定建设项目范围、内容和技术要求的重要文件，也是投标人确定施工方法等的主要依据。

图纸的详细程度取决于招标人提供的施工图设计所达到的深度和所采用的合同形式。详细的设计图纸可使投标人比较准确地估价，而不够详细的图纸则需要估价人员采用综合方法估价，其结果一般不很精确。

4. 工程现场调查

招标人在招标文件中一般会明确进行工程现场踏勘的时间和地点。投标人对一般区域进行调查时应重点注意以下几个方面：

(1)自然条件调查，如气象资料，水文资料，地震、洪水及其他自然灾害情况，地质情况等。

(2)施工条件调查，包括：工程现场的用地范围、地形、地物、高程，地上或地下障碍物，现场的“三通一平”情况；工程现场周围的道路、进出场条件、有无特殊交通限制；工程现场施工临时设施、大型施工机具、材料堆放场地安排的可能性，是否需要二次搬运；工程现场邻近建筑物与招标工程的间距、结构形式、基础埋深、新旧程度、高度；市政给水及污水、雨水排放管线位置、高程、管径、压力，废水、污水处理方式，市政、消防供水管道管径、压力、位置等；当地供电方式、方位、距离、电压等；当地煤气供应能力，管线位置、高程等；工程现场通信线路的连接和铺设；当地政府有关部门对施工现场管理的一般要求、特殊要求及规定，是否允许节假日和夜间施工等。

(3)其他条件调查。主要包括各种构件、半成品及商品混凝土的供应能力和价格，以及现场附近的生活设施、治安情况等。

5. 收集与分析投标信息

在投标竞争中，投标信息是一种非常宝贵的资源，正确、全面、可靠的投标信息对于投标决策起着至关重要的作用。投标信息包括影响投标决策的各种主观因素信息和客观因素信息。

(1)主观因素信息。主观因素信息包括以下内容：

①企业技术方面的实力，即投标人是否拥有各类专业技术人才、熟练工人、技术装备以及类似工程经验等，来解决工程施工中可能遇到的技术难题。

②企业经济方面的实力，包括垫付资金的能力、购买项目所需新的大型机械设备的能力、支付施工用款的周转资金的能力、支付各种担保费用以及办理纳税和保险的能力等。

③企业的管理水平，是指投标人是否拥有足够的管理人才、运转灵活的组织机构、各种完备的规章制度、完善的质量和进度保证体系等。

④企业的社会信誉。投标人拥有良好的信誉，是获取承包合同的重要因素，而社会信誉的建立不是一朝一夕的事，要靠平时优质按期完成建设项目而逐步建立。

(2)客观因素信息。客观因素信息包括以下内容：

①发包人和监理工程师的情况。主要是指发包人的合法地位、支付能力及履约信誉情况，

监理工程师处理问题的公正性、合理性、是否易于合作等。

②建设项目的社会环境。主要是国家的政治形势，如建筑市场是否繁荣，竞争激烈程度，与建筑市场或该项目有关的国家的政策、法令、法规、税收制度以及银行贷款利率等方面的情况。

③建设项目的自然条件，指项目所在地及其气候、水文、地质等影响项目进展和费用的因素。

④建设项目的社会经济条件，包括交通运输、原材料及构配件供应、工程款的支付、劳动力的供应等各方面条件。

⑤竞争环境，如竞争对手的数量，其实力与自身实力的对比，对方可能采取的竞争策略等。

⑥建设项目的难易程度，如工程的质量要求、施工工艺难度的高低，是否采用了新结构、新材料，是否有特种结构施工以及工期是否紧迫等。

6. 调查询价

投标报价之前，投标人必须通过各种渠道、采用各种手段对工程所需各种材料、设备等的价格、质量、供应时间、供应数量等进行系统全面的调查，同时还要了解分包项目的分包形式、分包范围、分包人报价、分包人履约能力及信誉等。

询价是投标报价的基础，其为投标报价提供可靠的依据。询价时要特别注意两个问题：一是产品质量必须可靠，并满足招标文件的有关规定；二是供货方式、时间、地点，有无附加条件和费用。

7. 复核工程量

在实行工程量清单计价的施工工程中，工程量清单应作为招标文件的组成部分，由招标人提供。工程量的多少是投标报价的最直接的依据。

复核工程量的准确程度，将从两方面影响承包人的经营行为：

(1)根据复核后的工程量与招标文件提供的工程量之间的差距，考虑相应的投标策略，决定报价尺度；

(2)根据工程量的大小采取合适的施工方法，选择适用、经济的施工机具设备，确定投入使用的劳动力数量等，从而影响到投标人的询价过程。

8. 制订项目管理规划

为规范建设工程项目管理程序和行为，提高工程项目管理水平，2017 年 5 月 4 日，住房和城乡建设部发布了最新国家标准《建设工程项目管理规范》，批准《建设工程项目管理规范》为国家标准，编号为 GB/T 50326—2017，自 2018 年 1 月 1 日起实施。原国家标准《建设工程项目管理规范》(GB/T 50326—2006)同时废止。新标准中规定的主要技术内容包括项目管理责任制度、项目范围管理、采购与投标管理、合同管理、设计与技术管理、进度管理、质量管理、成本管理、安全生产管理、绿色建造与环境管理、资源管理、信息与知识管理、沟通管理与协调、风险管理、收尾管理和管理绩效评价等。

投标人在进行投标报价前应根据相关规范制订项目管理规划。

9. 确定投标报价策略

承包人参加投标竞争，能否战胜对手而获得施工合同，在很大程度上取决于自身能否运用正确灵活的投标策略来指导投标全过程的活动。

正确的投标策略，来自实践经验的积累、对客观规律的不断深入认识以及对具体情况的了解。同时，决策者的能力和魄力也是不可缺少的。概括起来讲，投标策略可以归纳为四大要素，即“把握形势，以长胜短，掌握主动，随机应变”。

10. 编制投标报价

投标报价的编制主要是指投标人对承建项目所要发生的各种费用进行计算。作为投标计算的必要条件，施工方案和施工进度应预先确定，此外，投标计算还必须与采用的合同形式相协调。报价是投标的关键性工作，报价是否合理直接关系到投标的成败。

5.2 建设项目招标控制价的确定

5.2.1 招标控制价的概念

招标控制价是指招标人根据国家或省级建设行政主管部门颁发的有关计价依据和办法，依据拟订的招标文件和招标工程量清单，结合工程具体情况发布的招标工程的最高投标限价。

《中华人民共和国招标投标法》第二十二条第二款规定：“招标人设有标底的，标底必须保密。”《中华人民共和国招标投标法实施条例》中也有类似规定。招标人设有最高投标限价的，应当在招标文件中明确最高投标限价或者最高投标限价的计算方法。招标人不得规定最低投标限价。在实行工程量清单招标后，由于招标方式改变，标底保密这一法律规定已不能起到有效遏止哄抬标价的作用。为此，相关部门出台了控制最高限价的规定，将其命名为招标控制价，仅在名称上就有所不同，并要求在招标文件中将其公布。

《建设工程工程量清单计价规范》(GB 50500—2013)规定：

(1)国有资金投资的建设工程招标，招标人必须编制招标控制价。

(2)招标控制价应由具有编制能力的招标人或受其委托具有相应资质的工程造价咨询人编制和复核。

(3)工程造价咨询人接受招标人委托编制招标控制价，不得再就同一工程接受投标人委托编制投标报价。

(4)招标控制价应按照编制依据规定编制，不应上调或下浮。

(5)当招标控制价超过批准的概算时，招标人应将其报原概算审批部门审核。

(6)招标人应在发布招标文件时公布招标控制价，同时应将招标控制价及有关资料报送工程所在地或有该工程管辖权的行业管理部门工程造价管理机构备查。

5.2.2 招标控制价的计价依据

(1)《建设工程工程量清单计价规范》(GB 50500—2013)。

(2)国家或省级、行业建设主管部门颁发的计价定额和计价办法。

(3)建设工程设计文件及相关资料。

(4)招标文件中的工程量清单及有关要求。

(5)与建设项目相关的标准、规范、技术资料。

(6)施工现场情况、工程特点及常规施工方案。

(7)工程造价管理机构发布的工程造价信息;如果工程造价信息没有发布,则参照市场价。

(8)其他相关资料。

5.2.3 招标控制价的编制方法和计算步骤

1. 编制方法

招标控制价有传统定额计价和工程量清单计价两种计价模式。自《建设工程工程量清单计价规范》颁布后,我国建设项目计价应以工程量清单计价为主,但考虑定额计价在我国已经实行了几十年,虽然有其不适应的地方,但并不影响其计价的准确性,定额计价模式在一定时期内还有其发挥作用的市场。

2. 计算步骤

在工程量清单计价模式下,招标控制价的编制可按照下列步骤完成:

(1)根据工程量清单计价规范和工程实际情况,编写招标文件的清单计价说明和补充规定。

(2)根据施工图纸和工程量清单计价规范、清单计价说明和补充规定进行清单列项。

(3)根据施工图纸准确计算工程量。

(4)根据相应计价规定计算清单项目综合单价。

(5)根据清单的工程量及综合单价计算分部分项工程费、措施项目费和其他项目费,编制招标控制价。

5.2.4 招标控制价的编制内容

招标控制价的编制内容包括分部分项工程费、措施项目费、其他项目费、规费和税金,各个部分有不同的编制要求。

1. 分部分项工程费的编制要求

(1)分部分项工程的单价项目,应根据拟定的招标文件和招标工程量清单项目中的特征描述及有关要求确定的综合单价计算。

(2)采用的工程量应是招标工程量清单提供的工程量。

(3)综合单价应按《建设工程工程量清单计价规范》(GB 50500—2013)第 5.2.1 条规定的依据确定。

(4)招标文件提供了暂估单价的材料,应按招标文件确定的暂估单价计入综合单价。

(5)综合单价应当包括招标文件中招标人要求投标人所承担的风险内容及其范围(幅度)产生的风险费用。

2. 措施项目费的编制要求

(1)措施项目的单价项目,应根据拟定的招标文件和招标工程量清单项目中的特征描述及有关要求确定的综合单价计算。

(2)措施项目中的总价项目应根据拟定的招标文件和常规施工方案,按《建设工程工程量清单计价规范》(GB 50500—2013)的规定计价。

(3)措施项目中的安全文明施工费应当按照国家或省级、行业建设主管部门的规定标准计算。

3. 其他项目费的编制要求

(1)暂列金额。暂列金额应按招标工程量清单中列出的金额填写。

(2)暂估价。暂估价中的材料、工程设备单价、控制价应按招标工程量清单列出的单价计入综合单价;暂估价专业工程金额应按招标工程量清单中列出的金额填写。

(3)计日工。计日工中的人工单价和施工机械台班单价应按省级、行业建设主管部门或其授权的工程造价管理机构公布的单价计算;材料应按工程造价管理机构发布的工程造价信息中的材料单价计算,工程造价信息中未发布单价的材料,其价格应按市场调查确定的单价计算。

(4)总承包服务费。总承包服务费应按照省级或行业建设主管部门的规定计算。

4. 规费和税金的编制要求

规费和税金应按国家或省级、行业建设主管部门的规定计算。

5.2.5 招标控制价的审查

1. 概述

招标控制价的编制单位应当将其成果文件、编审依据文件、计算书等技术资料和其他相关材料按有关规定保管并归档备查。有些地区要求同时提供招标文件、设计概算批准文件和招标控制价编制人资质(格)证明等。招标人办理招标备案时,应将经备案的招标控制价与招标文件一并公布,招投标监督机构应对招标实施情况进行监督。

2. 招标控制价的审查内容

(1)工程量清单编制范围是否与招标文件规定范围一致,是否按招标文件(招标图纸)、清单规范、定额、造价文件等有关文件规定执行。

(2)工程量清单是否准确、齐全,有无漏项,清单项目特征描述是否清晰,是否与工程量清单计价说明及补充规定一致。

(3)工程量清单的数量是否准确。

(4)工程量清单的综合单价套用是否正确,人工、材料、机械台班的价格取定是否合理,规费、税金的费率及计价程序是否正确。

(5)措施项目费的列项和计算是否正确合理。

(6)现场因素费用、不可预见费(特殊情况)、对于采用固定价格的工程所测算的在施工周期内价格波动的风险系数等。

5.3 建设项目投标报价的确定

5.3.1 投标报价的概念

投标报价是在工程招标发包过程中，由投标人按照招标文件的要求和招标工程量清单，根据工程特点，并结合自身的施工技术、装备和管理水平，依据有关计价规定自主确定的工程造价，是投标人希望达成工程承包交易的期望价格，它不能高于招标人设定的最高投标限价，即招标控制价。

5.3.2 投标报价的编制原则

投标报价的编制过程应遵循以下原则：

(1)投标报价应由投标人或受其委托具有相应资质的工程造价咨询人编制。

(2)投标人应依据《建设工程工程量清单计价规范》(GB 50500—2013)的强制性规定自主确定投标报价。

(3)投标报价不得低于工程成本。

(4)投标人必须按招标工程量清单填报价格。项目编码、项目名称、项目特征、计量单位、工程量必须与招标工程量清单一致。

(5)投标人的投标报价高于招标控制价的应予废标。

5.3.3 投标报价的计价依据

(1)《建设工程工程量清单计价规范》(GB 50500—2013)。

(2)国家或省级、行业建设主管部门颁发的计价办法。

(3)企业定额，国家或省级、行业建设主管部门颁发的计价定额。

(4)招标文件、工程量清单及其补充通知、答疑纪要。

(5)建设工程设计文件及相关资料。

(6)施工现场情况、工程特点及拟定的投标施工组织设计或施工方案。

(7)与建设项目相关的标准、规范等技术资料。

(8)市场价格信息或工程造价管理机构发布的工程造价信息。

(9)其他相关资料。

5.3.4 投标报价的编制方法和计算步骤

1. 编制方法

投标报价的编制方法与招标控制价的编制方法基本相同。

2. 计算步骤

投标报价的编制可按照以下步骤进行：

(1)做好投标报价计算前的准备工作。在计算报价前首先要熟悉、研究招标文件，掌握市场信息，在广泛收集资料、了解竞争对手实力的基础上，确定计算报价的基本原则。另外，还应做好施工现场的实地勘察工作，因为不同的施工场地和环境，发生的费用也不同。

(2)计算或复核工程量。如果需要计算工程量，则应根据施工图、工程量计算规则认真、详尽地计算，并且要注意以下几点：

①在定额计价方式下，所划分的分部分项工程项目要与(概)预算定额中的项目一致。

②在工程量清单计价方式下，所划分的分部分项工程项目要与工程量清单计价规范中的项目一致。

③严格按设计图纸规定的数据和说明计算。

④计算的工程量要与拟定的施工方案相呼应。

⑤认真检查和复核，避免重算或漏算工程项目。

即使招标文件提供了工程量清单，也应根据施工图认真复核，以便发现问题后在投标书中说明。

(3)确定工程单价。在定额计价方式下，分项工程单价(基价)一般可以直接从计价定额、概算定额、单位估价表及单位估价汇总表中查得。但是，各施工企业为了增强其在投标中的竞争能力，可以根据本企业的劳动效率、技术水平、材料供应渠道、管理水平等状况自己编制分项工程综合单价表，为计算投标报价提供依据。

(4)计算人工费、材料费、施工机具使用费。在定额计价方式下，工程量乘以分项工程单价汇总成单位工程人工费、材料费、施工机具使用费。在工程量清单计价方式下，清单工程量乘以综合单价，然后汇总成分部分项工程量清单项目与计价表。

(5)计算企业管理费。在定额计价方式下，根据计算基数和规定的费率计算企业管理费。在工程量清单计价方式下，管理费、风险费已包括在综合单价内。

(6)计算利润。在定额计价方式下，根据计算基数和规定的费率计算利润。在工程量清单计价方式下，利润已包括在综合单价内。

(7)计算规费和税金。在定额计价方式下，根据计算基数、费率和有关规定计算规费和税金。在工程量清单计价方式下，应计算措施项目费、其他项目费、规费和税金。

(8)确定基础投标价和工程实际投标价。上述费用汇总后，就构成该工程的基础投标价，再运用投标策略，调整有关费用，确定工程实际投标价。

5.3.5 投标报价的编制内容

投标报价的编制内容包括分部分项工程量清单与计价表的编制、措施项目清单与计价表的编制、其他项目清单与计价表的编制、规费和税金项目清单与计价表的编制以及投标报价的汇总。

1. 分部分项工程量清单与计价表的编制

承包人投标报价的分部分项工程中的单价项目，应根据招标文件和招标工程量清单项目中的特征描述确定的综合单价计算。因此，确定综合单价是分部分项工程量清单与计价表编制过程中最主要的内容。

分部分项工程量清单综合单价中应包括招标文件中划分的应由投标人承担的风险范围及其费用，招标文件中没有明确的，应提请招标人明确。

1)确定分部分项工程综合单价时的注意事项

(1)以特征描述为确定依据。确定分部分项工程中的单价项目综合单价的重要依据之一是该清单项目的特征描述，投标人投标报价时应依据招标工程量清单项目的特征描述确定清单项目的综合单价。在招投标过程中，当招标工程量清单特征描述与设计图纸不符时，投标人应以招标工程量清单的项目特征描述为准，确定投标报价的综合单价。当施工过程中施工图纸或设计变更与招标工程量清单项目特征描述不一致时，发承包双方应按实际施工的项目特征依据合同约定重新确定综合单价。

(2)材料、工程设备暂估价处理。招标工程量清单中提供了暂估单价的材料、工程设备，按其暂估的单价计入综合单价。

(3)考虑合理的风险。招标文件中要求投标人承担的风险费用，投标人应在综合单价中给予考虑。在施工过程中，当出现的风险内容及其范围(幅度)在招标文件规定的范围内时，合同价款不做调整。

2)确定分部分项工程单价的步骤和方法

(1)确定计算基础。计算基础主要包括消耗量的指标和生产要素的单价。应根据本企业的实际消耗量水平，并结合拟定的施工方案确定完成清单项目需要消耗的各种人工、材料、机械台班的数量。计算时应采用企业定额，在没有企业定额或企业定额缺项时，可参照与本企业实际水平相近的国家、地区、行业定额，并通过调整来确定清单项目的人工、材料、机械台班的单位用量。各种人工、材料、机械台班的单价，则应根据询价的结果和市场行情综合确定。

(2)分析每一清单项目的工程内容。在招标文件提供的工程量清单中，招标人已对项目特征进行了准确、详细的描述，投标人根据这一描述，再结合施工现场情况和拟定的施工方案确定完成各清单项目实际应发生的工程内容，必要时可参照《建设工程工程量清单计价规范》(GB 50500—2013)中提供的工程内容。有些特殊的工程也可能出现规范列表之外的工程内容。

(3)计算工程内容的工程数量与清单单位含量。每一项工程内容都应根据所选定额的工程量计算规则计算其工程数量，当定额的工程量计算规则与清单的工程量计算规则相一致时，可直接以工程量清单中的工程量作为工程内容的工程数量。

当采用清单单位含量计算人工费、材料费、施工机具使用费时，还需要计算每一计量单位的清单项目所分摊的工程内容的工程数量，即清单单位含量，计算公式如下：

$$清单单位含量=\frac{某工程内容的定额工程量}{清单工程量}$$

(4)计算分部分项工程人工、材料、施工机具使用费。以完成每一计量单位的清单项目所需的人工、材料、施工机具用量为基础计算,公式如下:

$$\begin{matrix}每一计量单位清单项目\\某种资源的使用量\end{matrix}=\begin{matrix}该种资源的\\定额单位用量\end{matrix}\times\begin{matrix}相应定额条目的\\清单单位含量\end{matrix}$$

再根据预先确定的各种生产要素的单位价格可计算出每一计量单位清单项目的分部分项工程的人工费、材料费与施工机具使用费,公式如下:

$$人工费=\begin{matrix}完成单位清单项目\\所需人工的工日数量\end{matrix}\times日工资单价$$

$$材料费=\sum\begin{matrix}完成单位清单项目所需\\各种材料、半成品的数量\end{matrix}\times各种材料、半成品单价$$

$$施工机械使用费=\sum\begin{matrix}完成单位清单项目所需\\各种机械的台班数量\end{matrix}\times各种机械的台班单价$$

$$仪器仪表使用费=工程使用的仪器仪表摊销费+维修费$$

$$施工机具使用费=施工机械使用费+仪器仪表使用费$$

当招标人提供的其他项目清单中列示了材料暂估价时,应根据招标人提供的价格计算材料费,并在分部分项工程量清单与计价表中表现出来。

(5)管理费可以分部分项工程费或人工费或人工费与机械费之和为计算基数,取费计算得到。

(6)利润可以人工费或人工费与机械费之和为计算基数,其费率根据历年工程造价积累的资料并结合建筑市场实际确定,以单位(单项)工程测算,利润在税前建筑安装工程费的比重一般不低于5%且不高于7%。

(7)将上述费用汇总,并考虑合理的风险费用后,即可得到分部分项工程量清单综合单价。

根据计算出的综合单价,可编制分部分项工程量清单与计价表,样例如表5.1所示。

表5.1　分部分项工程量清单与计价表样例

工程名称:某住宅工程　　　　标段:　　　　第　页　共　页

序号	项目编码	项目名称	项目特征描述	计量单位	工程量	金额/元		
						综合单价	合价	其中:暂估价
		……						
		A.4混凝土及钢筋混凝土工程						
6	010403001001	基础梁	C30混凝土	m^3	208	356.14	74 077	
7	010416001001	现浇混凝土钢筋	螺纹钢Q235,直径为22 mm	t	98	5 857.16	574 002	490 000
		……						
		分部小计					2 532 419	490 000
合计							3 758 977	1 000 000

3)工程量清单综合单价分析表的编制

为表明分部分项工程量综合单价的合理性,投标人应对其进行分析,以作为评标时判断综合单价合理性的主要依据。

综合单价分析表的编制应反映出上述综合单价的编制过程,并按照规定的格式进行,样例如表 5.2 所示。

表 5.2 工程量清单综合单价分析表样例

工程名称:某住宅工程　　　　标段:　　　　第　页　共　页

<table>
<tr><td>项目编码</td><td colspan="2">010501001001</td><td colspan="2">项目名称</td><td colspan="2">混凝土垫层</td><td colspan="2">工程数量</td><td>11.42</td><td>计量单位</td><td>m^3</td></tr>
<tr><td colspan="12">清单综合单价组成明细</td></tr>
<tr><td rowspan="2">定额编号</td><td rowspan="2">定额名称</td><td rowspan="2">定额单位</td><td rowspan="2">数量</td><td colspan="4">单价/元</td><td colspan="4">合价/元</td></tr>
<tr><td>人工费</td><td>材料费</td><td>机械费</td><td>管理费和利润</td><td>人工费</td><td>材料费</td><td>机械费</td><td>管理费和利润</td></tr>
<tr><td>01-5-1-1</td><td>混凝土垫层</td><td>m^3</td><td>1</td><td>68.05</td><td>455.4</td><td>0.62</td><td>27.22</td><td>68.05</td><td>455.4</td><td>0.62</td><td>27.22</td></tr>
<tr><td></td><td></td><td></td><td></td><td></td><td></td><td></td><td></td><td></td><td></td><td></td><td></td></tr>
<tr><td colspan="2">人工单价/(元/工日)</td><td colspan="6">小计</td><td>68.05</td><td>455.4</td><td>0.62</td><td>27.22</td></tr>
<tr><td colspan="2"></td><td colspan="6">清单项目综合单价</td><td colspan="4">551.29 元/m^3</td></tr>
<tr><td rowspan="5">材料费明细</td><td colspan="6">主要材料名称、规格、型号</td><td>单位</td><td>数量</td><td>单价/元</td><td colspan="2">合价/元</td></tr>
<tr><td colspan="6">预拌混凝土 C20</td><td>m^3</td><td>1.010</td><td>450</td><td colspan="2">454.5</td></tr>
<tr><td colspan="6">水</td><td>m^3</td><td>0.320 9</td><td>2.8</td><td colspan="2">0.9</td></tr>
<tr><td colspan="8">其他材料费</td><td>—</td><td colspan="2"></td></tr>
<tr><td colspan="8">材料费小计</td><td>—</td><td colspan="2">455.4</td></tr>
</table>

2. 措施项目清单与计价表的编制

1)概述

编制内容主要是计算各项措施项目费。对于措施项目费,投标人应根据招标文件中的措施项目清单及投标时拟定的施工组织设计或施工方案按不同报价方式自主报价。

2)编制原则

(1)措施项目中的单价项目,应根据招标文件和招标工程量清单项目中的特征描述确定的综合单价计算。

(2)措施项目中的总价项目金额应根据招标文件及投标时拟定的施工组织设计或施工方案,按《建设工程工程量清单计价规范》(GB 50500—2013)的有关规定自主确定。

(3)措施项目中的总价项目应根据拟定的招标文件和常规施工方案按《建设工程工程量清单计价规范》(GB 50500—2013)的有关规定计价。

(4)措施项目中的安全文明施工费应按照国家或省级、行业建设主管部门的规定计算确定。

3. 其他项目清单与计价表的编制

1)概述

其他项目费主要包括暂列金额、暂估价、计日工以及总承包服务费。

2)编制原则

(1)暂列金额应按照其他项目清单中列出的金额填写,不得变动。

(2)暂估价不得变动和更改。

(3)计日工应由投标人按照其他项目清单列出的项目和估算的数量,自主确定各项综合单价并计算费用。

(4)总承包服务费应由投标人根据招标人在招标文件中列出的分包专业工程内容和供应材料、设备情况,按照招标人提出的协调、配合与服务要求和施工现场管理需要自主确定。

4. 规费、税金项目清单与计价表的编制

规费和税金应按国家或省级、行业建设主管部门的规定计算,不得作为竞争性费用。这是由于规费和税金的计取标准是依据有关法律、法规和政策规定制定的,具有强制性。投标人在投标报价时必须按照国家或省级、行业建设主管部门的有关规定计算规费和税金。

5. 投标报价的汇总

投标人的投标总价应当与组成工程量清单的分部分项工程费、措施项目费、其他项目费和规费、税金的合计金额相一致,即投标人在进行工程量清单招标工程的投标报价时,不能进行投标总价优惠(或降价、让利),投标人对投标报价的任何优惠(或降价、让利)均应反映在相应清单项目的综合单价中。

5.4 建设项目投标报价控制方法

合理控制投标报价是投标人在投标竞争中的系统工作部署及其参与投标竞争的方式和手段。投标报价的控制作为投标取胜的方式、手段和艺术,贯穿于投标竞争的始终,内容十分丰富。

5.4.1 根据招标项目的不同特点采用不同的报价

投标报价时,既要考虑自身的优势和劣势,也要分析招标项目的特点,按照建设项目的不同特点、类别、施工条件等来选择报价策略。

1. 报高价的情况

(1)施工条件差的工程、专业要求高的技术密集型工程,而投标人在这方面又有专长、声望。

(2)总价低的小工程,以及投标人自己不愿做又不方便不投标的工程。

(3)特殊的工程,如港口码头、地下开挖工程等。

(4)工期要求急的工程。

(5)投标对手少的工程。

(6)支付条件不理想的工程。

2. 报低价的情况

(1)施工条件好的工程。

(2)工作简单、工程量大而其他投标人都可以做的工程。

(3)投标人目前急于打入某一市场、某一地区,或在该地区有其他工程结束,机械设备等无工地转移时的工程。

(4)投标人在附近有工程,而又可利用该附近工程的设备、劳务,或有条件短期内突击完成的工程。

(5)投标对手多、竞争激烈的工程。

(6)非急需工程。

(7)支付条件好的工程。

5.4.2 用企业定额确定工程消耗量

1. 概述

目前,一般以预算定额的消耗量作为投标报价的计算依据。如果采用比预算定额水平更高的企业定额来编制报价,就能有根据地降低工程成本,编制出合理的工程报价。

施工企业内部使用的定额,称为施工定额。施工定额是企业根据自身的生产力水平和管理水平制订的内部定额。显然,为了能使施工定额从客观上起到提高劳动生产率和管理水平的作用,其定额水平必然要高于预算定额。

我们知道,预算定额可用来确定建筑产品价格。建筑产品也是商品,按照马克思主义政治经济学劳动价值论的有关理论,商品的价值是由生产这个商品的社会必要劳动时间确定的,因此,预算定额的水平定格在平均先进水平上。很明显,施工企业应该编制出劳动效率高、消耗量小的施工定额用于企业管理的基础工作,并促使企业内部通过技术革新、采用新材料、采用新工艺及新的操作方法,努力降低成本,不断降低各种消耗,使自己处于低报价而又有较好收益的有利地位。所以,使用针对各企业实际情况编制的施工定额(即企业定额),无疑是控制工程报价的有效手段。

用企业定额编制工程报价应完成两个阶段的工作:一是不断编制和修订企业定额;二是根据企业定额计算工程消耗量。

2. 报价计算中企业定额与预算定额的对比分析

企业定额反映了本企业的技术和管理水平,采用该定额确定消耗量、计算投标报价,不仅可以使企业生产成本低于行业平均成本,还能使企业在投标中处于价格优势地位。

5.4.3 不平衡报价法

1. 概述

不平衡报价是指一个工程项目总报价基本确定后,通过调整内部各个项目的报价,达到既不提高总报价、不影响中标，又能在结算时得到更理想的经济效益的目的。

2. 不平衡报价的原则

不平衡报价总的原则是保持正常报价的总额不变，而人为地调整某些项目的工程单价。

(1)能够早日结算的项目(如前期措施、基础工程、土石方工程等)可以适当提高报价，以利资金周转，提高资金时间价值。后期工程项目(如设备安装、装饰工程等)的报价可适当降低。

(2)经过工程量复核，对预计今后工程量会增加的项目，单价适当提高，这样在最终结算时可多盈利；而对将来工程量有可能减少的项目，单价适当降低，这样在工程结算时可减少损失。但是，上述两种情况要统筹考虑、具体分析后再定。

(3)设计图纸不明确、估计修改后工程量要增加的，可以适当提高单价；而工程内容说明不清楚的，则可以适当降低单价，在工程实施阶段进行索赔时再寻求提高单价的机会。

(4)暂定项目又叫任意项目或选择项目，对这类项目要进行具体分析，因这类项目要开工后由发包人研究决定是否实施，以及由哪一家投标人实施。如果工程不分标，不会另由一家投标人施工，则其中肯定要施工的单价可适当提高，而不一定要施工的单价可适当降低。如果工程分标，该暂定项目也可能由其他投标人施工，则不宜报高价，以免抬高总报价。

(5)在单价与包干混合制合同中，招标人要求有些项目采用包干报价时，宜报高价。一则这类项目多半有风险，二则这类项目在完成后可全部按报价结算，其余单价项目则可适当降低报价。

(6)有时招标文件要求投标人对工程量大的项目报综合单价分析表，投标时可将单价分析表中的人工费及机械设备费报得较高，而材料费报得较低。这主要是为了在今后补充项目报价时，可以参考选用综合单价分析表中较高的人工费和机械费，而材料往往采用市场价，因而可获得较高的收益。

3. 不平衡报价的数学模型

假设在工程量清单中存在 x 个分项工程可以进行不平衡报价，其工程量为 $A_1,A_2,A_3,\cdots,A_x$，正常报价为 $V_1,V_2,V_3,\cdots,V_x$；在工程量清单中存在 m 个分项工程可以调增工程单价，其工程量为 $B_1,B_2,B_3,\cdots,B_m$，工程单价经不平衡报价调增为 $P_1,P_2,P_3,\cdots,P_m$；在工程量清单中存在 n 个分项工程可以调减工程单价，其工程量为 $C_1,C_2,C_3,\cdots,C_n$，工程单价经不平衡报价调减为 $Q_1,Q_2,Q_3,\cdots,Q_n$，则不平衡报价的数学模型如下：

$$\sum_{i=1}^{x}(A_i \times V_i)=\sum_{i=1}^{m}(B_i \times P_i)+\sum_{i=1}^{n}(C_i \times Q_i)$$

4. 不平衡报价的计算方法与步骤

(1)分析工程量清单，确定调增工程单价的分项工程项目。例如，根据某招标工程的工程量清单，将早期完成的基础垫层、混凝土满堂基础、混凝土挖孔桩的工程单价适当提高，将清单中工程量少算的外墙花岗岩贴面、不锈钢门安装的工程单价适当提高。

(2)分析工程量清单，确定调减工程单价的分项工程项目。例如，根据某招标工程的工程量清单，将后期完成的混合砂浆抹内墙面、混合砂浆抹顶棚、塑钢窗、屋面保温层的工程单价适当降低，将清单中工程量多算的铝合金卷帘门的工程单价适当降低。

(3)根据不平衡报价的数学模型，用不平衡报价计算分析表计算。不平衡报价计算分析表样例如表 5.3 所示。

表 5.3 不平衡报价计算分析表样例

序号	项目名称	单位	平衡报价			不平衡报价			差额/元
			工程量	工程单价/元	合价/元	工程量	工程单价/元	合价/元	
1	C15 混凝土挖孔桩护壁	m^3	303.60	272.63	82 770.47	303.60	299.89	91 046.60	8 276.13
2	C20 挖孔桩桩芯	m^3	1 079.90	194.61	210 159.34	1 079.90	214.07	231 174.19	21 014.85
3	C10 混凝土基础垫层	m^3	139.69	169.20	23 635.55	139.69	186.12	25 999.10	2 363.55
4	C20 混凝土满堂基础	m^3	2 016.81	196.64	396 585.52	2 016.81	216.30	436 236.00	39 650.48
5	不锈钢门安装	m^2	265.72	237.47	63 100.53	265.72	293.70	78 040.83	14 940.30
6	花岗石贴外墙面	m^2	77.35	377.00	29 160.95	77.35	816.76	63 176.39	34 015.44
7	混合砂浆抹内墙面	m^2	13 685.00	6.71	91 826.35	13 685.00	5.21	71 298.85	－20 527.50
8	混合砂浆抹顶棚	m^2	8 016.00	6.01	48 176.16	8 016.00	4.32	34 629.12	－13 547.04
9	铝塑钢材安装	m^2	981.00	216.00	211 896.00	981.00	160.00	156 960.00	－54 936.00
10	屋面珍珠岩混凝土保温层	m^3	285.41	212.46	60 638.21	285.41	150.00	42 811.50	－17 826.71
11	铝合金卷帘门	m^2	235.50	185.00	43 567.50	235.50	128.00	30 144.00	－13 423.50
	小计				1 261 516.58			1 261 516.58	0

【例 5.1】 某承包商参与某高层商用办公楼土建工程的投标(安装工程由业主另行招标)。为了既不影响中标,又能在中标后取得较好的收益,决定采用不平衡报价法对原估价做适当调整,如表 5.4 所示。

表 5.4 某投标工程调整前和调整后的投标报价(单位:万元)

项目	桩基围护工程	主体结构工程	装饰工程	总价
调整前(投标估价)	1 480	6 600	7 200	15 280
调整后(正式报价)	1 600	7 200	6 480	15 280

现假设桩基围护工程、主体结构工程、装饰工程的工期分别为 4 个月、12 个月、8 个月,贷款月利率为 1%,并假设各分部工程每月完成的工作量相同且能按月度及时收到工程款(不考虑工程款结算所需要的时间)。试计算,采用不平衡报价法后,该承包商所得工程款的现值比原估价增加多少(以开工日期为折现点)?

【解】 (1)计算单价调整前的工程款现值:

桩基围护工程每月工程款＝1 480 万元÷4＝370 万元

主体结构工程每月工程款＝6 600 万元÷12＝550 万元

装饰工程每月工程款＝7 200 万元÷8＝900 万元

单价调整前的工程款现值＝370 万元×$(P/A,1\%,4)$＋550 万元×$(P/A,1\%,12)(P/F,1\%,4)$＋900 万元×$(P/A,1\%,8)(P/F,1\%,16)$

＝13 265.45 万元

(2)计算单价调整后的工程款现值：

桩基围护工程每月工程款=1 600 万元÷4=400 万元

主体结构工程每月工程款=7 200 万元÷12=600 万元

装饰工程每月工程款=6 480 万元÷8=810 万元

单价调整后的工程款现值=400 万元×$(P/A,1\%,4)$+600 万元×$(P/A,1\%,12)(P/F,1\%,4)$

+810 万元×$(P/A,1\%,8)(P/F,1\%,16)$

=13 336.04 万元

(3)两者的差额=13 336.04 万元−13 265.45 万元=70.59 万元。

所以采用不平衡报价法后，该承包商所得工程款的现值比原估价增加 70.59 万元。

5.4.4 相似程度估算法

相似程度估算法是指利用已办竣工结算的资料估算投标工程造价的方法。

1. 相似程度估算法的适用范围

(1)工程报价的时间紧迫。

(2)定额缺项较多。

(3)为建筑装饰工程。

2. 相似程度估算法的计算思路

在一定地区的一定时期内，同类建筑或装饰工程在建筑物层高、开间、进深等方面具有一定的相似性，在建筑物的结构类型、各部位的材料使用及装饰方案上具有一定的可比性，因此，可以采用已完同类工程的结算资料，通过相似程度系数计算的方法来确定投标工程报价。

3. 采用相似程度估算法的基本条件

(1)投标工程要与类似工程的结构类型基本相同。

(2)投标工程要与类似工程的施工方案基本相同。

(3)投标工程要与类似工程的装饰材料基本相同。

(4)投标工程的建筑面积、层高、进深、开间等特征要素应与类似工程基本相同。

(5)投标工程的施工工期与类似工程基本相同。

4. 相似程度估算法的计算公式

用相似程度估算法确定工程报价的计算公式如下：

$$\text{投标工程估算造价}=\begin{matrix}\text{投标工程}\\\text{建筑面积}\end{matrix}\times\begin{matrix}\text{类似工程}\\\text{每平方米造价}\end{matrix}\times\begin{matrix}\text{投标工程}\\\text{相似程度系数}\end{matrix}$$

$$\begin{matrix}\text{投标工程}\\\text{相似程度系数}\end{matrix}=\sum\left(\begin{matrix}\text{类似工程的分部工程}\\\text{造价占总造价的百分比}\end{matrix}\times\begin{matrix}\text{投标工程的分部工程}\\\text{造价相似程度百分比}\end{matrix}\right)$$

$$\begin{matrix}\text{类似工程的分部工程}\\\text{造价占总造价的百分比}\end{matrix}=\frac{\text{类似工程的分部工程造价}}{\text{类似工程总造价}}\times 100\%$$

$$\frac{\text{投标工程的分部工程}}{\text{造价相似程度百分比}}=\frac{\text{投标工程主要材料单价}}{\text{类似工程主要材料单价}}\times 100\%$$

$$=\frac{\text{投标工程的分部工程主要项目定额基价}}{\text{类似工程的分部工程主要项目定额基价}}\times 100\%$$

【例 5.2】 根据表 5.5 中类似住宅装饰工程和投标住宅装饰工程的有关资料，估算投标住宅装饰工程造价。

表 5.5 住宅装饰工程有关资料汇总表

工程对象	每平方米造价/元	建筑面积/m^2	主房间开间/m	主房间进深/m	层高/m	地面装饰材料单价/(元/m^2)	顶棚装饰材料单价/(元/m^2)	墙面装饰材料单价/(元/m^2)	灯饰价格/(元/套)	卫生器具价格/(元/户)
类似工程	346	2 000	3.90	5.10	3.10	30	34.87	48	800	5 000
投标工程		2 300	3.60	4.80	3.00	36	59.03	51	750	5 200
类似工程分部工程造价占总造价百分比/(%)						22	30	24	10	14

【解】 (1)计算投标工程与类似工程相似程度百分比：

$$\text{地面装饰分部工程相似程度百分比}=\frac{\text{投标工程地面装饰材料单价}}{\text{类似工程地面装饰材料单价}}\times 100\%=\frac{36\text{ 元}/m^2}{30\text{ 元}/m^2}\times 100\%=120\%$$

$$\text{顶棚装饰分部工程相似程度百分比}=\frac{\text{投标工程顶棚装饰材料单价}}{\text{类似工程顶棚装饰材料单价}}\times 100\%=\frac{59.03\text{ 元}/m^2}{34.87\text{ 元}/m^2}\times 100\%=169\%$$

$$\text{墙面装饰分部工程相似程度百分比}=\frac{\text{投标工程墙面装饰材料单价}}{\text{类似工程墙面装饰材料单价}}\times 100\%=\frac{51\text{ 元}/m^2}{48\text{ 元}/m^2}\times 100\%=106\%$$

$$\text{灯饰分部工程相似程度百分比}=\frac{\text{投标工程每套灯具估算费用}}{\text{类似工程每套灯具结算费用}}\times 100\%=\frac{750\text{ 元}}{800\text{ 元}}\times 100\%=94\%$$

$$\text{卫生器具分部工程相似程度百分比}=\frac{\text{投标工程每户卫生器具估算费用}}{\text{类似工程每户卫生器具结算费用}}\times 100\%=\frac{5\,200\text{ 元}}{5\,000\text{ 元}}\times 100\%=104\%$$

(2)计算投标工程相似程度系数，如表 5.6 所示。

表 5.6 投标工程相似程度系数计算表

分部工程名称①	类似工程各分部工程造价占总造价百分比/(%)②	投标工程各分部工程相似程度百分比/(%)③	投标工程相似程度系数④=②×③
地面装饰	22	120	0.264 0
顶棚装饰	30	169	0.507 0
墙面装饰	24	106	0.254 4
灯饰	10	94	0.094 0
卫生器具	14	104	0.145 6
小计	100	—	1.265 0

(3)计算投标工程估算造价：

$$投标工程估算造价=2\ 300\ m^2\times 346\ 元/m^2\times 1.265\ 0=1\ 006\ 687.00\ 元$$

5.4.5 用决策树法确定投标项目

1. 概述

施工企业在投标过程中，不可能也没有必要对每一个招标项目都花大量的精力准备投标，一般选择部分有把握的项目精心准备投标，确保投标项目的中标率。在选择投标项目时，可采用决策树法进行筛选，选择中标概率较大的项目进行投标。

2. 用决策树法确定投标项目的步骤

(1)列出准备投标的项目，分析各投标项目的投标策略，绘制出决策树。

(2)从右到左计算各机会点上的期望值。

(3)在同一时间点上，对所有投标项目的各投标策略方案进行比较，选择期望值最大的方案作为重点投标项目的最佳投标策略方案。

【例 5.3】 某承包商面临 A、B 两项工程投标，因受本单位资源条件限制，只能选择其中一项工程投标，或者两项工程均不投标。根据过去类似工程投标的经验数据，A 工程投高标的中标概率为 0.3，投低标的中标概率为 0.6，编制投标文件的费用为 3 万元；B 工程投高标的中标概率为 0.4，投低标的中标概率为 0.7，编制投标文件的费用为 2 万元。各方案承包的效果、概率及损益情况如表 5.7 所示。运用决策树法进行投标项目及投标方案选择。

表 5.7　各方案承包的效果、概率及损益情况

方　　案	效　　果	概　　率	损益值/万元
投 A 高标	好	0.3	150
	中	0.5	100
	差	0.2	50
投 A 低标	好	0.2	110
	中	0.7	60
	差	0.1	0
投 B 高标	好	0.4	110
	中	0.5	70
	差	0.1	30
投 B 低标	好	0.2	70
	中	0.5	30
	差	0.3	−10
不投标			0

【解】 (1)画决策树，标明各方案的概率和损益值。

(2)计算各机会点的期望值。

点 6：150 万元×0.3＋100 万元×0.5＋50 万元×0.2＝105 万元。

点 7：110 万元×0.2＋60 万元×0.7＋0×0.1＝64 万元。

点 8：110 万元×0.4＋70 万元×0.5＋30 万元×0.1＝82 万元。

点 9：70 万元×0.2＋30 万元×0.5－10 万元×0.3＝26 万元。

点 1：105 万元×0.3－3 万元×0.7＝29.4 万元。

点 2：64 万元×0.6－3 万元×0.4＝37.2 万元。

点 3：82 万元×0.4－2 万元×0.6＝31.6 万元。

点 4：26 万元×0.7－2 万元×0.3＝17.6 万元。

点 5：0。

将各期望值在决策树上标示，如图 5.2 所示。

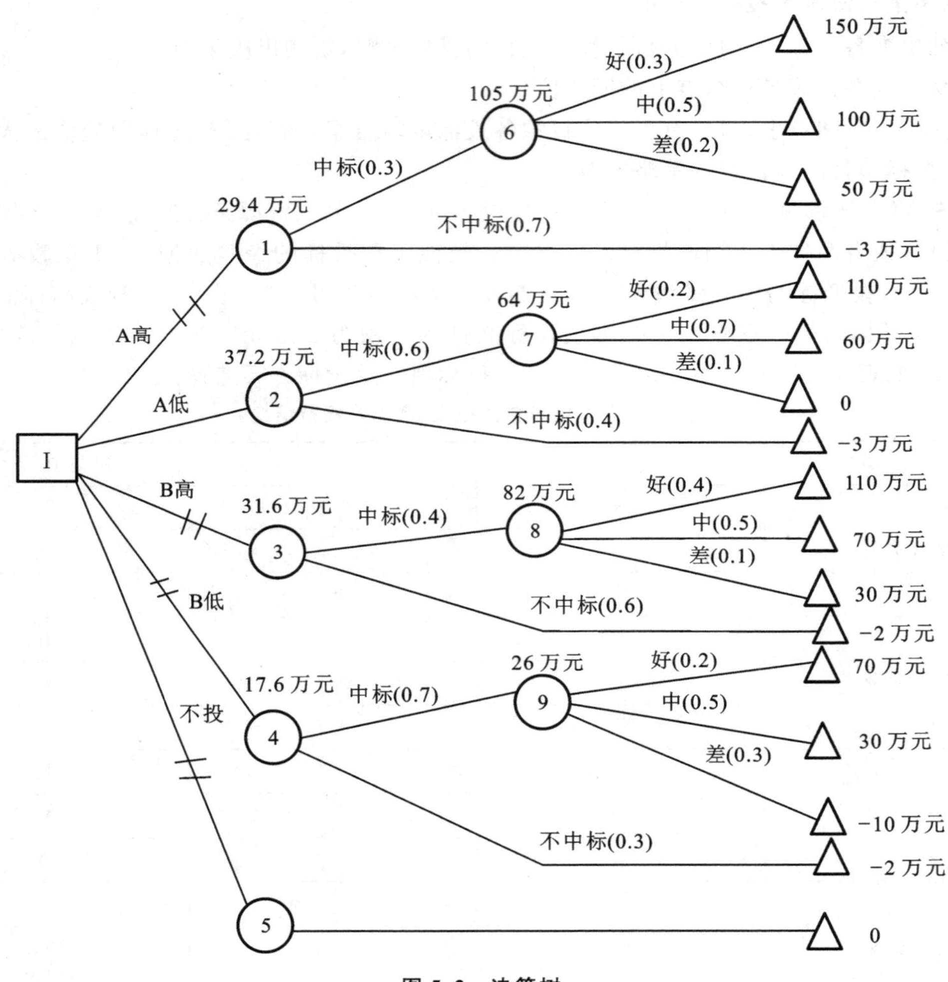

图 5.2　决策树

(3)因为点 2 的期望值最大，所以应投 A 工程低标。

5.5 建设项目中标价控制方法

招投标的实质就是价格竞争,价格是作为招投标的核心而存在的,因此,有效控制招投标中的中标价,可以避免中标价的不合理,从而使建筑市场进入有序竞争和健康、持续发展的轨道,以利我国经济建设。

建设项目中标价控制方法主要有经评审的最低投标价法和综合评估法。

5.5.1 经评审的最低投标价法

1. 概述

经评审的最低投标价法是指评标委员会对满足招标文件实质要求的投标文件,根据详细评审标准规定的量化因素及量化标准进行价格折算,按照经评审的投标价由低到高的顺序推荐中标候选人。经评审的投标价相等时,投标报价低的优先;投标报价也相等的,由招标人自行确定。

2. 适用范围

按照《评标委员会和评标方法暂行规定》的规定,经评审的最低投标价法一般适用于具有通用技术、性能标准或招标人对其技术、性能没有特殊要求的招标项目,也就是说,该方法主要用于商务标的评审。

3. 评审标准及规定

采用经评审的最低投标价法的,评标委员会应当根据招标文件中规定的量化因素和标准进行价格折算,对所有投标人的投标报价以及投标文件的商务部分做必要的价格调整。根据《标准施工招标文件》的规定,主要的量化因素包括单价遗漏和付款条件等,招标人可以根据项目具体特点和实际需要,进一步删减、补充或细化量化因素和标准。

另外,如果世界银行贷款项目采用此种方法,通常考虑的量化因素和标准包括:一定条件下的优惠(借款国国内投标人有7.5%的评标优惠);工期提前的效益对报价的修正;同时投多个标段的评标修正等。所有的这些修正因素都应当在招标文件中有明确的规定。同时投多个标段的评标修正,一般的做法是,如果投标人的某一个标段已被确定为中标,则在其他标段的评标中按照招标文件规定的百分比(通常为4%)乘以报价额后,在评标价中扣减此值。

根据经评审的最低投标价法步骤完成详细评审后,评标委员会应当拟定一份价格比较一览表,连同书面评标报告提交招标单位。价格比较一览表应当载明投标单位的投标报价、对商务偏差的价格调整和说明以及已评审的最终投标价。

【例5.4】 某建设单位对拟建项目进行公开招标,现有6个单位通过资格预审、领取招标文件、编写投标文件并在规定时间内向招标方递交了投标文件。各投标单位投标文件的报价和工期如表5.8所示。

表 5.8 各投标单位投标文件的报价和工期

投标人	A	B	C	D	E	F
投标报价/万元	3 684.3	3 000	2 760	2 700	3 100	2 807.5
计划工期/月	12	14	15	14	12	12

招标文件中规定：

(1)项目计划工期为 15 个月，投标人实际工期比计划工期减少 1 个月，则在其投标报价中减少 50 万元(不考虑资金时间价值条件下)。

(2)该项目招标控制价为 3 500 万元。

假定 6 个投标人技术标得分情况基本相同，不考虑资金时间价值，按照经评审的最低投标价法确定中标人顺序。

【解】 投标人 A 投标报价为 3 684.3 万元，超过了招标控制价 3 500 万元，A 投标项目为废标；其余投标项目的投标报价均未超出招标控制价，B、C、D、E、F 投标项目均为有效标。

如经评审，B、C、D、E、F 投标项目报价组成均符合评审要求，则：

B 投标项目经评审的投标价＝3 000 万元－(15－14)×50 万元＝2 950 万元

C 投标项目经评审的投标价＝2 760 万元

D 投标项目经评审的投标价＝2 700 万元－(15－14)×50 万元＝2 650 万元

E 投标项目经评审的投标价＝3 100 万元－(15－12)×50 万元＝2 950 万元

F 投标项目经评审的投标价＝2 807.5 万元－(15－12)×50 万元＝2 657.5 万元

在不考虑资金时间价值的条件下，采用经评审的最低投标价法确定中标人顺序为 D、F、C、B(E)。

5.5.2 综合评估法

1. 概述

综合评估法是指评标委员会对满足招标文件实质性要求的投标文件，按照规定的评分标准进行打分，并按得分由高到低顺序推荐中标候选人，但投标报价低于其成本的除外。综合评分相等时，投标报价低的优先；投标报价也相等的，由招标人自行确定。

2. 适用范围

不宜采用经评审的最低投标价法的招标项目，一般应当采取综合评估法进行评审。综合评估法既适用于商务标的评审，也适用于技术标的评审。

3. 分值构成与评分标准

综合评估法的评标分值构成分为四个方面，即施工组织设计、项目管理机构、投标报价和其他因素。总计分值为 100 分。各方面所占比例和具体分值由招标人自行确定，并在招标文件中明确。上述四个方面的具体评分因素如表 5.9 所示。

表 5.9 综合评估法的评分因素

分值构成	评分因素
施工组织设计评分标准	内容完整性和编制水平
	施工方案与技术措施
	质量管理体系与措施
	安全管理体系与措施
	环境保护管理体系与措施
	工程进度计划与措施
	资源配备计划等
项目管理机构评分标准	项目经理任职资格与业绩
	技术责任人任职资格与业绩
	其他主要人员
投标报价评分标准	偏差率
	投标报价其他相关因素
其他因素评分标准	其他相关因素

各评分因素的权重由招标人自行确定。例如,可设定施工组织设计占25分,项目管理机构占10分,投标报价占60分,其他因素占5分;施工组织设计部分可进一步细分为,内容完整性和编制水平占2分,施工方案与技术措施占12分,质量管理体系与措施占2分,安全管理体系与措施占3分,环境保护管理体系与措施占3分,工程进度计划与措施占2分,资源配置计划等占1分。

各评分因素的标准由招标人自行确定。例如,对施工组织设计中的施工方案与技术措施可规定如下的评分标准:施工方案及施工方法先进可行,技术措施针对工程质量、工期和施工安全生产有充分保障,得11~12分;施工方案先进,方法可行,技术措施针对工程质量、工期和施工安全生产有保障,得8~10分;施工方案及施工方法可行,技术措施针对工程质量、工期和施工安全生产基本有保障,得6~7分;施工方案及施工方法基本可行,技术措施针对工程质量、工期和施工安全生产基本有保障,得1~5分。

4. 投标报价偏差率的计算

在评标过程中,可以对各个投标文件按如下公式计算投标报价偏差率:

$$偏差率=\frac{投标人报价-评标基准价}{评标基准价}\times 100\%$$

评标基准价的计算方法应在投标人须知前附表中予以明确。招标人可以依据招标项目的特点、行业管理规定给出评标基准价的计算方法,确定时也可以适当考虑投标人的投标报价。

5. 步骤

评标委员会按分值构成与评分标准规定的量化因素和分值进行打分,计算各标书综合得分。

(1)按规定的评审因素和标准对施工组织设计部分计算出得分 A。

(2)按规定的评审因素和标准对项目管理机构部分计算出得分 B。

(3)按规定的评审因素和标准对投标报价部分计算出得分 C。

以经评审的最低投标价为基准进行比较，高于最低投标价按比例扣减的一种评标办法，称为比例法。此种方法是工程量清单招标项目评标时的常用方法之一。采用比例法时投标报价部分的计算公式如下：

$$C=\text{商务标权数分值}\times[1-(\text{经评审的投标价}-\text{经评审的最低投标价})\div\text{经评审的最低投标价}]$$

(4)按规定的评审因素和标准对其他因素部分计算出得分 D。

评标分值计算保留小数点后两位，小数点后第三位四舍五入。投标人得分计算公式为：

$$\text{投标人得分}=A+B+C+D$$

由评委对各投标人的标书进行评分后加以比较，最后以总得分最高的投标人为中标候选人。

根据综合评估法步骤完成评标后，评标委员会应当拟定一份综合评估比较表，连同书面评分报告提交招标人。综合评分比较表应当载明投标人的投标报价、所做的任何修正、对商务偏差的调整、对技术偏差的调整、对各评分因素的评分以及对每一投标的最终评审结果。

【例 5.5】 某大型工程，由于技术难度较大，工期较紧，业主邀请了 3 家国有一级施工企业参加投标，并预先与咨询单位和该 3 家施工企业共同研究确定了施工方案。3 家施工企业按规定分别报送了技术标和商务标。经招标领导小组研究确定的评标规定如下：

(1)技术标总分为 30 分，其中施工方案 10 分(因已确定施工方案，各投标单位均得 10 分)，施工总工期 10 分，工程质量 10 分。满足业主总工期要求(36 个月)者得 4 分，每提前 1 个月加 1 分，不满足者不得分。自报工程质量合格者得 2 分，自报工程质量优良者得 4 分(若实际工程质量未达到优良将扣罚合同价的 2%)，自报工程质量有奖罚措施者得 2 分，近三年内获中国建设工程鲁班奖(简称鲁班工程奖)每项加 2 分，获省优工程奖每项加 1 分。

(2)商务标总分为 70 分。本项目招标控制价为 36 000 万元。这 3 家单位的投标报价均符合评审要求。项目投标报价部分得分采用比例法计算。各投标单位的有关数据资料如表 5.10 所示。

表 5.10 各投标单位的有关数据资料

投标单位	报价/万元	总工期/月	自报工程质量	质量奖罚措施	鲁班工程奖	省优工程奖
A	35 642	33	优良	有	1	1
B	34 364	31	优良	有	0	2
C	33 867	32	合格	有	0	1

用综合评分法确定中标单位。

【解】 (1)计算各投标单位技术标得分，如表 5.11 所示。

表 5.11 各投标单位技术标得分

投标单位	施工方案	施工总工期	工程质量	合计得分
A	10	4+(36−33)×1=7	4+2+2+1=9	26
B	10	4+(36−31)×1=9	4+2+1×2=8	27
C	10	4+(36−32)×1=8	2+2+1=5	23

(2)计算各投标单位商务标得分：

A 投标单位商务标得分＝70×[1－(35 642 万元－33 867 万元)÷33 867 万元]＝66.33

B 投标单位商务标得分＝70×[1－(34 364 万元－33 867 万元)÷33 867 万元]＝68.97

C 投标单位商务标得分＝70×[1－(33 867 万元－33 867 万元)÷33 867 万元]＝70

(3)计算各投标单位综合得分：

A 投标单位综合得分＝26＋66.33＝92.33

B 投标单位综合得分＝27＋68.97＝95.97

C 投标单位综合得分＝23＋70＝93

因为 B 投标单位综合得分最高，所以 B 投标单位为中标单位。

本章小结

- 建设项目招投标概述
  - 建设项目招投标的概念
  - 建设项目招投标的理论基础
  - 建设项目招标的范围
  - 建设项目招标的方式
    - 公开招标
    - 邀请招标
  - 建设项目的招标内容
  - 建设项目施工招标程序
    - 招标活动准备工作
    - 资格预审公告或招标公告编制与发布
    - 资格审查
    - 编制和发售招标文件
    - 踏勘现场与召开投标预备会
    - 建设项目施工投标
    - 评标工作
    - 签订合同
  - 建设项目施工投标程序
    - 通过资格预审及获取招标文件
    - 组织投标报价班子
    - 研究招标文件
    - 工程现场调查
    - 收集与分析投标信息
    - 调查询价
    - 复核工程量
    - 制订项目管理规划
    - 确定投标报价策略
    - 编制投标报价
- ……

- ……
- 建设项目招标控制价的确定
  - 招标控制价的概念
  - 招标控制价的计价依据
  - 招标控制价的编制方法和计算步骤
  - 招标控制价的编制内容
    - 分部分项工程费的编制要求
    - 措施项目费的编制要求
    - 其他项目费的编制要求
    - 规费和税金的编制要求
  - 招标控制价的审查
- 建设项目投标报价的确定
  - 投标报价的概念
  - 投标报价的编制原则
  - 投标报价的计价依据
  - 投标报价的编制方法和计算步骤
  - 投标报价的编制内容
    - 分部分项工程量清单与计价表的编制
    - 措施项目清单与计价表的编制
    - 其他项目清单与计价表的编制
    - 规费、税金项目清单与计价表的编制
    - 投标报价的汇总
- 建设项目投标报价控制方法
  - 根据招标项目的不同特点采用不同的报价
  - 用企业定额确定工程消耗量
  - 不平衡报价法
  - 相似程度估算法
  - 用决策树法确定投标项目
- 建设项目中标价控制方法
  - 经评审的最低投标价法
  - 综合评估法

习题

一、判断题

1. 使用国际组织或者外国政府贷款、援助资金的项目必须实行招标。（　　）

2. 建设项目招标一般采取公开招标和邀请招标两种方式进行。（　　）

3. 公开招标优点是可以缩短招标有效期，节约招标费用，提高投标人的中标机会。（　　）

4. 投标人的投标报价高于招标控制价的，其投标可以接受。（　　）

5. 招标控制价是承包商采取投标方式承揽建设项目时，计算和确定承包该建设项目的投标总价格。（　　）

6. 能够早日结算的项目应适当降低报价。（　　）

7. 分部分项工程量清单综合单价，包括完成单位分部分项工程所需的人工费、材料费、施工

机具使用费、企业管理费、利润及风险因素。(　　)

8.措施项目清单中的安全文明施工费可以作为竞争性费用。(　　)

9.企业定额的定额水平高于预算定额。(　　)

10.不平衡报价总的原则是保持正常报价的总额不变,而人为地调整某些项目的工程单价。(　　)

二、单选题

1.被邀请参加投标的施工企业不得少于(　　)个。

A.2　　B.3　　C.4　　D.5

2.投标人在领取招标文件、图纸和有关技术资料及踏勘现场后提出疑问的,招标人可通过书面形式或(　　)进行解答。

A.口头形式　　B.现场勘察

C.网络形式　　D.投标预备会

3.关于建设项目施工招标的程序正确的是(　　)。

A.资格审查—踏勘现场—签订合同—评标

B.资格审查—评标—踏勘现场—签订合同

C.资格审查—踏勘现场—评标—签订合同

D.踏勘现场—资格审查—评标—签订合同

4.投标人的投标总价(　　)组成工程量清单的分部分项工程费、措施项目费、其他项目费和规费、税金的合计金额。

A.大于　　B.小于　　C.等于　　D.不确定

5.对报价、质量、施工组织设计、项目管理机构、工期、社会信誉等几个方面分别评分,然后选择总分最高的为中标单位的评标方法称为(　　)。

A.不低于工程成本价确定中标单位

B.综合评估法确定中标单位

C.工程单价法确定中标单位

D.工程主材法确定中标单位

6.在编制投标报价时,下列工作应首先完成的是(　　)。

A.审核工程量清单

B.编制施工方案或施工组织设计

C.熟悉招标文件和施工图等技术资料

D.现场勘察

7.以下说法错误的是(　　)。

A.除招标文件另有规定外,进行资格预审的,一般应进行资格后审

B.建设项目施工招标前,招标人应当办理有关的审批手续、确定招标方式以及划分标段等工作

C.若在公开招标过程中采用资格预审程序,可用资格预审公告代替招标公告,资格预审后不再单独发布招标公告

D.在投标预备会上,招标单位还应该对图纸进行交底和解释

8.(　　)一般适用于具有通用技术、性能标准或招标人对其技术、性能没有特殊要求的招

标项目。

A. 综合评估法　　B. 突然降价法

C. 不平衡报价法　　D. 经评审的最低投标价法

9. 评标委员会由招标人的代表及在专家库中随机抽取的技术、经济、法律等方面的专家组成，总人数一般为(　　)人以上且总人数为单数。

A. 3　　B. 5　　C. 7　　D. 9

10. 用决策树法确定投标方案时，该方案(　　)。

A. 净收益最大　　B. 期望值最大

C. 期望值最小　　D. 总费用最小

三、多选题

1. 建设项目招投标的理论基础是(　　)。

A. 市场机制　　B. 竞争机制　　C. 供求机制

D. 公平机制　　E. 价格机制

2. 在确定投标报价策略时，应根据招标项目的不同特点采用高低不同的报价，(　　)可以报高价。

A. 特殊的工程，如港口码头、地下开挖工程等

B. 工序简单、工程量大而其他投标人都可以做的工程

C. 工期要求急的工程

D. 投标对手少的工程

E. 支付条件不理想的工程

3. 其他项目费主要包括(　　)。

A. 措施费　　B. 暂列金额　　C. 暂估价

D. 计日工　　E. 总承包服务费

4. 相似程度估算法的适用范围(　　)。

A. 工程报价的时间紧迫　　B. 工程报价的时间宽松　　C. 为建筑装饰工程

D. 定额缺项较多　　E. 无定额缺项

5. 建设项目招标控制价编制的依据有(　　)。

A.《建设工程工程量清单计价规范》(GB 50500—2013)

B. 国家或省级、行业建设主管部门颁发的计价办法

C. 企业定额，国家或省级、行业建设主管部门颁发的计价定额

D. 招标文件、工程量清单及其补充通知、答疑纪要

E. 建设工程设计文件及相关资料

6. 措施项目的总价项目应按《建设工程工程量清单计价规范》(GB 50500—2013)有关规定计价，包括除(　　)以外的全部费用。

A. 直接费　　B. 利润　　C. 规费

D. 风险　　E. 税金

7. 确定分部分项工程综合单价时的注意事项包括(　　)。

A. 以项目特征描述为依据

B. 材料、工程设备暂估价处理

C. 考虑合理的风险

D. 许诺优惠条件

E. 不考虑利润而去夺标

8. 招标控制价的编制内容包括(　　),各个部分有不同的计价要求。

A. 分部分项工程费　　B. 措施项目费　　C. 其他项目费

D. 规费和税金　　E. 建设项目其他费用

9. 在制订投标报价策略时,可选择报高价的情况有(　　)。

A. 总价低的小工程

B. 投标人在该地区有其他工程结束,机械设备等无工地转移时的工程

C. 竞争激烈的工程

D. 地下开挖工程

E. 施工条件差的工程

10. 在计算综合单价时,管理费可按照(　　)的一定费率取费计算。

A. 直接费　　B. 间接费　　C. 人工费

D. 材料费　　E. 机械使用费

四、简答题

1. 简述建设项目招投标的理论基础。

2. 什么是公开招标?

3. 什么是邀请招标?

4. 简述招标控制价的计价依据。

5. 投标报价的计价依据有哪些?

6. 简述其他项目清单与计价表的编制原则。

7. 综合评估法如何确定中标价?

8. 投标报价时哪些情况适合报高价?

9. 投标报价时哪些情况适合报低价?

10. 简述不平衡报价法的原理。

五、计算题

1. 某国有资金投资占控股地位的通用建设项目,施工图设计文件已经相关行政主管部门批准,建设单位采用了公开招标方式进行施工招标。2017 年 3 月 1 日发布了该工程项目的施工招标公告,其内容如下:

(1)招标单位的名称和地址;

(2)招标项目的内容、规模、工期、项目经理和质量标准要求;

(3)招标项目的实施地点、资金来源和评标标准;

(4)施工单位应具有二级及以上施工总承包企业资质,并且近三年获得两项以上本市优质工程奖;

(5)获取招标文件的时间、地点和费用。

某具有相应资质的承包商经研究决定参与该工程投标。经造价工程师估价,该工程估算成本为 1 500 万元,其中材料费占 60%。经研究有高、中、低三个报价方案,其利润率分别为 10%、7%、4%,根据过去类似工程的投标经验,相应的中标概率分别为 0.3、0.6、0.9。编制投标文件的费用为 5 万元。该工程业主在招标文件中明确规定采用固定总价合同。据估计,在施工过程中材料费可能平均上涨 3%,其发生概率为 0.4。

问题：

(1)该工程招标公告中的各项内容是否妥当？如不妥当，对不妥当之处说明理由。

(2)试运用决策树法进行投标决策。相应的不含税报价为多少？

2.某市重点工程项目计划投资 4 000 万元，采用工程量清单方式公开招标。资格预审后，确定 A、B、C 共 3 家合格投标人。该 3 家投标人分别于 10 月 13 日—14 日领取了招标文件，同时按要求递交投标保证金 50 万元、招标文件购买费 500 元。

招标文件规定：投标截止时间为 10 月 31 日，投标有效期截止时间为 12 月 30 日，投标保证金有效期截止时间为次年 1 月 30 日。招标人对开标前的主要工作安排为：10 月 16 日—17 日，由招标人分别安排各投标人踏勘现场；10 月 20 日，举行投标预备会，会上主要对招标文件和招标人能提供的施工条件等内容进行答疑，考虑各投标人所拟定的施工方案和技术措施不同，将不对施工图做任何解释。各投标人按时递交了投标文件，所有投标文件均有效。

评标办法规定，商务标权重 60 分(包括总报价 20 分、分部分项工程综合单价 10 分、其他内容 30 分)，技术标权重 40 分。

(1)总报价的评标方法是，评标基准价等于各有效投标总报价的算术平均值下浮 2 个百分点。当投标人的投标总价等于评标基准价时得满分，投标总价每高于评标基准价 1 个百分点扣 2 分，每低于评标基准价 1 个百分点扣 1 分。

(2)分部分项工程综合单价的评标方法是，在清单报价中按合价大小抽取 5 项(每项权重 2 分)，分别计算投标人综合单价报价平均值，投标人所报综合单价在平均值的 95%～102% 范围内得满分，超出该范围的，每超出 1 个百分点扣 0.2 分。

各投标人总报价和抽取的异形梁 C30 混凝土综合单价如表 5.12 所示。

表 5.12　投标数据(部分)

投标人	A	B	C
总报价/万元	3 179.00	2 998.00	3 213.00
异形梁 C30 混凝土综合单价/(元/m^3)	456.20	451.50	485.80

除总报价之外的其他商务标和技术标指标得分如表 5.13 所示。

表 5.13　投标人部分指标得分表

投标人	A	B	C
商务标(除总报价之外)得分	32	29	28
技术标得分	30	35	37

问题：

(1)在该工程开标之前所进行的招标工作有哪些不妥之处？说明理由。

(2)列式计算总报价和异形梁 C30 混凝土综合单价的报价平均值，并计算各投标人得分(计算结果保留 2 位小数)。

(3)列式计算各投标人的总得分，根据总得分的高低确定第一中标候选人。

(4)评标工作于 11 月 1 日结束并于当天确定中标人。11 月 2 日招标人向当地主管部门提交了评标报告；11 月 10 日招标人向中标人发出中标通知书，12 月 1 日双方签订了施工合同；12 月 3 日招标人将未中标结果通知另两家投标人，并于 12 月 9 日将投标保证金退还给未中标人。请指出评标结束后招标人的工作有哪些不妥之处并说明理由。

建设项目施工阶段工程造价控制

学习目标

了解建设项目施工阶段与工程造价的关系。
了解施工阶段造价控制的影响因素。
了解施工阶段造价控制的基本方法。
了解工程变更的含义及发生的原因。
熟悉合同价款的确定和调整方法。
熟悉工程索赔的含义及索赔费用的构成。
掌握工程索赔的计算方法。
掌握工程价款的支付与核算方法。
熟悉造价使用计划的编制和应用。

教学要求

能力要求	知识要点	权重
了解施工阶段造价控制的影响因素与基本方法	施工阶段与工程造价的关系、施工阶段造价控制的影响因素、施工阶段造价控制的基本方法	0.1
了解产生工程变更的原因	工程变更的概念、产生的原因	0.1
会调整合同价款	合同价款的确定方法、合同价款的调整	0.2
会处理工程索赔	工程索赔的概念和分类、工程索赔的处理和索赔费用的计算	0.2
会处理工程价款支付与核算	工程价款支付的主要方式、工程预付款的计算、工程进度款的支付与核算	0.25
会编制造价使用计划	造价使用计划的编制、造价偏差分析	0.15

6.1 施工阶段工程造价控制概述

6.1.1 建设项目施工阶段与工程造价的关系

每个建设项目都是从酝酿、构想和策划开始，进而通过可行性研究、论证决策、计划立项，进入项目设计和施工阶段，直至竣工验收交付使用或生产运营。由于项目的性质和特点不同，这个过程所需的时间也不一样。在这一过程中，各阶段各个环节的工作相互联系、承前启后，有其内在的规律。在长期工程建设实践过程中，人们将这种活动规律总结概括为建设程序。

建设项目经批准开工，项目便进入施工阶段，这是项目决策实施、建成投产发挥效益的关键环节。工程施工阶段是使工程设计意图最终实现并形成工程实体的阶段，也是最终形成工程产品质量和工程使用价值的重要阶段。

在整个建设阶段，从造价的角度分析项目各阶段投入的资金（不含土地费）和造价变动可能，如图 6.1 所示，我们可以清楚地看到，施工阶段消耗了大量的人、材、物等资源，是造价最大的一个阶段，建设项目的造价主要发生在施工阶段，在这一阶段中，造价目标都已经非常明确，造价分解也比较深入、可靠，尽管节约造价的可能性已经很小，但浪费造价的可能性却很大，因而要在这个阶段对造价控制给予足够的重视。

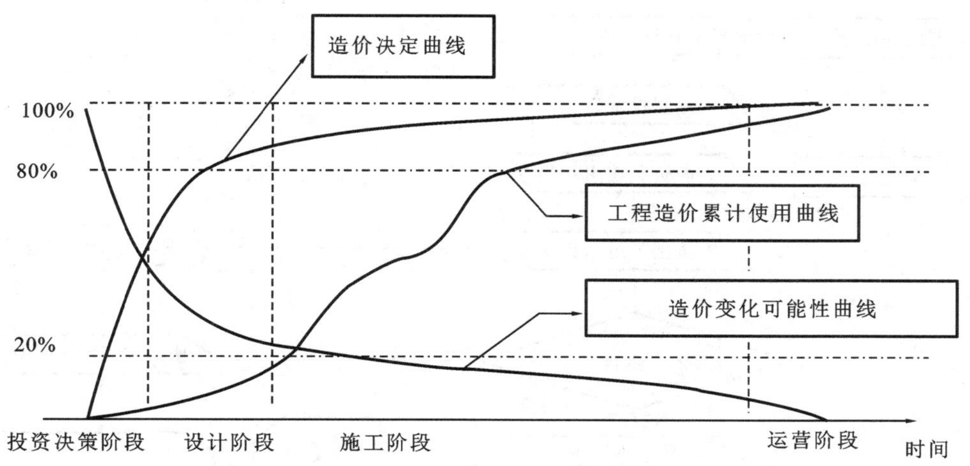

图 6.1　建设项目各阶段的造价发生及影响示意图

6.1.2　施工阶段造价控制的工作流程

工程建设的施工阶段涉及的面很广，涉及的人员很多，与造价控制有关的工作也很多，我们不能一一加以说明，只能对实际情况加以适当简化，借用框图形式表述，如图 6.2 所示。

6.1.3　影响造价要素的集成控制

1. 施工阶段影响造价的要素

在施工阶段影响造价的基本要素有三个方面：一是资源投入(工程造价自身)要素；二是工期要素；三是质量要素。在工程建设的过程中，这三个方面的要素可以相互影响、相互转化。工期与质量的变化在一定条件下可以影响和转化为造价的变化，造价的变动同样会直接影响和转化成质量与工期的变化。例如，需要缩短建设工期时，就需要增加额外的资源投入，从而发生一些赶工费之类的费用，这样工期的缩短就会转化成造价的增加，而需要提高工程质量时，需要增加资源的投入，这样质量的提高就会转化成造价的增加；相反，削减一个项目的造价时，其工期和质量就会受到直接影响，既可能会造成质量的降低，也可能会造成工期的推延。

建设项目的工期、质量和资源投入三大要素是相互影响和相互依存的，它们对项目工程造价的影响主要表现在以下几个方面。

(1)资源投入要素对工程造价的影响。

资源投入要素受两个方面的影响：其一是在项目建设全过程中各项活动消耗和占用的资源数量变化，如设计使用的管线直径、管线长度、施工中对标准规格材料进行断料的损耗等；其二是各项活动消耗与占用资源的价格变化，如材料、人工等价格上涨。

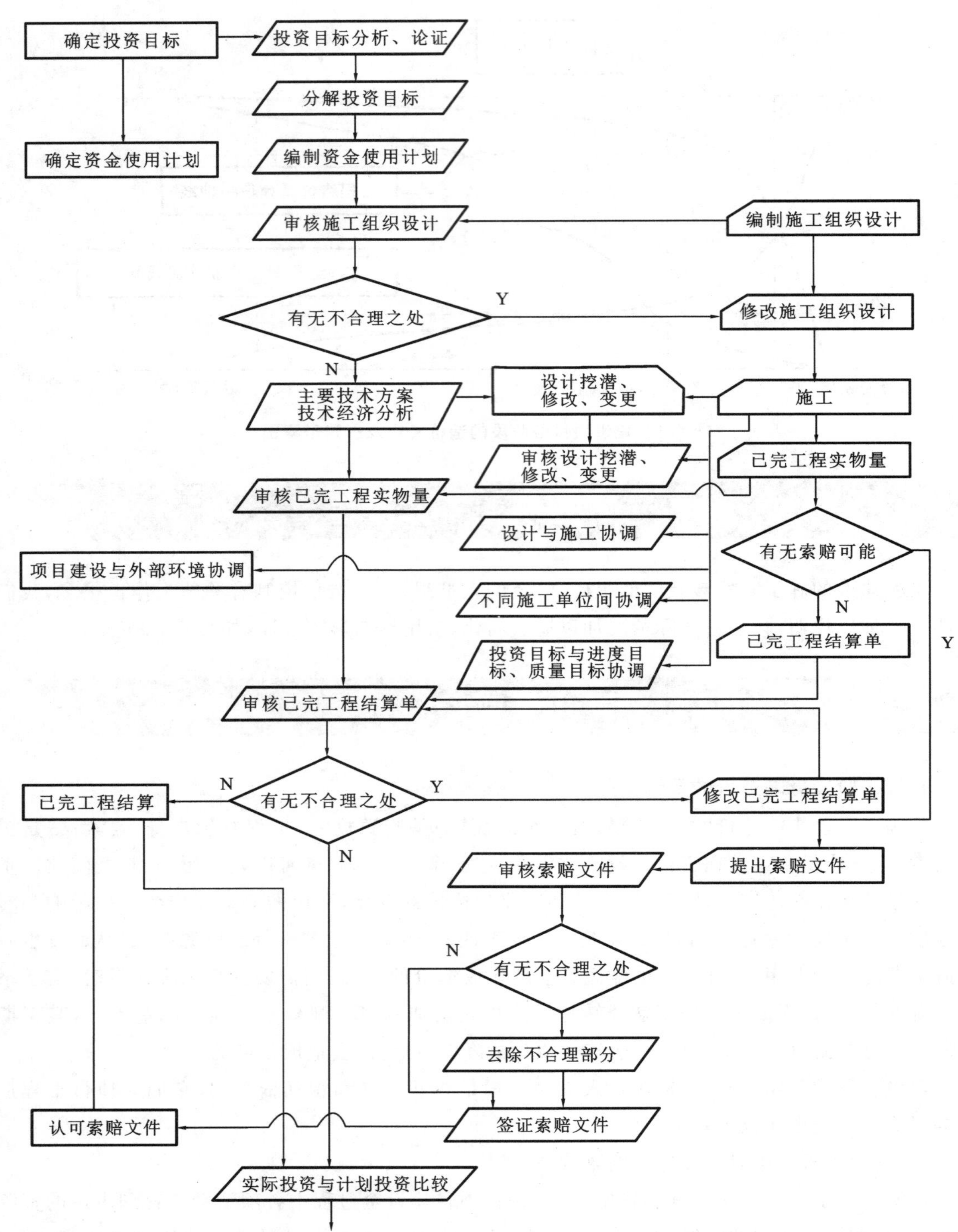

图 6.2　施工阶段造价控制的工作流程图

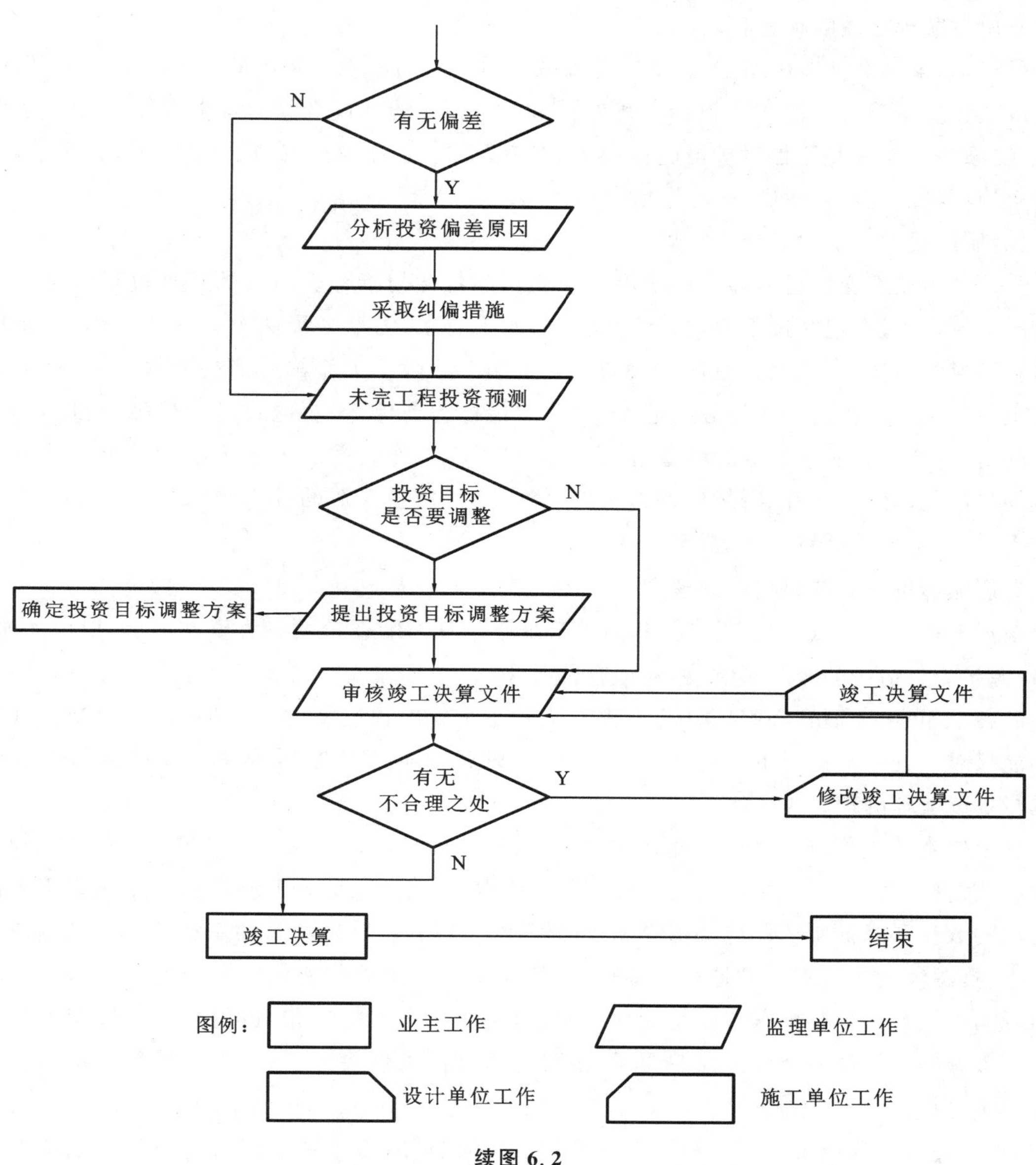

续图 6.2

(2)工期要素对工程造价的影响。

工期是指项目或项目的某个阶段、某项具体活动所需要的，或者实际花费的工作时间周期。在一个项目的全过程中，实现活动消耗或占用资源发生以后就会形成项目的造价，这些造价不断地沉淀下来、累积起来，最终形成了项目的全部造价，因此工程造价是时间的函数，造价是随着工期的变化而变化的。

项目消耗与占用的各种资源都具有一定的时间价值。工程造价实际上可以被看成是在建设项目全生命周期中整个项目实现阶段所占用的资金。不管占用的是自有资金还是银行贷款，这些资金都有其自身的时间价值。资金的时间价值既是构成工程造价的主要因素之一，又是造成工程造价变动的原因之一。项目工期延长对造价影响的最直接表现是增加项目的银行贷款利息支出或减少存款的利息收入。

另外，如果不合理地压缩工期，虽然可以减少因资金的占用而付出的资金时间价值，但可能会造成项目实际消耗和占用的资源量增加或价格上升而增加造价，如要求混凝土提早达到强度，需要添加早强剂和增加养护措施投入，要求工人加班需要额外支付加班费用等。当然，压缩工期也使项目能早投入使用，可能早出效益。

(3)质量要素对工程造价的影响。

质量是指项目交付后能够满足使用需求的功能特性与指标。项目的实现过程就是该项目质量的形成过程，在这一过程中，为达到项目的质量要求，需要开展两个方面的工作：一是质量的检验与保障工作；二是项目质量失败的补救工作。这两项工作都要消耗和占用资源，从而都会产生质量造价。这两种造价分别是：①项目质量检验与保障造价，它是为保障项目的质量而发生的造价；②项目质量失败补救造价，它是质量保障工作失败后为达到质量要求而采取各种质量补救措施（返工、修补）所发生的造价。另外，项目质量失败的补救措施的实施还会造成工期延迟，引发工期要素对工程造价的影响。

2. 影响造价要素的集成控制理念

根据上述分析可以看出，对于工程造价管理必须从影响造价的三大要素入手，根据工期、质量、资源投入与造价的相互影响、相互依存的关系，从全要素集成控制出发，综合考虑影响工程造价的各个因素，全面管理好项目的工程造价。要实现工程造价的有效控制，我们在造价控制中不能只对工程造价进行单一要素的管理，而要树立对项目工期、质量和资源投入三个方面要素进行集成管理的理念。

从全要素造价集成控制的角度上说，控制工程造价时首先必须管理好建设项目消耗和占用资源的数量以及消耗与占用资源的价格这两大要素，因为通过管理而降低项目全过程资源消耗与占用的数量和降低所消耗与占用资源的价格，都可以直接降低项目的工程造价。在这两个要素之中，资源消耗与占用数量是第一位的，消耗与占用资源的价格是第二位的。因为项目的资源消耗与占用数量是一个内部控制要素，对项目组织而言是一个相对可控的要素；而项目消耗与占用资源的价格是一个外部控制要素，主要是由外部条件决定的，所以对项目组织而言是一个相对不可控的因素。

另外，要对工程造价进行全要素集成管理，就必须同时考虑项目造价自身与工期两大要素的集成管理。只控制项目消耗和占用资源的数量以及消耗与占用资源的价格这样的自身要素，不考虑工期要素的影响，就无法实现对项目造价的全面管理。因为工期要素的变化会直接造成项目造价的变化，还会增加或减少造价的利息负担（这是资金时间价值的表现），会造成造价的节约或增加。

一个项目的造价不仅与造价自身要素和工期要素有关，而且与质量要素直接相关。根据上述分析可以看出，要实现工程造价的全面管理，就必须开展对项目工期、质量和资源投入三个方面要素的集成管理。

3. 影响造价要素的控制要点

造价控制应该是一个发现问题、分析问题、解决问题的过程，它始终围绕着造价控制目标展开，是一个循环往复、不断深入的过程。

1)资源投入要素的控制

在施工阶段，设计已经基本完成，资源投入的数量已基本确定，对资源投入的控制主要体现在价格方面和管理方面，为实现对资源投入的有效控制，重点是抓好以下几个关键环节。

(1)积极引入竞争机制，在相对平等的条件下进行招标承包，选择合适的施工单位和材料设备供应单位，订立一个严密的合同。实践证明，引入市场机制，实行工程招投标，推行公平、公正、公开竞争，是降低建设项目造价、缩短建设工期、保证工程质量的有效措施。

(2)加强对建筑安装工程材料、设备价格的控制。材料、设备费在建设工程总造价中占有相当大的比例，据相关统计，在建筑工程中，材料费占总造价的比例为50%左右；在安装工程中，材料、设备费占总造价的比例为70%左右。控制材料、设备价格，对于控制建设项目造价具有非常重要的现实意义。

(3)加强工程项目管理，做好施工方案技术经济比较，严格控制工程变更，是施工阶段控制资源投入量的主要手段。施工方案是施工组织设计中的一项重要工作内容，合理的施工方案可以缩短工期，保证工程质量，提高经济效益。对施工方案从技术和经济上进行对比评价，通过定性分析和定量分析，对质量、工期、造价三项技术经济指标进行比较，选择合理的施工方案，可以有效地利用人力、物力等资源。

(4)加强对工程合同、变更、签证等工程档案管理，是造价管理的重要环节。文件和工程档案等整理、归档，建立价格数据库，将为造价管理、工程结算和可能出现的索赔提供信息、数据和证据。

2)质量要素的控制

质量对造价的影响主要表现在质量标准超过实际需要而造成造价增加，对此主要在设计阶段进行控制；项目施工阶段的重点是控制项目质量偏离合同和质量失败的补救工作。质量要素的控制重点是抓好以下几个关键环节。

(1)评估质量偏离合同要求状况。分析已经产生的质量偏离引起的质量损失费用的多少，以及此种偏离采取预防措施费用的多少，对照结果，得出预防措施费用与质量损失费用的关系。

(2)分析造成质量偏离的因素，把引起质量偏离的因素进行逐个分析，对应施工技术方案中的质量保证措施，找出偏离的原因。工程中能引起质量偏离合同要求的因素较多，有外部因素，也有内部因素。外部因素有自然条件的变化、建设单位要求的变化、地质条件的变化、设计变更、材料质量问题等；内部因素有质量管理不善、材料检验频率不足、施工方法不得当等。

(3)采取技术经济措施纠正质量偏离，对执行不力的质量保证措施再进行分析、加强。质量出了问题，就要及时纠正，既要将已发生问题的部分进行纠正，又要对可能影响下一步工作质量的问题进行纠正。

3)工期要素的控制

工期延误造成的项目造价增加方面的控制重点是加强工程项目管理，严格控制工程变更，合理选择施工工艺和材料使用。工期要素的控制重点是抓好以下几个关键环节。

(1)在过程控制中定期检查工期执行情况，对应网络计划的要求，检查特定时间点上工程量的完成情况。

(2)找出导致当前工期执行不力的主要工序内容。对执行不力的工期保证措施进行分析，及时纠正与强化，避免此类问题的继续出现。

(3)发生工期延误时，分析造成工期延误的工序对整个工期的影响程度，及时调整施工进度网络计划，尽量将损失的工期在以后工序中追回来，避免总工期的拖延，并计算确定因这种调整而产生的工期造价，对工期保证措施费用与工期损失费用进行对比，决定是否采取赶工措施。

6.1.4 施工阶段过程控制的基本方法

施工阶段的过程控制，事关工程施工的正常进行、工程最终造价的经济合理性，其涉及各方面的工作。在错综复杂的管理工作中做好控制工作，应以合同管理为核心、信息管理为必要辅助手段，明确过程控制工作目标，熟悉工程项目特点、难点、关键点，建立健全过程控制管理体系，做好沟通协调，并按法律法规、合同规定协调处理好业主和承包单位的责权利关系，抓好对承包单位的管理。

1. 制订造价控制目标计划

造价控制应始终围绕着计划造价展开。在造价计划制订过程中，我们应尽可能全面地考虑有可能发生的各种有利、不利的情况。造价计划调整得比较完善，并且能与现有的技术装备水平、施工管理水平和外界环境相匹配时，就形成了计划造价。计划造价的编制，使造价控制有了明确的目标，便于实施。但从其编制过程来看，它也不是一成不变的。有了新问题，必然会对计划造价产生影响，这时就必须对它进行修正。

2. 建立健全造价控制组织，分解落实目标责任

应在充分考虑以上自身有利和不利、外部机遇和风险等不确定性因素的基础上，确定出一个先进可行的质量、进度与造价控制总目标。在确定控制总目标后，我们应根据项目特性确定项目管理的机构组成以及各有关方面的职责分工、信息流转、决策与授权关系，并结合不同管理人员的工作任务，将有关控制目标分解到相关工作部门或岗位。

3. 建立过程控制程序和管理制度

应及时建立、完善相关过程控制的程序和管理制度，做到规范化、标准化管理，用程序和制度规范工作要求、保证工作质量。

施工过程造价的主要控制程序有：

①工程进度款计量支付程序；

②现场签证程序；

③工程变更费用的上报审核审批程序；

④工程主要材料单价审查审批程序；

⑤工程索赔与应对索赔程序；

⑥工程竣工结算程序等。

与造价控制程序相配套的主要造价控制管理制度有：

①造价控制管理制度；

②合同管理制度；

③采购管理制度；

④工程变更管理制度；

⑤信息管理制度等。

4. 实行过程动态控制

应对造价形成过程进行控制监督，发现计划造价与实际造价的差异，认真分析是哪一部分费用发生了差异及差异的大小，并以此分析出产生差异的原因，在下一步控制工作中及时纠正，使偏差控制在最小范围内。需要指出的是，控制监督是针对每一个子项和每一特定时间段而言的，只有这样，才能实现动态控制。

5. 强化造价控制资料管理

施工过程造价控制的主要依据是工程合同，工程施工过程中的支付、索赔、结算等都需要有依据，如果发生仲裁或诉讼更需要"用证据说话"，因此资料管理是施工过程造价控制的基础。可以说，施工过程中形成的所有资料都是造价控制相关资料，其中最主要的资料包括招投标文件（招标文件、招标清单、招标答疑纪要，承包单位投标的技术标书、商务标书）、合同协议、施工图纸、业主指令、设计变更资料、现场签证、施工联系单、价格核定、进度款资料、竣工结算资料等。

做好资料管理必须做到资料在手续上齐全、合法，在内容上完整、详尽、真实，在格式上统一、规范，在时间上及时、有效。在资料保存方面应做到按单位工程、专业分类逐一统一编号，建立相应造价控制资料目录台账。

6.2 工程变更与合同价款调整

6.2.1 工程变更概述

建设工程合同是以合同签订时静态的承发包范围、设计标准、施工条件为前提的，由于工程建设的周期长且具有不确定性、涉及的经济关系和法律关系复杂以及受自然条件和客观因素的影响，项目的实际情况与项目招投标时的情况相比会发生一些变化，静态前提往往会被各种变更所打破。在工程项目实施过程中，工程变更包括设计图纸发生修改，招标工程量清单存在错漏，对施工工艺、顺序和时间进行改变，为完成合同工程需要追加额外工作等。工程的实际施工情况与招投标时或合同签订时的情况相比，常常会出现设计、工程量、计划进度、使用材料等方面的变化，这些变化统称为工程变更。

《建设工程施工合同（示范文本）》（GF-2017-0201）规定，除专用合同条款另有约定外，合同履行过程中发生以下情形的，应按照约定进行变更：

①增加或减少合同中任何工作，或追加额外的工作；

②取消合同中任何工作，但转由他人实施的工作除外；

③改变合同中任何工作的质量标准或其他特性；

④改变工程的基线、标高、位置和尺寸；

⑤改变工程的时间安排或实施顺序。

《建设工程工程量清单计价规范》(GB 50500—2013)对工程变更的定义是“合同工程实施过程中由发包人提出或由承包人提出经发包人批准的合同工程任何一项工作的增、减、取消或施工工艺、顺序、时间的改变；设计图纸的修改；施工条件的改变；招标工程量清单的错、漏从而引起合同条件的改变或工程量的增减变化”。

1. 工程变更的分类

工程变更按变更的内容一般可分为工程量的变更、工程项目的变更(如发包人提出增加或者删减原项目内容)、进度计划的变更、施工条件的变更等。在实际工程中，上述某种变更会引起另一种或几种变更，如工程项目的变更会引起工程量的变更甚至进度计划的变更。

工程变更如按变更起因也可以分为：业主方原因引起的变更，包括业主对工程有了新的要求、业主修改项目计划、业主削减预算、业主对项目进度有了新的要求等；招标文件和工程量清单不准确引起的变更；设计方原因引起的变更，如因设计错误必须对设计图纸做修改；施工方原因引起的变更，包括施工中由于施工质量、施工技术、施工机械调配以及原材料供应等方面遇到需要处理的问题而要求改变进度计划或具体的施工做法；外部条件变化引起的变更，如新的法律、法规、标准、规范实施以及发生其他不可预见的事件导致工程环境变化等。

在工程施工合同中一般将工程变更分为设计变更和其他变更两大类。

1)设计变更

能够构成设计变更的事项一般包括：

(1)更改有关部分的标高、基线、位置和尺寸；

(2)增减合同中约定的工程量；

(3)改变有关工程的施工时间和顺序；

(4)其他有关工程变更需要的附加工作。

如变更超过原批准的建设规模或设计标准，须经原审批部门审查批准，并由原设计单位提供变更的相应图纸和说明。发包人办妥上述事项后，通过监理人向承包人发出变更指示，承包人根据变更指示要求进行变更。因变更导致合同价款增减及造成承包人损失的，由发包人承担，延误工期的相应顺延。

2)其他变更

合同履行过程中除设计变更外，其他能够导致合同内容变更的都属于其他变更，如双方对工程质量要求的变化(当然是高于强制性标准的变化)、双方对工期要求的变化、施工条件和环境的变化导致施工机械和材料的变化等。

2. 工程变更控制的要求

在施工过程中如果发生工程变更，将对工程造价产生很大的影响，因此，应尽量减少工程变更。如果必须对工程进行变更,应严格按照有关规定和合同约定的程序进行。在施工阶段加强对变更的控制,是工程造价控制的主要工作。

(1)对工程中出现的必要变更应及时更改。

如果出现了必须变更的情况,应当尽快变更。变更早,损失小。

(2)对发出的变更指令应及时落实。

工程变更指令一旦发出,应当迅速落实,发包人应全面修改相关的各种文件。承包人也应当抓紧落实,如果承包人不能全面落实变更指令,则扩大的损失将由承包人承担。

(3)对工程变更的影响应当做深入分析。

对变更大的项目应坚持先算后变的原则,即不得突破标准,造价不得超过批准的限额。

工程变更会增加或减少工程量,引起工程价格的变化,影响工期甚至质量,造成不必要的损失,因而要进行多方面严格控制,控制时可遵循以下原则:①不随意提高建设标准;②不扩大建设范围;③加强建设项目管理,避免对施工计划造成干扰;④制定工程变更的相关制度;⑤明确合同责任;⑥建立严格的变更程序。

6.2.2 工程变更的处理

1.《建设工程施工合同(示范文本)》条件下的工程变更处理

发包人和监理人均可以提出变更。变更指示均通过监理人发出,监理人发出变更指示前应征得发包人同意。承包人收到经发包人签认的变更指示,方可实施变更。未经许可,承包人不得擅自对工程的任何部分进行变更。涉及设计变更的,应由设计人提供变更后的图纸和说明。如变更超过原设计标准或批准的建设规模,发包人应及时办理规划、设计变更等审批手续。

1)工程变更的程序

工程变更程序一般由合同规定。另外,合同相关各方还会基于合同规定程序制订变更管理程序,对合同规定程序进行延伸和细化。对于建设单位而言,一个好的变更管理程序必须保证变更的必要性、可控性和责权明确,实现变更决策科学、费用计取清晰和变更执行有效。一般而言,尽量在变更执行前,承、发包双方就工程变更的范围、内容、质量要求、完成时间以及所涉及的费用增加和/或造成损失的补偿达成一致为好,以免因费用补偿的争议影响工程的进度。

《建设工程施工合同(示范文本)》有关变更的程序规定是:

(1)发包人提出变更的,应通过监理人向承包人发出变更指示,变更指示应说明计划变更的工程范围和变更的内容。

(2)监理人提出变更建议的,需要向发包人以书面形式提出变更计划,说明计划变更工程范围和变更的内容、理由,以及实施该变更对合同价格和工期的影响。发包人同意变更的,由监理人向承包人发出变更指示。发包人不同意变更的,监理人无权擅自发出变更指示。

(3)承包人提出合理化建议的,应向监理人提交合理化建议说明,说明建议的内容和理由,以及实施该建议对合同价格和工期的影响。承包人的合理化建议也可视为承包人要求对原工程进行变更。

除专用合同条款另有约定外，监理人应在收到承包人提交的合理化建议后7天内审查完毕并报送发包人，如发现其中存在技术上的缺陷，应通知承包人修改。发包人应在收到监理人报送的合理化建议后7天内审批完毕。合理化建议经发包人批准的，监理人应及时发出变更指示，由此引起的合同价格调整按照变更估价的约定执行。发包人不同意变更的，监理人应书面通知承包人。

合理化建议降低了合同价格或者提高了工程经济效益的，发包人可对承包人给予奖励，奖励的方法和金额在专用合同条款中约定。

施工中承包人不得擅自对原工程设计进行变更。因承包人擅自变更设计发生的费用和由此导致的发包人的直接损失，由承包人承担，延误工期的不予顺延。如承包人在施工中提出的合理化建议涉及设计图纸或施工组织设计的更改以及对原材料、设备的换用，须经监理人同意。未经同意擅自更改或换用时，承包人承担由此发生的费用，并赔偿发包人的有关损失，延误工期的不予顺延。

(4)变更执行。

承包人收到监理人下达的变更指示后，认为不能执行，应立即提出不能执行该变更指示的理由。承包人认为可以执行变更的，应当书面说明实施该变更指示对合同价格和工期的影响，且合同当事人应当按照合同约定确定变更估价。工程变更的控制程序如图6.3所示。

2)工程变更后合同价款确定的程序

《建设工程施工合同(示范文本)》的通用合同条款中规定的变更估价程序为：承包人在收到变更指示后14天内，向监理人提交变更估价申请。监理人在收到承包人提交的变更估价申请后7天内审查完毕并报送发包人；如监理人对变更估价申请有异议，通知承包人修改后重新提交。发包人应在承包人提交变更估价申请后14天内审批完毕。发包人逾期未完成审批或未提出异议的，视为认可承包人提交的变更估价申请。

因变更引起的价格调整应计入最近一期的进度款中支付。

3)工程变更后合同价款确定的方法

《建设工程施工合同(示范文本)》的通用合同条款中有关变更估价的规定是，除专用合同条款另有约定外，变更估价的处理原则为：

(1)已标价工程量清单或预算书中有相同项目的，按照相同项目单价认定；

(2)已标价工程量清单或预算书中无相同项目，但有类似项目的，参照类似项目的单价认定；

(3)变更导致实际完成的工程量与已标价工程量清单或预算书中列明的该项目工程量的变化幅度超过15%的，或已标价工程量清单或预算书中无相同项目及类似项目单价的，按照合理的成本与利润构成的原则，由合同当事人按合同中“商定或确定”条款的约定确定变更工作的单价。

《建设工程施工合同(示范文本)》的通用合同条款中“商定或确定”条款规定是：合同当事人进行商定或确定时，总监理工程师应当会同合同当事人尽量通过协商达成一致，不能达成一致的，由总监理工程师按照合同约定审慎做出公正的确定。合同当事人对总监理工程师的确定没有异议的，按照总监理工程师的确定执行。任何一方合同当事人有异议，按照争议解决条款的

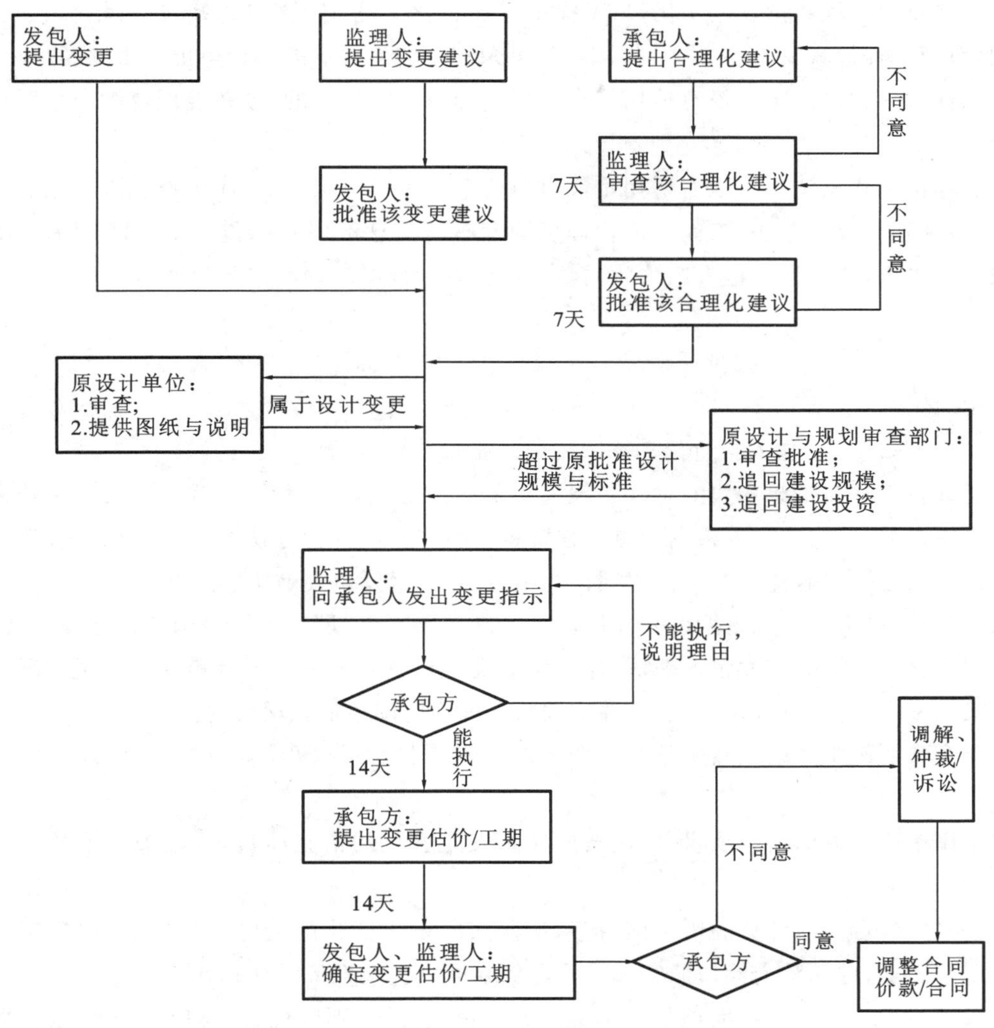

图 6.3　工程变更的控制程序

约定处理。争议解决前，合同当事人暂按总监理工程师的确定执行；争议解决后，争议解决的结果与总监理工程师的确定不一致的，按照争议解决的结果执行，由此造成的损失由责任人承担。

4)《建设工程工程量清单计价规范》中工程变更后的计价

执行《建设工程工程量清单计价规范》的合同，按《建设工程工程量清单计价规范》(GB 50500—2013)规定，承包人应按照发包人提供的设计图纸实施合同工程，在合同履行期间出现设计图纸(含设计变更)与招标工程量清单任一项目的特征描述不符，且该变化引起该项目工程造价增减变化的，应按照实际施工的项目特征，按规范相关条款的规定重新确定相应工程量清单项目的综合单价，并调整合同价款。按该规范工程变更后合同价款确定的方法如下。

(1)因工程变更引起已标价工程量清单项目或其工程数量发生变化时，应按照下列规定调整：

①已标价工程量清单中有适用于变更工程项目的，应采用该项目的单价。但若工程变更导

致该清单项目的工程数量发生变化，当工程量增加15%以上时，增加部分的工程量的综合单价应予调低；当工程量减少15%以上时，减少后剩余部分的工程量的综合单价应予调高。

②已标价工程量清单中没有适用但有类似于变更工程项目的，可在合理范围内参照类似项目的单价。

③已标价工程量清单中没有适用也没有类似于变更工程项目的，应由承包人根据变更工程资料、计量规则和计价办法、工程造价管理机构发布的信息价格和承包人报价浮动率提出变更工程项目的单价，并应报发包人确认后调整。承包人报价浮动率可按下列公式计算：

招标工程：

$$承包人报价浮动率\ L=(1-中标价/招标控制价)\times 100\%$$

非招标工程：

$$承包人报价浮动率\ L=(1-报价/施工图预算)\times 100\%$$

④已标价工程量清单中没有适用也没有类似于变更工程项目，且工程造价管理机构发布的信息价格缺失的，应由承包人根据变更工程资料、计算规则、计价办法和通过市场调查等取得有合法依据的市场价格后提出变更工程项目的单价，并应报发包人确认后调整。

(2)工程变更引起施工方案改变并使措施项目发生变化，承包人提出调整措施项目费的，应事先将拟实施的方案提交发包人确认，并应详细说明与原方案措施项目相比的变化情况。拟实施的方案经发、承包双方确认后执行，并应按照下列规定调整措施项目费：

①安全文明施工费应按照实际发生变化的措施项目，按国家或省级、行业建设主管部门的规定计算。

②采用单价计算的措施项目费，应按照实际发生变化的措施项目，按相关规范的规定确定单价。

③按总价(或系数)计算的措施项目费，按照实际发生变化的措施项目调整，但应考虑承包人报价浮动因素，即调整金额按照实际调整金额乘以承包人报价浮动率计算。

如果承包人未事先将拟实施的方案提交给发包人确认，则应视为工程变更不引起措施项目费的调整或承包人放弃调整措施项目费的权利。

(3)当发包人提出的工程变更非因承包人原因删减了合同中的某项原定工作或工程，致使承包人发生的费用或(和)得到的收益不能被包括在其他已支付或应支付的项目中，也未被包含在任何替代的工作或工程中时，承包人有权提出并应得到合理的费用及利润补偿。

5)变更引起的工期调整

《建设工程施工合同(示范文本)》的通用合同条款中规定：因变更引起工期变化的，合同当事人均可要求调整合同工期，由合同当事人按合同中“商定或确定”条款规定处理，并参考工程所在地的工期定额标准确定增减工期天数。

2. FIDIC 合同条件下的工程变更处理

FIDIC 合同条件授予工程师很大的工程变更权力。工程师只要认为必要，便可对工程的项目、质量或数量做出变更。同时 FIDIC 合同条件又规定，没有工程师的指示，承包商不得做任何变更(工程量表上规定增加或减少工程量的除外)。

1)FIDIC合同条件下工程变更的范围

由于工程变更属于合同履行过程中的正常管理工作,工程师可以根据施工进展的实际情况,在认为必要时就以下几个方面发布变更指令:

(1)对合同中任何工作工程量进行改变。由于招标文件的工程量清单中所列的工程量是依据招标图纸的量值,为承包人在编制投标书时编制施工组织设计及报价之用,因此实施过程中会出现实际工程量与计划值不符的情况。为了便于合同管理,当事人双方应在专用条款内约定工程量变化较大时可以调整单价的百分比(视工程具体情况,可在15%～25%范围内确定)。

(2)任何工作质量或其他特性变更,如在合同规定的标准基础上提高或者降低质量标准。

(3)工程任何部分标高、位置和尺寸改变。这方面的改变无疑会增加或者减少工程量,因此也属于工程变更。

(4)删减任何合同约定的工作内容。省略的工作应是不再需要的工程,不允许用变更指令的方式将承包范围内的工作变更给其他承包商实施。

(5)改变原定的施工顺序或时间安排。此类属于合同工期的变更,既可能由增加工程量、增加工作内容等情况导致,也可能由工程师为了协调几个承包人施工的工序而发布变更指示导致。

(6)新增工程。变更指令应是增加与合同工作范围性质一致的新工作内容,而且不应以变更指令的形式要求承包人使用超过其目前正在使用或计划使用的施工设备范围去完成新增工程,除非承包人同意此项工作按变更对待。一般应将新增工程按一个单独的合同来对待,但进行合同约定的永久工程施工所必需的任何附加工作、设备、材料供应或其他服务,包括联合调试、竣工检验、钻孔和其他检验以及勘察工作等不作为新增工程。

2)FIDIC合同条件下工程变更的程序

在颁发工程接收证书前的任何时间,工程师可以通过发布变更指示或以要求承包商递交建议书的任何一种方式提出变更。基本程序如下:

(1)提出变更要求。工程变更可由承包商提出,也可由业主或工程师提出。承包商提出的变更多数是从方便施工角度出发,业主提出设计变更大多是由于使用功能的需要;工程师提出工程变更大多是发现设计错误或不足。

(2)工程师审查变更。无论是哪一方提出的工程变更,均需由工程师审查批准。工程师审批工程变更时应与业主和承包商进行适当的协商。尤其是一些费用增加较多的工程变更项目,更要与业主进行充分的协商,征得业主同意后才能批准。

(3)编制工程变更文件。工程变更文件包括:

①工程变更令,主要说明变更的理由和工程变更的概况、工程变更估价及对合同价的影响。

②工程量清单。工程变更的工程量清单与合同中的工程量清单相同,并附工程量的计算式及有关确定工程单价的资料。

③设计图纸及说明。

④其他有关文件。

(4)发出变更指示。工程师的变更指示应以书面形式发出。如果工程师有必要以口头形式发出指示，口头指示发出后应尽快加以书面确认。

3)FIDIC 合同条件下工程变更的计价

工程变更后需按 FIDIC 合同条件的规定对变更影响合同价格的部分进行计价。如果工程师认为适当，应以合同中规定的费率及价格进行估价。

合同中未包括适用于该变更项目的价格和费率时，则应在合理的范围内使用合同中的费率和价格作为计价基础。若工程量清单中既没有与变更项目相同的项目，也没有相似的项目，由工程师与业主和承包商适当协商后确定一个合适的费率或价格作为结算的依据；当双方意见不一致时，工程师有权单方面确定其认为合适的费率或价格。为了支付方便，在费率和价格取得一致意见前，工程师应确定暂行费率和价格，列入期中暂付款支付。

6.2.3 合同价款调整

由于建设工程的特殊性，除了在施工中通常会出现工程变更带来合同价款的调整外，发生工程量清单特征描述不符、清单缺项、工程量偏差、暂估价和暂列金额与实际有偏差、物价变化、法律法规变化、提前竣工(赶工补偿)、误期赔偿、索赔以及因不可抗力而发生变更等情况都可能带来合同价款的调整。因此，在施工过程中，合同价款调整是十分正常的现象。对此《建设工程工程量清单计价规范》和《建设工程施工合同(示范文本)》的通用合同条款有相近的约定。

工程变更申请表如表 6.1 所示。

表 6.1　工程变更申请表

<table>
<tr><td colspan="2">申请人：</td><td colspan="2">申请表编号：</td><td>合同号：</td></tr>
<tr><td colspan="5">变更的分项工程内容及技术资料说明：

工程号：
施工段号：　　　　图号：</td></tr>
<tr><td>变更
依据</td><td colspan="2"></td><td>变
更
说
明</td><td></td></tr>
<tr><td>变更所
涉及的资料</td><td colspan="4"></td></tr>
</table>

续表

变更的影响：	工程成本：
技术要求：	材　　料：
对其他工程的影响：	机　　械：
	劳 动 力：
计划变更实施日期：	
变更申请人(签字)：	
变更批准人(签字)：	
备注：	

1. 工程变更价款的调整

在变更发生后对变动部分确定单价时，首先应当考虑适用合同中已有的、能够适用或者能够参照适用的分项单价，其原因在于，在合同中已经订立(一般是通过招投标)的价格是较为公平合理的，因此应当尽量采用。具体工程变更价款的调整方法见 6.2.2 节。

2. 综合单价的调整

当工程量清单中工程量有误或工程变更引起实际完成的工程量增减超过合同中约定的幅度时，增加部分或减少后剩余部分工程量清单项目的综合单价应予调整。

《建设工程工程量清单计价规范》(GB 50500—2013)中的相关规定是：

(1)若在合同履行期间出现设计图纸(含设计变更)与工程量清单项目的特征描述不符，工程量清单缺项，以及新增分部分项工程清单项目，包括可能引起的措施项目变化，均按工程变更的处理办法重新确定相应工程量清单项目的综合单价，相应调整措施项目费，并调整合同价款。

(2)如实际工程量与招标工程量清单出现超过 15%的偏差(包括变更等原因导致工程量偏差)，当工程量增加 15%以上时，增加部分的工程量的综合单价应予调低；当工程量减少 15%以上时，减少后剩余部分的工程量的综合单价应予调高。如出现此类超过 15%的偏差引起相关措施项目相应发生变化，按系数或单一总价方式计价的，工程量增加的措施项目费调增，工程量减少的措施项目费调减。

3. 现场签证

《建设工程工程量清单计价规范》(GB 50500—2013)中规定：

(1)承包人应发包人要求完成合同以外的零星项目、非承包人责任事件等工作的，发包人应及时以书面形式向承包人发出指令，并应提供所需的相关资料。承包人在收到指令后，应及时向发包人提出现场签证要求。

(2)当承包人在施工过程中发现合同工程内容因场地条件、地质水文等与发包人提供资料等不一致时，承包人应提供所需的相关资料，并提交发包人签证认可，作为合同价款调整的依据。

(3)承包人应在收到发包人指令后的7天内向发包人提交现场签证报告，发包人应在收到签证报告后的48小时内对报告内容进行核实，予以确认或提出修改意见。

(4)现场签证的工作如已有相应的计日工单价，现场签证中应列明完成该类项目所需的人工、材料、工程设备和施工机械台班的数量。如现场签证的工作没有相应的计日工单价，应在现场签证报告中列明完成该签证工作所需的人工、材料、设备和施工机械台班的数量及单价。

(5)现场签证工作完成后的7天内，承包人应按照现场签证内容计算价款，报送发包人确认后，作为增加合同价款与进度款同期支付。

(6)合同工程发生现场签证事项，未经发包人签证确认，承包人擅自施工的，除非征得发包人书面同意，否则发生的费用应由承包人承担。

4. 物价变化的调整

由承包人采购的材料，材料价格以承包人在投标报价书中载明的价格进行控制。施工期内材料价格发生的波动超过合同约定时，承包人采购材料前应报发包人复核采购数量，确认用于本合同工程时，发包人应认价并签字同意。发包人在收到资料后，在合同约定日期到期前不予答复的可视为认可，作为调整该种材料价格的依据。如果承包人未报发包人审核即自行采购，再报发包人调整材料价格，发包人不同意的，不做调整。

《建设工程工程量清单计价规范》(GB 50500—2013)中的相关规定是：合同履行期间，因人工、材料、工程设备、机械台班价格波动影响合同价款时，应根据合同约定调整合同价款。承包人采购材料和工程设备的，应在合同中约定主要材料、工程设备价格变化的范围或幅度；当合同没有约定，且材料、工程设备单价变化超过5%时，对超过部分应调整材料、工程设备费。按下述调整方法之一予以调整。

1)价格指数调整价格差额法

因人工、材料和工程设备、施工机械台班等价格波动影响合同价格时，按如下计算公式计算差额并调整合同价款：

$$\Delta P = P_0[A + (B_1 \times F_{t1}/F_{01} + B_2 \times F_{t2}/F_{02} + B_3 \times F_{t3}/F_{03} + \cdots + B_n \times F_{tn}/F_{0n}) - 1]$$

式中：ΔP——需调整的价格差额。

P_0——约定的付款证书中承包人应得到的已完成工程量的金额。此项金额应不包括价格调整，不计质量保证金的扣留和支付、预付款的支付和扣回。约定的变更及其他金额已按现行价格计价的，也不计在内。

A——定值权重(即不调部分的权重)。

$B_1, B_2, B_3, \cdots, B_n$——各可调因子的变值权重(即可调部分的权重),为各可调因子在投标函投标总报价中所占的比例。

$F_{t1}, F_{t2}, F_{t3}, \cdots, F_{tn}$——各可调因子的现行价格指数,指约定的付款证书相关周期最后一天的前42天的各可调因子的价格指数。

$F_{01}, F_{02}, F_{03}, \cdots, F_{0n}$——各可调因子的基本价格指数,指基准日期的各可调因子的价格指数。

以上价格调整公式中的各可调因子,定值和变值权重,以及基本价格指数,来源于投标文件中的承包人提供主要材料和工程设备一览表所列的价格指数和权重约定。价格指数应首先采用工程造价管理机构提供的价格指数,缺乏上述价格指数时,可采用工程造价管理机构提供的价格代替。

在计算调整差额时得不到现行价格指数的,可暂用上一次价格指数计算,并在以后的付款过程中再按实际价格指数进行调整。

变更导致原定合同中的权重不合理时,由承包人和发包人协商进行调整。

由于承包人原因未在约定的工期内竣工的,对原约定竣工日期后继续施工的工程,在使用上述价格调整公式时,应采用原约定竣工日期与实际竣工日期的两个价格指数中较低的一个作为现行价格指数。

【例6.1】 某建筑工程合同总价为1 100万元,合同签订日期为2018年8月,工程于2019年8月建成交付使用。该工程各项费用构成比重以及有关价格指数如表6.2所示。

表6.2 各项费用构成比重以及有关价格指数表

项目	人工	钢材	木材	水泥	骨料	砂	固定费用
比重/(%)	11	20	6	18	12	8	25
2018年8月价格指数/(%)	110.1	98.0	117.9	112.9	95.9	91.1	—
2019年8月价格指数/(%)	115.2	100.2	116.5	111.4	98.4	94.3	—

计算该工程需要调整的价格差额。

【解】

$$\begin{aligned}\text{需调整的价格差额} &= P_0[A+(B_1\times F_{t1}/F_{01}+B_2\times F_{t2}/F_{02}+B_3\times F_{t3}/F_{03}+\cdots+B_n\times F_{tn}/F_{0n})-1]\\ &= 1\,100\text{万元}\times[0.25+(0.11\times 115.2\%/110.1\%+0.20\times 100.2\%/98.0\%\\ &\quad +0.06\times 116.5\%/117.9\%+0.18\times 111.4\%/112.9\%\\ &\quad +0.12\times 98.4\%/95.9\%+0.08\times 94.3\%/91.1\%)-1]\\ &= 13.66\text{万元}\end{aligned}$$

该工程2019年8月需要调整的价格差额为13.66万元。

2)造价信息调整价格差额法

施工期内，因人工、材料和工程设备、施工机械台班价格波动影响合同价格时，人工、机械使用费按照国家或省、自治区、直辖市建设行政管理部门、行业建设管理部门或其授权的工程造价管理机构发布的人工成本信息、机械台班单价或机械使用费系数进行调整；需要进行价格调整的材料，其单价和采购数应由发包人复核，发包人确认需调整的材料单价及数量，作为调整合同价款差额的依据。

如人工单价发生变化且承包人的报价不高于省级或行业建设主管部门发布的人工费或人工单价，发、承包双方应按省级或行业建设主管部门或其授权的工程造价管理机构发布的人工成本文件调整合同价款。

材料、工程设备价格变化按照投标文件中的承包人提供主要材料和工程设备一览表，根据发、承包双方约定的风险幅度范围，按下列方法调整合同价款：

(1)承包人投标报价中材料单价低于基准单价：施工期间材料单价涨幅以基准单价为基础超过合同约定的风险幅度值，或材料单价跌幅以投标报价为基础超过合同约定的风险幅度值时，其超过部分按实调整。

(2)承包人投标报价中材料单价高于基准单价：施工期间材料单价跌幅以基准单价为基础超过合同约定的风险幅度值，或材料单价涨幅以投标报价为基础超过合同约定的风险幅度值时，其超过部分按实调整。

(3)承包人投标报价中材料单价等于基准单价：施工期间材料单价涨、跌幅以基准单价为基础超过合同约定的风险幅度值时，其超过部分按实调整。

(4)承包人应在采购材料前将采购数量和新的材料单价报送发包人核对，确认用于本合同工程时，发包人应确认采购材料的数量和单价。发包人在收到承包人报送的确认资料后 3 个工作日不予答复的视为已经认可，作为调整合同价款的依据。承包人未报送发包人核对即自行采购材料，再报发包人确认调整合同价款的，如发包人不同意，则不做调整。

施工机械台班单价或施工机械使用费发生变化、超过省级或行业建设主管部门或其授权的工程造价管理机构规定的范围时，按其规定调整合同价款。

发生合同工程工期延误时，因非承包人原因导致工期延误的，计划进度日期后续工程的价格应采用计划进度日期与实际进度日期两者的较高者；因承包人原因导致工期延误的，计划进度日期后续工程的价格应采用计划进度日期与实际进度日期两者的较低者。

发包人供应材料和工程设备的，不适用上述规定，由发包人按照实际变化调整，列入合同工程的工程造价。

5. 措施费用的调整

施工期内，措施费用按承包人在投标报价书中的措施费用进行控制，有下列情况之一者，措施费用应予调整：

(1)发包人招标文件中未编列的措施项目，投标人中标的施工组织设计或施工方案中编列的且实际施工中采用的措施项目，其措施费用另行计算；

(2)发包人更改承包人的施工组织设计(修正错误除外)造成措施费用增加的应予调整；

(3)实际完成的工作量超过工程量清单的工作量的,如造成措施费用增加应予调整;

(4)因发包人原因并经发包人同意顺延工期,造成措施费用增加的应予调整。

措施费用具体调整办法在合同中约定;合同中没有约定或约定不明的,由发、承包双方协商;双方协商不能达成一致的,可按工程造价管理部门发布的有关办法计算,也可按合同约定的争议解决办法处理。

6. 暂估价、暂列金额的调整

暂估价专业分包工程、服务、材料和工程设备的明细由合同当事人在专用合同条款中约定。依法必须招标的暂估价项目,应通过招标方式签订暂估价合同予以确定。不属于依法必须招标的暂估价项目,承包人应根据施工进度计划,在签订暂估价项目的采购合同、分包合同前 28 天向监理人提出书面申请,监理人应当在收到申请后 3 天内报送发包人,发包人应当在收到申请后 14 天内给予批准或提出修改意见,承包人根据发包人的批准或修改意见确定暂估价合同;另外也可通过招标方式签订暂估价合同予以确定。

暂列金额应按照发包人的要求使用,发包人的要求应通过监理人发出。合同当事人可以在专用合同条款中协商确定有关事项。

7. 法律、法规变化引起的调整

施工期间因国家法律、行政法规以及有关政策变化导致工程造价增减变化的合同价款应予相应调整。在《建设工程工程量清单计价规范》(GB 50500—2013)中的相关规定是:

招标工程以投标截止日前 28 天、非招标工程以合同签订前 28 天为基准日,其后因国家的法律、法规、规章和政策发生变化引起工程造价增减变化的,发、承包双方应按照省级或行业建设主管部门或其授权的工程造价管理机构据此发布的规定调整合同价款。因承包人原因导致工期延误的,在合同工程原定竣工时间之后,合同价款调增的不予调整,合同价款调减的予以调整。

8. 不可抗力引起的调整

对不可抗力事件导致的人员伤亡、财产损失及费用增加,《建设工程工程量清单计价规范》(GB 50500—2013)中规定,发、承包双方应按下列原则分别承担并调整合同价款和工期:

(1)合同工程本身的损害,因工程损害导致第三方人员伤亡和财产损失,以及运至施工场地用于施工的材料和待安装的设备的损害,应由发包人承担;

(2)发包人、承包人人员伤亡应由其所在单位负责并承担相应费用;

(3)承包人的施工机械设备损坏及停工损失,应由承包人承担;

(4)停工期间,承包人应发包人要求留在施工场地的必要的管理人员及保卫人员的费用应由发包人承担;

(5)工程所需清理、修复费用,应由发包人承担。

不可抗力解除后复工的,若不能按期竣工,应合理延长工期。发包人要求赶工的,赶工费用应由发包人承担。

6.3 工程索赔

6.3.1 工程索赔的概念和分类

1. 工程索赔的概念

《中华人民共和国民法典》第五百七十七条规定："当事人一方不履行合同义务或履行合同义务不符合约定的，应当承担继续履行、采取补救措施或者赔偿损失等违约责任。"这即是索赔的法律依据。

工程索赔是在工程承包合同履行过程中，当事人一方对于非己方的过错而应由对方承担责任的情况造成的实际损失向对方提出经济补偿和(或)时间补偿的要求。按《建设工程工程量清单计价规范》(GB 50500—2013)的定义，索赔是指在工程合同履行过程中，合同当事人一方因非己方的原因而遭受损失，按合同约定或法律法规规定应由对方承担责任，从而向对方提出补偿的要求。

索赔是工程承包中经常发生的正常现象。由于施工现场条件、气候条件的变化，施工进度、物价的变化，以及合同条款、规范、标准文件和施工图纸的变更、差异、延误等因素的影响，工程承包中不可避免地出现索赔。

对于施工合同中的双方来说，索赔是维护自身合法利益的权利，对于索赔，我们要把握以下几个重要的特性：

(1)索赔是双向的，它同合同条件中双方的合同责任一样，构成严密的合同制约关系。承包商可以向业主提出索赔，业主也可以向承包商提出索赔。在工程承包界也有将承包商向业主进行施工索赔称为"索赔"，而将业主向承包商进行索赔称为"反索赔"的说法。

(2)索赔是一种损失补偿行为，而非惩罚，是对非自身原因造成的工程延期、费用增加或经济损失而要求获得补偿的一种权利。

(3)工程索赔的发生可以概括为以下三个方面：

①一方违约使另一方蒙受损失，受损方向对方提出赔偿损失的要求；

②发生应由业主承担责任的特殊风险或遇到不利自然条件等情况，承包商蒙受较大损失而向业主提出补偿损失要求；

③承包商本人应当获得正当利益，由于没能及时得到监理工程师的确认和业主应给予的支付而提出索赔。

(4)索赔成立的条件：

①非己方的过错，即造成费用增加或工期损失的原因不是由于自己一方的过失；

②已经造成实际损失，即与合同相比较已经造成了实际额外费用增加或工期损失；

③该事件属合同以外的风险；

④在规定的期限内，提出索赔书面要求。

索赔成立的三要素是：

①正当的索赔理由；

②有效的索赔证据；

③在合同约定的时间内提出。

2. 工程索赔产生的原因

1)当事人违约

当事人违约常常表现为没有按照合同约定履行自己的义务。如发包人的违约常常表现为没有为承包人提供合同约定的施工条件、未按照合同约定的期限和数额付款、未能及时提供可施工的图纸、指令错误、甲供材料到现场的时间拖延或质量不符合要求以及其他应由发包人承担的风险。承包人违约的表现则主要是没有按照合同约定的质量、期限完成施工，或者由于不当行为给发包人造成其他损害等。

《建设工程施工合同(示范文本)》通用合同条款规定，在合同履行过程中发生下列情形属于发包人违约：①因发包人原因未能在计划开工日期前7天内下达开工通知的；②因发包人原因未能按合同约定支付合同价款的；③发包人违反变更的范围约定，自行实施被取消的工作或转由他人实施的；④发包人提供的材料、工程设备的规格、数量或质量不符合合同约定，或因发包人原因导致交货日期延误或交货地点变更等情况的；⑤因发包人违反合同约定造成暂停施工的；⑥发包人无正当理由，没有在约定期限内发出复工指示，导致承包人无法复工的；⑦发包人明确表示或者以其行为表明不履行合同主要义务的；⑧发包人未能按照合同约定履行其他义务的。

《建设工程施工合同(示范文本)》通用合同条款规定，在合同履行过程中发生的下列情形属于承包人违约：①承包人违反合同约定进行转包或违法分包的；②承包人违反合同约定采购和使用不合格的材料和工程设备的；③因承包人原因导致工程质量不符合合同要求的；④承包人违反约定，未经批准而私自将已按照合同约定进入施工现场的材料或设备撤离施工现场的；⑤承包人未能按施工进度计划及时完成合同约定的工作，造成工期延误的；⑥承包人在缺陷责任期及保修期内，未能在合理期限对工程缺陷进行修复，或拒绝按发包人要求进行修复的；⑦承包人明确表示或者以其行为表明不履行合同主要义务的；⑧承包人未能按照合同约定履行其他义务的。

2)不可抗力事件

不可抗力事件又可分为自然事件和社会事件。自然事件主要是不利的自然条件和客观障碍，如在施工过程中遇到了经现场调查无法发现、业主提供的资料中也未提到的、无法预料的情况，如地质条件的变化和发现了淤泥、膨胀土、流砂、暗浜、地质断层等，还比如遇到了特大、罕见、恶劣、异常等天气变化。社会事件则包括国家政策、法律、法令的变更，以及战争、罢工等。

3)合同缺陷

合同缺陷表现为合同文件规定不严谨，如措辞不当、说明不清楚、有二义性甚至矛盾以及遗漏等，合同缺陷会导致双方在实施合同过程中对责任、义务和权利存在争议，而这些往往都与工期、成本、价格等经济利益相联系。

4)合同理解的差异

合同双方对合同责任理解的差异也是引起索赔的主要原因之一。合同文件十分复杂，内容又多，再加上合同双方看问题的立场和角度不同，会造成合同双方对合同权利和义务的范围界限划分的理解不一致，特别是在国际承包工程中，合同双方来自不同的国度，使用不同的语言和不同的法律参照系，有不同的工程施工习惯，更容易因合同理解的差异造成争议、引起索赔。在这种情况下，工程师应当给予解释，如果这种解释将导致成本增加或工期延长，发包人应当给予补偿。

5)合同变更

合同变更表现为设计变更、施工方法变更、追加或者取消某些工作、合同其他规定的变更等，通常表现为业主对建筑功能、造型、质量、标准、实施方式以及工期等方面提出合同以外的要求。

6)工程师指令

工程师指令有时也会产生索赔，如工程师下达指令要求承包人加速施工、进行某项工作、更换某些材料、采取某些措施等。

7)其他第三方原因

其他第三方原因常常表现为因与工程有关的合同当事人之外的其他方(如设计单位、监理单位、其他独立承包商以及政府管理部门等各类其他第三方)的原因对合同某个当事人造成不利影响。

3. 工程索赔的分类

工程索赔依据不同的分类标准可以进行不同的分类。

1)按索赔的合同依据分类

按索赔的合同依据可以将工程索赔分为合同中明示的索赔和合同中默示的索赔。

(1)合同中明示的索赔。

合同中明示的索赔是指承包人所提出的索赔要求，在该工程项目的合同文件中有文字依据，承包人可以据此提出索赔要求，并取得工期、经济补偿。这些在文件中有文字规定的合同条款，称为明示条款。

(2)合同中默示的索赔。

相对于明示条款，默示条款是一个广泛的合同概念，它包含合同明示条款中没有写入、但符合双方签订合同时设想的愿望和当时环境条件的一切推定，在合同管理工作中也被称为推定条款。

工程合同中默示的索赔，指虽然在工程合同条款中没有专门的文字叙述，但可以根据该合同的某些条款的含义以及合同的执行，推论出合同当事人有索赔权。这种索赔要求，同样有法律效力，有权得到相应的补偿。如在工程合同中推定：

①业主应在适当的时间提供施工场地，应提供所有必要的设计文件，以及在合理的时间内提供其他的详细内容，不得阻碍承包人执行工作。如果没有约定价格，业主应对已做的工作支付公平合理的价格。

②承包商应以熟练的工作状态，使用符合预期目的的合适材料，达到商业上可接受的质量，并在合理的时间内完成工作。

③如业主或工程师指定材料或者没有让承包商知道材料使用的意图，有关使用适当材料的保证将被排除在外，但这不免除承包商保证这些材料本身质量的责任。

2)按发生索赔的原因分类

由于发生索赔的原因很多，根据工程施工索赔实践，通常可将工程索赔分为：

(1)增加(或减少)工程量索赔;

(2)地基变化索赔;

(3)工期延长索赔;

(4)加速施工索赔;

(5)工程质量缺陷索赔;

(6)不利自然条件及人为障碍索赔;

(7)工程范围变更索赔;

(8)合同文件错误索赔;

(9)暂停施工索赔;

(10)合同违约索赔;

(11)终止合同索赔;

(12)设计图纸提供拖延索赔;

(13)拖延付款索赔;

(14)物价上涨索赔;

(15)业主风险索赔;

(16)法规、标准与规范等变更索赔;

(17)特殊风险索赔;

(18)不可抗拒天灾索赔等。

3)按索赔目的分类

就工程索赔的目的而言,施工索赔可分为工期索赔和经济索赔。

(1)工期索赔。

由于非承包人的原因而导致施工进度延误,承包人要求批准顺延合同工期的索赔,称为工期索赔。工期索赔形式上是对权利的要求,如承包人进行工期索赔是为了避免在原定合同竣工日不能完工时被发包人追究拖期违约责任,一旦获得批准,合同工期顺延,承包人不仅免除了承担拖期违约赔偿的责任,而且可能得到提前竣工奖励。这说明工期索赔最终仍反映在经济收益上。

(2)经济索赔。

经济索赔就是合同当事人一方向另一方要求补偿不应该由自己承担的经济损失或额外开支,也就是取得合理的经济补偿,以挽回不应由己方承担的经济损失。工程合同中承包商取得经济补偿的前提是,在实际施工过程中发生的施工费用超过了投标报价书中该项工作所预算的费用,而这些费用超支的责任不在承包商方面,也不属于承包商的风险范围。具体来说,经济索赔主要来自两种情况:①施工受到了干扰,导致工作效率降低;②业主指令工程变更或实施额外工程,导致工程成本增加。

4)按索赔的处理方式分类

(1)单项索赔。

单项索赔就是采取“一事一索赔”的方式,即在每一个索赔事项发生后,报送索赔通知书,编报索赔报告书,要求单项解决支付,不与其他的索赔事项混在一起。单项索赔是施工索赔通常采用的方式。它避免了多项索赔的相互影响制约,所以解决起来比较容易。

(2)综合索赔。

综合索赔又称总索赔,俗称一揽子索赔,即将整个工程(或某项工程)中所发生的数个索赔事项综合在一起进行索赔。综合索赔是在特定的情况下被迫采用的一种索赔方法。

有时,施工过程受到非常严重的干扰,以致承包商的全部施工活动与原来的计划大不相同,原合同规定的工作与变更后的工作相互混淆,承包商无法为索赔保存准确而详细的成本记录资料,无法分辨哪些费用是原定的、哪些费用是新增的,在这种条件下,无法采用单项索赔的方式,因此对整个工程(或某项工程)的实际总成本与原预算成本之差额提出索赔。

承包商采取综合索赔时,必须提出以下证明:①承包商的投标报价是合理的;②实际发生的总成本是合理的;③承包商对成本增加没有任何责任;④不可能采用其他方法准确地计算出实际发生的损失数额。

虽然如此,承包商仍应该注意,应尽量避免采取综合索赔的方式,因为它涉及的争议因素太多,一般很难成功。

【例 6.2】 某厂(甲方)与某建筑公司(乙方)订立了某工程项目施工合同,同时与某降水公司(丙方)订立了工程降水合同。建筑公司编制了施工网络计划,工作 B、E、G 为关键线路上的关键工作,工作 D 有总时差 8 天。工程施工中发生如下事件:

(1)降水方案错误,致使工作 D 推迟 2 天,乙方人员配合用工 5 个工日,窝工 6 个工日;

(2)因供电中断,停工 2 天,造成人员窝工 16 个工日;

(3)因设计变更,工作 E 工程量由招标文件中的 300 m^3 增至 350 m^3,原计划工期为 6 天;

(4)为保证施工质量,乙方在施工中将工作 B 原设计尺寸扩大,增加工程量 15 m^3;

(5)在工作 D、E 均完成后,甲方指令增加一项临时工作 K,经核准,完成该工作需要 1 天时间,机械 1 台班,人工 10 个工日。

问题:对上述哪些事件乙方可以提出索赔要求?对哪些事件不能提出索赔要求?为什么?

【解】 对事件(1)可提出索赔要求,因为降水工程由甲方另外发包,是甲方的风险。

对事件(2)可提出索赔要求,因为外部停电、停水属不可抗力。

对事件(3)可提出索赔要求,因为设计变更是甲方的责任。

对事件(4)不应提出索赔要求,因为保证施工质量的技术措施费应由乙方承担。

对事件(5)可提出索赔要求,因为甲方指令增加工作,是甲方的责任。

6.3.2 工程索赔的处理

1. 工程索赔的处理原则

1)索赔必须以合同为依据

不论索赔事件的发生属于哪一种原因,都必须在合同中找到相应的依据,当然,有些依据可能是合同中隐含的。工程师依据合同和事实对索赔进行处理是索赔公平性的重要体现。在不同的合同条件下,索赔依据很可能是不同的。如因为不可抗力导致的索赔,在国内《建设工程施工合同(示范文本)》条件下,承包人机械设备损坏的损失,是由承包人承担的,不能向发包人索赔;但在 FIDIC 合同条件下,不可抗力事件一般都列为业主承担的风险,损失都应当由业主承担。

2)索赔按规定程序提出与回复

索赔事件发生后,索赔的提出应当及时,索赔的处理也应当及时。索赔处理不及时对双方都会产生不利的影响，如承包人的索赔长期得不到合理解决，索赔堆积会导致其资金困难，同时会影响工程进度，给双方都带来不利的影响。处理索赔既要考虑到合同的有关规定，也应当考虑到工程的实际情况。

3)认真审核索赔理由和依据

认真审核索赔理由和依据是指对索赔方提出的索赔要求进行评审、反驳与修正。首先是审核索赔要求有无合同依据，即有没有该项索赔权。审核过程中要全面参阅合同文件中的所有有关条款，客观评价、实事求是、慎重对待。不符合合同文件规定的索赔要求，即应被认为没有索赔权，但要防止有意轻率否定的倾向，避免合同争端的发生。根据工程索赔的实践，判断是否有索赔的权利，主要依据以下几方面：

(1)此项索赔是否具有合同依据，即工程施工合同文件规定的索赔权是否适用于该类事件，若不适用则可以拒绝这项索赔要求。

(2)索赔报告中引用索赔理由是否充分，论证索赔权是否有漏洞、有无说服力。若理由不充分且漏洞较多、缺乏说服力，可以驳回该项索赔要求。

(3)索赔事项的发生是否因索赔方的责任引起。凡是属于索赔方原因造成的索赔事项，都应予以反驳拒绝，甚至采取反索赔措施。若属于双方都有一定责任的情况，则要分清谁是主要责任者，或按各方责任的后果确定承担责任的比例。

(4)在索赔事项初发时，索赔方是否采取了力所能及的一切措施以防止事态扩大。如确有事实证明索赔方在当时未采取任何措施，则可拒绝索赔方要求的损失补偿。

(5)此项索赔是否属于索赔方承担的合同风险范畴。在工程承包合同中，业主和承包商都承担着风险，凡属于合同风险的内容，可拒绝接受相应索赔要求。

(6)索赔方是否在合同规定的时限内(一般为发生索赔事件后的 28 天内)报送索赔意向通知。若没有，可拒绝接受这类索赔要求。

4)认真核定索赔款额

在审核确定索赔方具有索赔权的前提下，要对索赔方提出的索赔报告进行详细审核，对索赔款的各个部分进行逐项审核，查对单据和证明文件，确定哪些不能列入索赔款额，哪些款额偏高，哪些在计算上有错误和重复。通过检查，确定认可的索赔款额。

5)加强主动控制，减少工程索赔

对于工程索赔应当加强主动控制，尽量减少索赔。这就要求在工程管理过程中，将工作做在前面，减少索赔事件的发生。这样能够使工程更顺利地进行，降低工程造价，减少施工工期。

2. 工程索赔程序

1)索赔的基本程序

在工程项目施工阶段，每出现一个索赔事件，都应按照国家有关规定、国际惯例和工程项目合同条件的规定，认真、及时地协商解决，通常，对承包人提出索赔的控制程序如图 6.4 所示。

2)《建设工程施工合同(示范文本)》对索赔程序和时限的规定

(1)承包人的索赔。

根据合同约定，承包人认为有权得到追加付款和(或)延长工期的，主要包括发包人未能按合同约定履行自己的各项义务或发生错误以及应由发包人承担责任的其他情况，造成工期延误和(或)向承包人延期支付合同价款及承包人的其他经济损失，按以下程序处理：

①承包人应在知道或应当知道索赔事件发生后 28 天内，向监理人递交索赔意向通知书，并

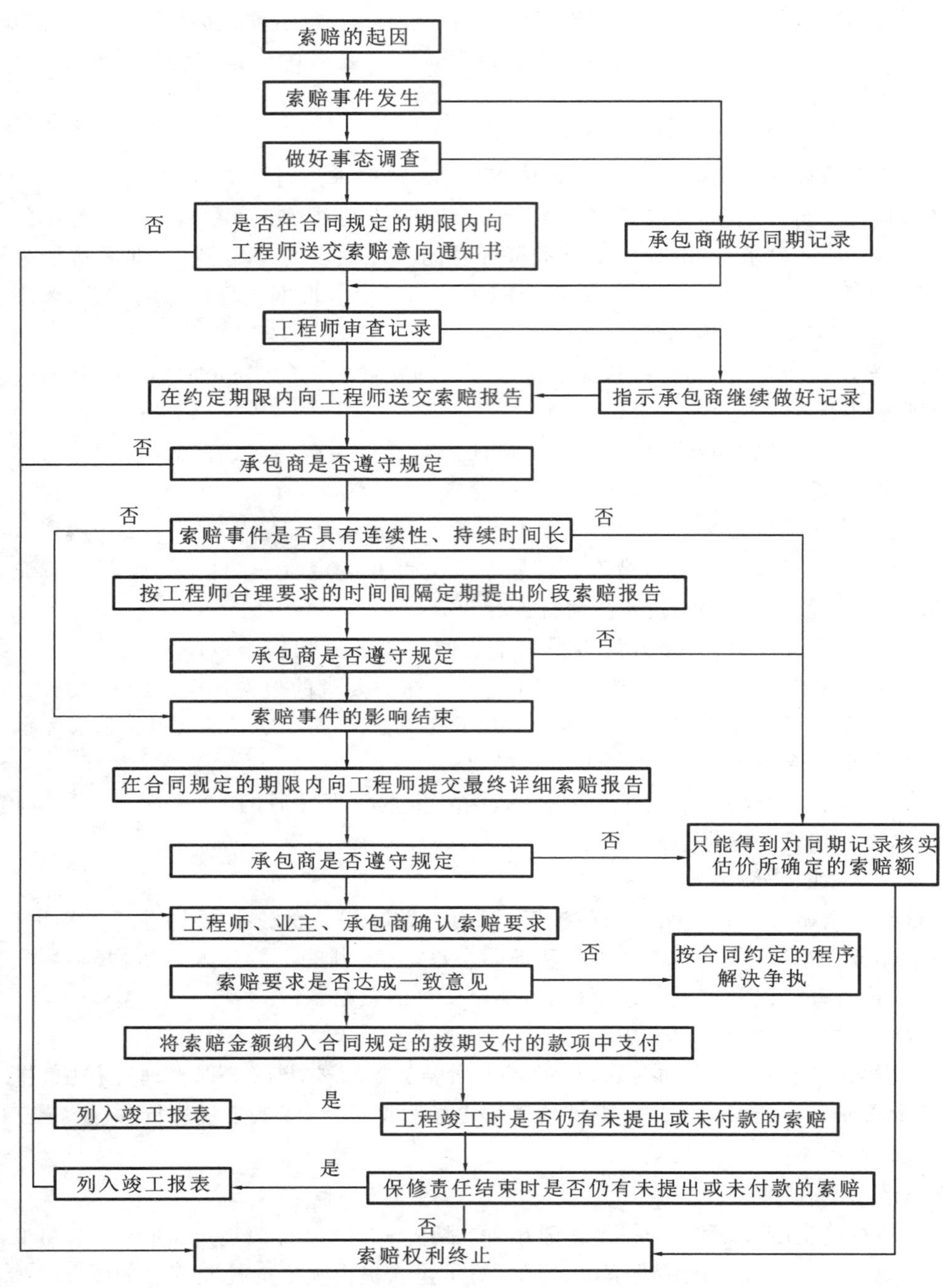

图 6.4 对承包人提出索赔的控制程序

说明发生索赔事件的事由;承包人未在前述期限内发出索赔意向通知书的,丧失要求追加付款和(或)延长工期的权利。

②承包人应在发出索赔意向通知书后 28 天内,向监理人正式递交索赔报告;索赔报告应详细说明索赔理由以及要求追加的付款金额和(或)延长的工期,并附必要的记录和证明材料。

③索赔事件具有持续影响的,承包人应按合理时间间隔继续递交延续索赔通知,说明持续

影响的实际情况和记录，列出累计的追加付款金额和(或)工期延长天数。

④在索赔事件影响结束后28天内，承包人应向监理人递交最终索赔报告，说明最终要求索赔的追加付款金额和(或)延长的工期，并附必要的记录和证明材料。

⑤监理人应在收到索赔报告后14天内完成审查并报送发包人。监理人对索赔报告存在异议的，有权要求承包人提交全部原始记录副本。

⑥在监理人收到索赔报告或有关索赔的进一步证明材料后的28天内，由监理人向承包人出具经发包人签认的索赔处理结果。发包人逾期答复的，视为认可承包人的索赔要求。

⑦承包人接受索赔处理结果的，索赔款项在当期进度款中进行支付；承包人不接受索赔处理结果的，按照争议解决条款的约定处理。

承包人同意了最终的索赔决定，这一索赔事件即告结束。若承包人不接受，就会导致合同纠纷。通过谈判和协调双方达成互让的解决方案是处理纠纷的理想方式。如果双方不能达成谅解，就只能按合同约定的争议解决方式办理，诉诸仲裁或者诉讼。

索赔处理的时限如图6.5所示。

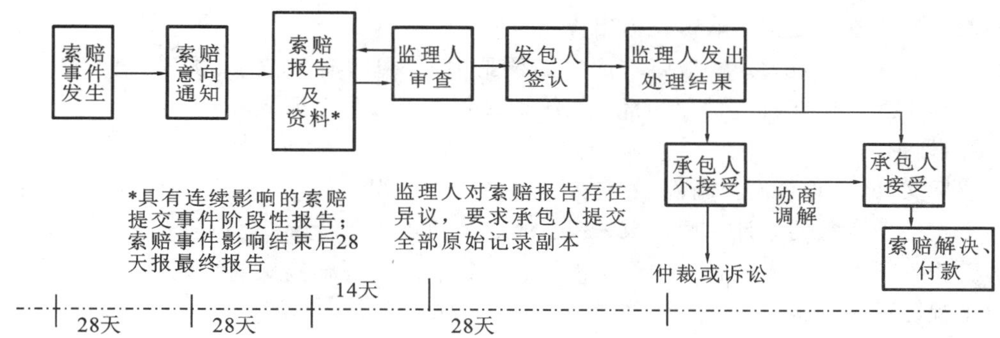

图6.5　索赔处理的时限

另外，《建设工程施工合同(示范文本)》通用合同条款规定，承包人按合同约定接收竣工付款证书后，应被视为已无权再提出在合同工程接收证书颁发前所发生的任何索赔。承包人按合同约定提交的最终结清申请单中，只限于提出合同工程接收证书颁发后发生的索赔。提出索赔的期限自接收最终结清证书时终止。

(2)发包人的索赔。

承包人未能按合同约定履行自己的各项义务和发生错误给发包人造成损失的，发包人也可向承包人提出索赔。根据合同约定，发包人认为有权得到赔付金额和(或)延长缺陷责任期的，监理人应向承包人发出通知并附有详细的证明。

①发包人应在知道或应当知道索赔事件发生后28天内通过监理人向承包人提出索赔意向通知书，发包人未在前述期限内发出索赔意向通知书的，丧失要求赔付金额和(或)延长缺陷责任期的权利。发包人应在发出索赔意向通知书后28天内，通过监理人向承包人正式递交索赔报告。

②承包人收到发包人提交的索赔报告后，应及时审查索赔报告的内容，查验发包人证明材料。

③承包人应在收到索赔报告或有关索赔的进一步证明材料后28天内，将索赔处理结果答复发包人。如果承包人未在上述期限内做出答复，则视为对发包人索赔要求的认可。

④承包人接受索赔处理结果的，发包人可从应支付给承包人的合同价款中扣除赔付的金额或延长缺陷责任期；承包人不接受索赔处理结果的，按争议解决条款的约定处理。

3. 索赔证据

任何索赔事件的确立，其前提条件是必须有正当的索赔理由。对正当索赔理由的说明必须具有证据，因为索赔的进行原则是“靠证据说话”。当合同一方向另一方提出索赔时，要有正当索赔理由，且有索赔事件发生时的有效证据。没有证据或证据不足，索赔是难以成功的。

1）对索赔证据的要求

(1)真实性。索赔证据必须是在实施合同过程中确定存在和发生的，必须完全反映实际情况，能经得住推敲。

(2)全面性。所提供的证据应能说明事件的全过程。索赔报告中涉及的索赔理由、事件过程、影响、索赔值等都应有相应证据。

(3)关联性。索赔的证据应当能够互相说明，相互具有关联性，不能零乱和支离破碎，不能互相矛盾。

(4)及时性。索赔证据的取得及提出应当及时。

(5)具有法律证明效力。一般要求证据必须是书面文件，有关记录、协议、纪要必须是双方签署的；工程中重大事件、特殊情况的记录、统计必须由工程师签证认可。

2)索赔证据的种类

(1)招标文件、工程合同及附件、发包人认可的施工组织设计、工程图纸、技术规范等；

(2)工程各项有关的设计交底记录、变更图纸、变更施工指令等；

(3)工程各项经发包人或合同中约定的发包人代表或工程师签认的签证；

(4)工程各项往来函件、指令、通知、答复等；

(5)各类工程会议纪要；

(6)经批准的施工进度计划及现场实施情况记录；

(7)工程使用的材料和设备的采购、订货、运输、进场、验收等方面的凭据；

(8)工程施工使用的机械、设备、材料及劳动力的进场、使用和出场等方面的凭据；

(9)施工日报及工长工作日志、备忘录；

(10)工程送电、送水、道路开通、封闭的日期及数量记录；

(11)工程停电、停水和干扰事件影响的日期及恢复施工的日期记录；

(12)工程现场气候记录，即有关天气的温度、风力、雨雪等；

(13)工程预付款、进度款拨付的数额及日期记录；

(14)工程图纸、图纸变更、交底记录的送达份数及日期记录；

(15)工程有关施工部位的照片及录像等；

(16)工程验收报告及各项技术鉴定报告等；

(17)工程财务核算资料；

(18)国家和省级或行业建设主管部门有关影响工程造价、工期的文件、规定等。

4. 索赔文件

索赔文件是合同当事人一方向对方提出索赔的正式书面文件，也是对方审议索赔请求的主要依据。索赔文件通常包括索赔函、索赔报告和附件三个部分。

1)索赔函

索赔函是一封索赔方致合同对方或其代表的简短的信函,应包括以下内容:

(1)说明索赔事件;

(2)列举索赔理由;

(3)提出索赔金额和/或工期要求;

(4)附件说明。

整个索赔函起提纲挈领的作用,它把其他材料贯通起来。

2)索赔报告

索赔报告是索赔材料的正文,其一般包含三个主要部分。

(1)报告的标题,应言简意赅地介绍索赔的核心内容;

(2)事实与理由,这部分应该叙述客观事实,合理引用合同规定,建立事实与损失之间的因果关系,说明索赔的合理合法性;

(3)损失计算与要求赔偿金额及工期,这部分应列举各项明细数字及汇总数据。

需要特别注意的是,索赔报告的表述方式对索赔的解决有重大影响。一般要注意:

①索赔事件要真实、证据确凿,令对方无可推却和辩驳。事件叙述要清楚明确,避免使用"可能""也许"等估计猜测性语言,造成索赔说服力不强的后果。

②计算索赔值要合理、准确。要将计算的依据、方法、结果详细说明列出,这样易使对方接受,可减少争议和纠纷。

③责任分析要清楚。一般索赔所针对的事件都是由于非索赔方责任而引起的,因此,索赔方在索赔报告中必须明确对方负全部责任,而不可用含糊的语言,否则会丧失自己在索赔中的有利地位,使索赔失败。

④要强调事件的不可预见性和突发性,说明索赔方对它不可能有准备,也无法预防,并且索赔方为了避免和减轻该事件的影响和损失已尽了最大的努力,采取了能够采取的措施,从而使索赔理由更加充分,更易使对方接受。

⑤明确表明索赔事件与索赔有直接的因果关系,阐述由于索赔事件的影响,工程施工受到严重干扰,拖延了工期,索赔方为此增加了支出或蒙受损失。

⑥索赔报告用语应尽量婉转,避免使用强硬、不客气的语言给索赔带来不利的影响。

3)附件

附件一般包括:

(1)索赔报告中列举事实、理由、影响等的证明文件和证据。

(2)详细计算书,这是为了支持索赔金额的真实性而设置的,为了简明可以选用图表等形式。

6.3.3 工程索赔的计算

1. 可索赔的费用

1)承包人提出索赔

承包人提出工程索赔时可索赔费用同施工承包合同价所包含的组成部分一样,包括直接费、间接费和利润。从原则上说，凡是承包人有索赔权的工程成本，都是可以索赔的费用。但是，对于不同原因引起的索赔，可索赔费用的具体内容有所不同。同一种新增的成本开支，在不同原因、不同性质的索赔中，有的可以肯定地列入索赔款额，有的则不能列入，还有的在能否列入的问题上需要具体分析判断。具体的索赔费用内容一般包括以下几个方面：

(1)人工费，包括增加工作内容的人工费、停工损失费和工作效率降低的损失费等累计。一般工作量的增加、成本的增加可按合同中的工日单价计，其他原因造成的窝工只能按双方约定的补贴计。

(2)施工机械使用费，属工程数量的增加。合同外工作内容造成机械台班量增加时，可按合同中约定的机械台班单价计。由于发包人原因造成现场机械闲置时，承包人自有机械可按台班折旧费计，租赁机械按设备租赁每天费用计。

(3)材料费。

(4)管理费，包括现场管理费和(或)总部管理费。

(5)利润。属成本增加的索赔事项可按有关规定计取管理费和利润。

(6)保函手续费。工程延期时，保函手续费相应增加；反之，取消部分工程且发包人与承包人达成提前竣工协议时，承包人的保函金额相应折减，则计入合同价的保函手续费也应扣减。

(7)贷款利息。

关于可索赔的费用，除了前述的人工费、材料费、施工机具使用费、管理费、利润等几个方面以外，有时承包商还会提出要求补偿额外担保费用，尤其是在这项担保费用的款额相当大时。对于大型工程，履行担保的额度款都很可观，由于延长履约担保所付的款额甚大，承包商有时会提出这一索赔要求，这是符合合同规定的。如果履约担保的额度较小，或经过履约过程中对履约担保款额的逐步扣减，此项费用已无足轻重，承包商亦会自动取消额外担保费的索赔，只提出主要的索赔款项，以利整个索赔工作的顺利解决。

在具体分析费用的可索赔性时，应对各项费用的特点和条件进行审核论证：《施工索赔》一书(J. Adrian 著，1988 年出版)对承包商提出的索赔费的组成部分进行了具体划分，并指明在最常见的 4 种不同的施工索赔中，哪些费用是可以得到补偿的，哪些费用是需要通过分析而决定能否得到补偿的，哪些费用则一般不能得到补偿，如表 6.3 所示。

表 6.3　索赔费的组成部分及其可索赔性分析表

施工索赔费的组成部分	不同原因引起的最常见的 4 种索赔			
	工程延期索赔	施工范围变更索赔	加速施工索赔	施工条件变化索赔
1. 由于工程量增大而新增现场劳动时间的费用	○	√	○	√
2. 由于工效降低而新增现场劳动时间的费用	√	*	√	*
3. 人工费提高	√	*	√	*
4. 新增的建筑材料用量	○	√	*	*
5. 建筑材料单价提高	√	√	*	*

续表

施工索赔费的组成部分	不同原因引起的最常见的4种索赔			
	工程延期索赔	施工范围变更索赔	加速施工索赔	施工条件变化索赔
6.新增加的分包工程量	○	√	○	*
7.新增加的分包工程成本	√	*	*	√
8.设备租赁费	*	√	√	√
9.承包商原有设备的使用费	√	√	*	√
10.承包商新增设备的使用费	*	○	*	*
11.工地管理费(可变部分)	*	√	*	√
12.工地管理费(固定部分)	√	○	○	*
13.公司总部管理费(可变部分)	*	*	*	*
14.公司总部管理费(固定部分)	√	*	○	*
15.利息(融资成本)	√	*	*	*
16.利润	*	√	*	√
17.可能的利润损失	*	*	*	*

注:本表引自《施工索赔》。

表6.3中对各项费用的可索赔性(是否应列入索赔款额)的分析意见用三种符号标识:"√"代表应该列入;"*"代表有时可以列入,亦即应通过合同双方具体分析决定;"○"表示一般不应列入索赔款额。这些分析意见是按一般的索赔而论的。在施工索赔的计价工作中,要考虑的具体因素很多,在不同原因的索赔中哪一种费用可以列入,应经过合同双方的分析论证,并审核各项费用的开支证明,才能最后商定。

2)发包人提出索赔

发包人对承包人的索赔主要围绕承包人履约过程中的违约责任进行。承包人应承担因其违约行为而增加费用和(或)延误工期的责任。此外,合同当事人可在专用合同条款中另行约定承包人违约责任的承担方式和计算方法。承包人应赔偿因其违约给发包人造成的损失。合同双方在专用条款内约定承包人赔偿发包人损失的计算方法或者承包人应当支付违约金的数额或计算方法。施工过程中发包人(业主)索赔主要有下列几种情况:

(1)工期延误索赔。在工程项目的施工过程中,由于多方面的原因,竣工日期拖后,影响到业主对该工程的利用,给业主带来经济损失,业主有权对承包商进行索赔,即由承包商支付延期竣工违约金。承包商支付这项违约金的前提是:这一工期延误的责任属于承包商方面。误期违约金通常由业主在招标文件中确定。

业主在确定违约金的费率时,一般要考虑以下因素:①业主盈利损失;②由于工期延长而引起的贷款利息增加;③工程拖期带来的附加监理费;④由于本工程拖期竣工不能使用,租用其他建筑物的租赁费。至于违约金的计算方法,在每个合同文件中均有具体规定。一般按每延误一天赔偿一定的款额计算,累计赔偿额一般不超过合同总额的10%。

(2)施工缺陷索赔。当承包商的施工质量不符合施工技术规程的要求,或在保修期未满以前未完成应该负责修补的工程时,业主有权向承包商追究责任。如果承包商未在规定的时限内完成修补工作,业主有权雇佣他人来完成工作,发生的费用由承包商承担。

(3)承包商不履行的保险费用索赔。如果承包商未能按合同条款为指定的项目投保,并保证保险有效,业主可以投保并保证保险有效,业主所支付的必要的保险费可在应付给承包商的款项中扣回。

(4)对超额利润的索赔。如果工程量增加很多(通常约定为超过有效合同价的15%),使承包商预期的收入增大,因工程量增加承包商并不增加任何固定成本,合同价应由双方讨论调整,收回部分超额利润。

如果由于法规的变化,承包商在工程实施过程中降低了成本,产生了超额利润,应重新调整合同价格,收回部分超额利润。

(5)对指定分包商的付款索赔。在工程承包商未能提供已向指定分包商付款的合理证明时,业主可以直接按照工程师的证明书,将承包商未付给指定分包商的所有款项(扣除保留金)付给该分包商,并从应付给承包商的任何款项中如数扣回。

(6)业主合理终止合同或承包商不正当地放弃工程的索赔。如果业主合理地终止承包商的承包,或者承包商不合理地放弃工程,则业主有权从承包商手中收回工程,并按新的承包商完成工程所需的工程款与原合同未付部分的差额提出索赔。

(7)由于施工或质量安全事故给业主方人员和/或第三方人员造成的人身或财产损失的索赔,以及承包商运送建筑材料及施工机械设备时损坏了公路、桥梁或隧洞,道桥管理部门提出的索赔等。

在工程索赔的实践中,以下几项费用一般是不允许索赔的:

①索赔方对索赔事项的发生原因负有责任的有关费用。

②因承包人对索赔事项未采取减轻措施而扩大的损失费用。

③承包人进行索赔工作的准备费用。

④索赔款在索赔处理期间的利息。

⑤工程有关的保险费用。索赔事项涉及的一些保险费用,如工程一切险、人员工伤保险、第三方保险等费用,在计算索赔款时一般不予考虑,除非在合同条款中另有规定。

2. 费用索赔的计算

在计算索赔款额时,客观地分析索赔款的组成部分,采用正确的计价方法,对顺利地解决索赔要求、取得索赔成功起着决定性的作用。实践证明,在有权要求索赔时,如果采用不合适的计价方法,没有事实根据地扩大索赔数额,漫天要价,往往使本来可以顺利解决的索赔要求搁浅,甚至失败。

在工程索赔中,对索赔款的计算通常遵循几种常用的原则,工程的索赔款计价通常是在这些原则的指导下具体进行的。常用的索赔款计价方法有下列几种。

1)实际费用法

实际费用法亦称为实际成本法,用于单项索赔形式,是工程索赔计价时最常用的计价方法。实际费用法计算的原则是,索赔方以为某个索赔事件所支付的实际开支为根据,向对方要求经济补偿。

承包商用实际费用法计价时,可针对某个索赔事件计算所发生的额外直接费(人工费、材料费、机械使用费等)，并在此基础上加上应得的间接费和利润，即为承包商的索赔金额。实际费用法客观地反映了承包商的额外开支或损失，要求对索赔事件造成的额外开支或损失提供合适的证据，因此也叫额外费用法。

由于实际费用法索赔计算依据是实际发生的成本记录或单据，所以在施工过程中系统而准确地积累记录资料是非常重要的。这些记录资料不仅是工程索赔所必不可少的，亦是工程项目施工总结的基础。

2)总费用法

总费用法即总成本法，就是在发生多次索赔事项以后，重新计算出该工程项目的实际总费用，再从这个实际总费用中减去按投标报价所计算的总费用，即为要求补偿的索赔款额：

索赔款额＝实际总费用－投标报价估算费用

在计算索赔款时，只有实际费用法难以采用，才使用总费用法。采用总费用法时，一般要有以下的条件：

(1)在施工时难于或不可能精确地计算出由于该索赔事项承包商损失的款额。

(2)承包商对工程项目的报价(即投标时的估算总费用)是比较合理的。

(3)已开支的实际总费用经过逐项审核，被认为是比较合理的。

(4)承包商对已发生的费用增加没有责任。

(5)承包商有较丰富的工程施工管理经验和能力。

在施工索赔工作中，一般不建议采用总费用法，因为实际发生的总费用中，可能包括了由于承包商的原因(如施工组织不善，工效太低，浪费材料等)而增加的费用；同时，投标报价时的费用可能因想竞争中标而过低。因此，采用总费用法计算索赔款，往往涉及很多的争议因素，会遇到较大的困难。

虽然如此，总费用法仍然在一定的条件下被采用，如在国际工程施工索赔中仍留有一席之地。这是因为，对于某些索赔事项，要很精确地计算出索赔款额是很困难的，有时甚至是不可能的，在这种情况下，逐项核实已开支的实际总费用，取消其不合理的部分，然后减去报价时的报价估算费用，仍可以比较合理地进行索赔款的计算。

3)修正的总费用法

修正的总费用法是对总费用法的改进，即在总费用计算的原则上，对总费用法进行相应的修改和调整，去掉一些比较不确切的可能因素，使其更合理。

用修正的总费用法进行修改和调整的内容主要如下：

(1)将计算索赔款的时段仅局限于受到外界影响的时段(如雨季)，而不是整个施工时期。

(2)只计算受影响时段内的某项工作(如土坝碾压)所受影响的损失，而不是计算该时段内所有施工工作所受的损失。

(3)在受影响时段内受影响的某项工程施工过程中，使用的人工、设备、材料等资源均有可靠的记录资料，如工程师的施工日志、现场施工记录等。

(4)与该项工作无关的费用，不列入总费用。

(5)对投标报价时的估算费用重新进行核算：按受影响时段内该项工作的实际单价进行计算，乘以实际完成的该项工作的工程量，得出调整后的报价费用。

经过上述各项调整修正的总费用，已能够相当准确地反映出实际增加的费用，可确定给承包商补偿的款额。据此，按修正的总费用法计算结果支付索赔款的计算公式是：

索赔款额＝某项工作调整后的实际总费用－该项工作的报价费用

修正的总费用法，与未经修正的总费用法相比较，有了实质性的改进，使索赔款额的准确程度接近于实际费用法，容易被业主及工程师所接受。

【例 6.3】 某建设项目业主与承包商签订了工程施工承包合同，合同及其附件的有关条文对索赔有如下规定：

(1)因窝工发生的人工费以 70 元/工日计算，建设方提前一周通知承包人时不以窝工处理，以补偿费支付 25 元/工日。

(2)机械台班费，汽车式起重机以 600 元/台班计算，蛙式打夯机以 180 元/台班计算，履带式推土机以 1 100 元/台班计算。因窝工而闲置时，只考虑折旧费，按台班费 70%计算。

(3)临时停工不补偿管理费和利润。

在施工过程中发生了以下情况：

①6 月 8 日至 6 月 21 日，施工到第七层时，因业主提供的钢筋未到，一台汽车式起重机和 35 名钢筋工停工(业主已于 5 月 30 日通知承包人)。

②6 月 10 日至 6 月 21 日，因场外停电、停水，地面基础工作的一台履带式推土机、一台蛙式打夯机和 30 名工人停工。

③6 月 23 日至 6 月 25 日，因一台汽车式起重机故障，在第十层浇捣钢筋混凝土梁的 35 名钢筋工停工。

承包商及时提出了索赔要求。

问题：

(1)哪些事件可以索赔？哪些事件不可以索赔？说明理由。

(2)合理的索赔金额为多少？

【解】 (1)事件①可以索赔。业主提供的钢筋未到，属于业主违约。

事件②可以索赔。场外停电、停水，属于不可抗力。

事件③不可以索赔。设备出现故障，属于承包商的责任。

(2)合理的索赔金额如下：

事件①：

机械闲置费：汽车式起重机一台，600 元/台班×70%×14 台班=5 880 元。

窝工人工费：因业主已提前一周通知承包人，所以只能以补偿费支付。

钢筋工，25 元/工日×(35×14)工日=12 250 元。

事件①合理的索赔费用为：5 880 元+12 250 元=18 130 元。

事件②：

机械闲置费：推土机一台，1 100 元/台班×70%×12 台班=9 240 元；打夯机一台，180 元/台班×70%×12 台班=1 512 元。

窝工人工费：70 元/工日×(30×12)工日=25 200 元。

事件②合理的索赔费用为：9 240 元+1 512 元+25 200 元=35 952 元。

事件③：承包商原因造成机械设备故障，不能给予补偿。

该建设项目合理的索赔费用为：18 130 元+35 952 元=54 082 元。

3. 工期索赔的计算

1)在工期索赔中应当特别注意的问题

(1)划清施工进度拖延的责任。因承包商的原因造成施工进度滞后，属于不可原谅的延期；

只有承包商不应承担任何责任的延误，才是可原谅的延期。有时工期延误的原因中包含双方责任，此时工程师应进行详细分析。

可原谅的延期，又可细分为给工期延长又给费用补偿和只给工期延长但不给费用补偿两种。后者是指非承包人责任，影响工期但并未导致施工成本额外增加，如因异常恶劣的气候条件影响而停工等。

(2)被延误的工作应是处于施工进度计划关键线路上的施工内容。只有关键线路上的工作内容滞后，才会影响到竣工日期。若被延误的工作属于非关键线路上的工作，则要详细分析这一延误对后续工作的可能影响，有没有时差可以被利用。若其对非关键路线工作的影响时间较长，超过了该工作可自由支配的时间，也会导致进度计划中非关键路线转化为关键路线，其滞后将导致总工期的拖延。此时，应充分考虑该工作的自由时间，给予相应的工期顺延，并要求承包商修改施工进度计划。

2)工期索赔的计算方法

(1)网络分析法。

网络分析法是指利用进度计划的网络图，分析其关键线路。如果延误的工作为关键工作，则总延误的时间为批准顺延的工期。如果延误的工作为非关键工作，当该工作由于延误超过时差限制而成为关键工作时，可以批准延误时间与时差的差值；若该工作延误后仍为非关键工作，则不存在工期索赔问题。

(2)比例计算法。

在工程实施过程中，因业主原因影响的工期，通常可直接作为工期的延长天数。当提供的条件能满足部分施工时，可用比例计算法来计算工期索赔值。其计算公式如下：

工期索赔值=(受干扰部分工程的合同价÷原合同总价)×该受干扰部分工期拖延时间

工期索赔值=(额外增加的工程量的价格÷原合同总价)×原合同总工期

比例计算法简单方便，但有时不尽符合实际情况，同时，比例计算法不适用于变更施工顺序、加速施工、删减工程量等事件的索赔。

(3)其他方法。

在实际工程中，工期补偿天数的确定方法可以是多样的，如以劳动力需用量作为相对单位，计算工期索赔值的相对单位法，因为工程的变更必然会引起劳动量的变化，在广义上它也是一种比例法。相对单位法计算公式如下：

$$\text{工期索赔值}=\left(\begin{matrix}\text{额外增加的工程量的}\\\text{劳动力需用量}\end{matrix}\div\begin{matrix}\text{原合同工程量的}\\\text{劳动力需用量}\end{matrix}\right)\times\begin{matrix}\text{原合同}\\\text{总工期}\end{matrix}$$

另外，在干扰事件发生前由双方商讨在变更协议或其他附加协议中直接确定补偿天数也是一种常用的方法。

总之，索赔是利用经济杠杆促进项目管理的有效手段，对承包人、发包人和工程师来说，处理索赔问题水平的高低，反映了对项目管理水平的高低。由于索赔是合同管理的重要环节，它也是计划管理的动力，是承包人增收的组成部分，是发包人控制工程造价的重要环节，所以，随着建筑市场的建立和发展，它将成为项目管理中越来越重要的问题。

【例 6.4】 某工程合同总价为 360 万元，总工期为 12 个月(每月制度工作日为 21 天)，现业主指令增加附属工程的合同价为 60 万元，计算承包商应提出的工期索赔时间。

【解】

$$总工期索赔=\frac{增加工程量的合同价}{原合同总价}\times原合同总工期$$

$$=\frac{60\ 万元}{360\ 万元}\times12=2$$

$$作业天=2\times21=42$$

则承包商应提出 2 个月,即作业天 42 天的工期索赔。

【例 6.5】 某厂(发包人,甲方)与某建筑公司(乙方)订立了某工程项目施工合同,同时与某降水公司(丙方)订立了工程降水合同。建筑公司编制了施工网络计划,工作 B、E、G 为关键线路上的关键工作,工作 D 有总时差 8 天。工程施工中发生如下事件:

①降水方案错误,致使工作 D 推迟 2 天,乙方人员配合用工 5 个工日,窝工 6 个工日;

②因供电中断,停工 2 天,造成人员窝工 16 个工日;

③因设计变更,工作 E 工程量由招标文件中的 300 m^3 增至 350 m^3,原计划工期为 6 天;

④为保证施工质量,乙方在施工中将工作 B 原设计尺寸扩大,增加工程量 15 m^3;

⑤在工作 E、G 均完成后,发包人指令增加一项临时关键工作 K,经核准,完成该工作需要 1 天时间,机械 1 台班,人工 10 个工日。

问题:

(1)每项事件工期索赔各是多少?总工期索赔多少天?

(2)若合同约定每一分项工程实际工程量增加超过招标文件的 10%以上调整单价,E 工作原全费用单价为 110 元/m^3,经协商调整后的全费用单价为 100 元/m^3,则 E 工作结算价为多少?

(3)假设人工工日单价为 70 元/工日,人工费补贴为 25 元/工日,因增加用工所需管理费为增加人工费的 20%,工作 K 的综合取费率为人工费的 80%,台班费为 400 元/台班,台班折旧费为 240 元/台班。计算除事件③外合理的费用索赔总额。

【解】 (1)事件①:工作 D 有总时差 8 天,现推迟 2 天,不影响工期,因此可索赔工期 0 天。

事件②:供电中断 2 天,可索赔工期 2 天。

事件③:因为 E 工作为关键工作,可索赔工期。

$$(350-300)m^3/(300\ m^3/6)=1$$

即可索赔工期 1 天。

事件④:因为保证施工质量而采取措施属于承包商的责任,不可索赔工期和费用。

事件⑤:因为 K 工作为关键工作,可索赔工期 1 天。

总工期索赔:2+1+1=4,即为 4 天。

(2)E 工作结算价计算:

按原单价结算的工程量=300 $m^3\times(1+10\%)=330\ m^3$。

按新单价结算的工程量=350 $m^3-330\ m^3=20\ m^3$。

总结算价=330 $m^3\times110\ m^3+20\ m^3\times100$ 元/m^3=38 300 元。

(3)事件①:人工费,6 工日×25 元/工日+5 工日×70 元/工日×(1+20%)=570 元。

事件②:人工费,16 工日×25 元/工日=400 元;机械费,2 台班×240 元/台班=480 元。

事件⑤:人工费,10 工日×70 元/工日×(1+80%)=1 260 元;机械费,1 台班×400 元/台班＝400 元。

合理的索赔费用总额：570 元＋400 元＋480 元＋1 260 元＋400 元＝3 110 元。

6.4 施工过程工程价款支付与核算

6.4.1 施工过程工程价款支付与核算概述

1. 施工过程工程价款支付的作用

施工过程工程价款支付是指承包人在工程施工过程中，依据承包合同中关于付款的规定和已经完成的工程量，以预付备料款和工程进度款的形式，按照规定的程序向发包人收取工程价款的一项经济活动。工程价款支付与核算是工程项目管理中一项十分重要的工作，主要表现为：

(1)工程价款支付是反映工程进度的主要指标。

在施工过程中，工程价款支付的依据之一就是已完成的工程量。承包人完成的工程量越多，所应结的工程价款就越多，根据累计已结的工程价款占合同总价款的比例，能够近似地反映出工程的进度情况，有利于准确掌握工程进度。

(2)工程价款的合理支付是发包人控制项目风险的重要手段。

对于发包人来说，只有将支付的工程价款与已完成的工程量保持在合理的对应关系，才能避免出现支付风险，准确核定应付工程款，不发生超付，可避免因此可能发生的被动和不必要的利息损失。

(3)工程价款收取是承包人加快资金周转的重要环节。

对于承包商来说，只有收到工程价款才意味着其获得了工程成本的回收和相应的利润，其才能实现持续经营的目标。

2. 工程价款的主要支付方式

1)工程预付款的支付

在目前的工程承发包中，大部分工程是实行包工包料的，这就意味着承包商必须有一定数量的备料周转金。工程预付款是针对承包商为该工程项目储备主要材料、结构构件所提供的资金。

《建设工程施工合同(示范文本)》规定，预付款的支付按照专用合同条款约定执行，但至迟应在开工通知载明的开工日期 7 天前支付。预付款应当用于材料、工程设备、施工设备的采购及修建临时工程、组织施工队伍进场等。除专用合同条款另有约定外，预付款在进度付款中同比例扣回。在颁发工程接收证书前，提前解除合同的，尚未扣完的预付款应与合同价款一并结算。

发包人逾期支付预付款超过7天的，承包人有权向发包人发出要求预付的催告通知，发包人收到通知后7天内仍未支付的，承包人有权暂停施工，并按发包人违约条款约定执行。

《建设工程工程量清单计价规范》(GB 50500—2013)中的具体规定是：

承包人应将预付款专用于合同工程。包工包料工程的预付款的支付比例不得低于签约合同价(扣除暂列金额)的10%，不宜高于签约合同价(扣除暂列金额)的30%。承包人应在签订合同或向发包人提供与预付款等额的预付款保函后向发包人提交预付款支付申请。发包人应在收到支付申请的7天内进行核实，向承包人发出预付款支付证书，并在签发支付证书后的7天内向承包人支付预付款。发包人没有按合同约定按时支付预付款的，承包人可催告发包人支付；发包人在预付款期满后的7天内仍未支付的，承包人可在付款期满后的第8天起暂停施工。发包人应承担由此增加的费用和延误的工期，并应向承包人支付合理利润。

另外，发包人应在工程开工后的28天内预付不低于当年施工进度计划的安全文明施工费总额的60%，其余部分应按照提前安排的原则进行分解，并应与进度款同期支付。

预付款应按合同的约定从每一个支付期应支付给承包人的工程进度款中扣回，直到扣回的金额达到合同约定的预付款金额为止。承包人的预付款保函的担保金额根据预付款扣回的数额相应递减，但在预付款全部扣回之前一直保持有效。发包人应在预付款扣完后的14天内将预付款保函退还给承包人。

2)工程进度款的支付(期中结算)

施工企业在施工过程中，按逐月(或形象进度、控制界面等)完成的工程数量计算各项费用，向建设单位(业主)申请办理工程进度款的支付。我国现行工程进度款的支付根据不同情况，主要采取以下几种方式：

(1)按月核定已完工作量的支付方式。

具体办法是，施工企业在月末向工程师提出工程款付款申请和已完工程月报表及相关资料，工程师核定当月已完工程量，签发支付签证，建设单位按合同规定向施工企业支付工程款。采用这种方式时，工程师和建设单位要对现场已施工完毕的工程进行核对，并审查价款计算是否准确。我国现行建筑安装工程进度款的支付中，相当一部分采用这种方式。

(2)分段支付方式。

分段支付方式即当年开工、当年不能竣工的单项工程或单位工程按照工程形象进度，划分不同阶段进行工程进度款的核算，并按合同规定进行实际支付的方式，如划分为桩基础完成、地下室完成、裙房结构完成、主体结构完成、管线安装完成、设备安装完成等不同阶段进行核算和支付。

(3)目标结算方式。

目标结算方式也可称为分段结算方式，即在工程合同中，将承包工程的内容分解成不同的控制界面，以业主验收控制界面作为支付工程价款的前提条件。也就是说，将合同中的工程内容分解成不同的验收单元，承包商完成单元工程内容并经业主(或其委托人)验收后，业主按合同规定支付构成单元工程内容的工程价款。

目标结算方式下，承包商要想获得工程价款，必须按照合同约定的质量标准完成界面内的工程内容；要想尽早获得工程价款，承包商必须充分发挥自己组织实施潜能，在保证质量的前提下，加快施工进度。这意味着，承包商拖延工期则业主推迟付款，增加承包商的财务费用、运营成本，降低承包商的收益，客观上使承包商因延迟工期而遭受损失。同样，若承包商积极组织施工，提前完成控制界面内的工程内容，则承包商可提前获得工程价款，增加承包收益，客观上承包商因提前工期而增加了有效利润。同时，若承包商在界面内质量达不到合同约定的标准而业主不予验收，承包商也会因此而遭受损失。因此，目标结算方式实质上是运用合同手段、财务手段对工程的完成进行主动控制的一种措施。

(4)合同双方约定的其他支付方式。

工程承、发包人有时会根据项目和各自的情况，约定其他的支付方式。如在满足合同约定的条件下，每月或季按约定时间按合同约定的比例进行工程进度款支付。也有的合同采用将按月核定已完工作量支付和分段结算相结合的方式。

对于总价包干合同，不采用按月核定已完工作量的支付方式时可按照支付分解表进行支付。支付分解表形成一般有以下三种方式：

①对于工期较短的项目，将总价包干子目的价格按合同约定的计量周期平均。

②对于合同价值不大的项目，按照总价包干子目的价格占签约合同价的百分比，以及各个支付周期内所完成的总价值，以固定百分比方式均摊支付。

③根据有合同约束力的进度计划、预先确定的里程碑形象进度节点(或者支付周期)、组成总价包干子目的价格要素的性质(与时间、方法和(或)当期完成合同价值等的关联性)，将组成总价包干子目的价格分解到各个形象进度节点(或者支付周期中)，汇总形成支付分解表。实际支付时，检查核实其实际形象进度，达到支付分解表的要求后，即可支付经批准的每阶段总价包干子目的支付金额。

《建设工程施工合同(示范文本)》对总价合同支付分解表的编制与审批的规定是：

①除专用合同条款另有约定外，承包人应根据约定的施工进度计划、签约合同价和工程量等因素对总价合同按月进行分解，编制支付分解表。承包人应当在收到监理人和发包人批准的施工进度计划后7天内，将支付分解表及编制支付分解表的支持性资料报送监理人。

②监理人应在收到支付分解表后7天内完成审核并报送发包人。发包人应在收到经监理人审核的支付分解表后7天内完成审批，经发包人批准的支付分解表为有约束力的支付分解表。

③发包人逾期未完成支付分解表审批，也未及时要求承包人进行修正和提供补充资料的，承包人提交的支付分解表视为已经获得发包人批准。

④除专用合同条款另有约定外，单价合同的总价项目支付分解表的编制与审批参照总价合同支付分解表的编制与审批执行。

另外，对于建设项目或单位工程全部建筑安装工程建设期在12个月以内、工程承包合同金额较小的，也有实行工程价款竣工后一次结算的，这样就没有工程进度款的核算与支付。

3)竣工验收后的支付

工程竣工后，工程款的支付根据合同约定还会发生，一般会有以下几种支付：

(1)工程竣工验收合格支付。一般在合同中会约定支付到合同价或核定完成工作量的某个百分比(如支付到90%)，对于这种支付也可视为按工程形象进度付款。

(2)工程竣工结算支付。竣工结算支付是指工程竣工后承包人根据施工过程实际发生的工程变更情况，提出最终工程造价结算报告，在发包人审核确定最终工程结算造价后，发包人根据合同的约定进行的支付。一般会在合同中约定支付到审定结算金额的某个百分比(如支付到95%)。

(3)保修期结束后的支付。保修期结束后支付的是针对合同约定的保修金的余额。

6.4.2 施工过程工程价款的核算与支付

1. 工程预付款确定

1)工程预付款的限额

工程预付款主要用于工程备料,其限额由下列主要因素决定:①主要材料(包括外购件)占工程造价的比重;②材料储备期;③施工工期。在理论上,备料款限额可按下式计算:

$$备料款限额=\frac{年度承包工程总值\times主要材料所占比重}{年度施工日历天数}\times材料储备天数$$

预付款的数额还要根据各工程类型、合同工期、承包方式和供应体制等不同条件而定。例如,工业项目中钢结构和管道安装占比较大的工程,其主要材料所占比重比一般安装工程要高,因而预付款数额也要相应提高;工期短的工程比工期长的要高;主要材料由施工单位自购的比由建设单位供应的要高。

一般建筑工程预付备料款不应超过当年建筑工作量(包括水、电、暖)额度的30%;安装工程按年安装工作量的10%(材料所占比重较多的安装工程按年计划产值的15%)左右拨付。在实际工作中,一般以合同价扣除暂列金额为基数,约定按某个百分比确定工程预付款数额。

2)预付款的扣回

发包单位拨付给承包单位的预付款属于预支性质,工程实施后,随着工程所需主要材料储备的逐步减少,应以抵充工程价款的方式陆续扣回。在理论上,预付款可以从尚未施工工程的主要材料及构件的价值相当于预付款数额时起扣,从每次结算工程价款中,按材料比重扣抵工程价款,竣工前全部扣清。理论上的预付款起扣点可按下式计算:

$$T=P-\frac{M}{N}$$

式中:T ——起扣点,即预付备料款开始扣回时的累计完成工作量金额;

M ——预付备料款的限额;

N ——主要材料所占比重;

P ——承包工程价款总额。

若工程工期较长,如跨年度施工,预付备料款可以不扣或少扣,并于次年按应预付备料款调整,多退少补。具体来说,预计跨年度工程次年承包工程价值大于或相当于当年承包工程价值时,可以不扣回当年的预付备料款;预计小于当年承包工程价值时,应按实际承包工程价值进行调整,在当年扣回部分预付备料款,并将未扣回部分转入次年,直到竣工年度,再按上述办法扣回。

在实际经济活动中,通常会对预付款扣回进行简化处理,如在合同中约定从何时开始、分几次、按什么比例进行预付款扣回。

2. 工程进度款核算

《建设工程施工合同(示范文本)》通用合同条款就工程进度款核算相关的工程计量、进度付款申请单编制、进度付款申请单提交均有相关约定,具体要求如下。

1)工程计量

工程计量按照合同约定的工程量计算规则、图纸及变更指示等进行。工程量计算规则应以相关的国家标准、行业标准等为依据,由合同当事人在专用合同条款中约定。除专用合同条款另有约定外,工程量的计算按月进行。

(1)单价合同的计量。

除专用合同条款另有约定外,单价合同的计量按照下列约定执行:

①承包人应于每月25日向监理人报送上月20日至当月19日已完成的工程量报告,并附上进度付款申请单、已完成工程量报表和有关资料。

②监理人应在收到承包人提交的工程量报告后7天内完成对承包人提交的工程量报表的审核并报送发包人,以确定当月实际完成的工程量。监理人对工程量有异议的,有权要求承包人进行共同复核或抽样复测。承包人应协助监理人进行复核或抽样复测,并按监理人要求提供补充计量资料。承包人未按监理人要求参加复核或抽样复测的,监理人复核或修正的工程量视为承包人实际完成的工程量。

③监理人未在收到承包人提交的工程量报告后的7天内完成审核的,承包人报送的工程量报告中的工程量视为承包人实际完成的工程量,据此计算工程价款。

(2)总价合同的计量。

除专用合同条款另有约定外,按月计量支付的总价合同按下列约定执行:

①承包人应于每月25日向监理人报送上月20日至当月19日已完成的工程量报告,并附上进度付款申请单、已完成工程量报表和有关资料。

②监理人应在收到承包人提交的工程量报告后7天内完成对承包人提交的工程量报表的审核并报送发包人,以确定当月实际完成的工程量。监理人对工程量有异议的,有权要求承包人进行共同复核或抽样复测。承包人应协助监理人进行复核或抽样复测并按监理人要求提供补充计量资料。承包人未按监理人要求参加复核或抽样复测的,监理人审核或修正的工程量视为承包人实际完成的工程量。

③监理人未在收到承包人提交的工程量报告后的7天内完成复核的,承包人提交的工程量报告中的工程量视为承包人实际完成的工程量。

总价合同采用支付分解表计量支付的,可以按照上述总价合同的计量约定进行计量,但合同价款按照支付分解表进行支付。

(3)其他价格形式合同的计量。

合同当事人可在专用合同条款中约定其他价格形式合同的计量方式和程序。

2)进度付款申请单编制

按照《建设工程施工合同(示范文本)》通用条款的规定,除专用合同条款另有约定外,进度付款申请单应包括下列内容:

(1)截至本次付款周期已完成工作对应的金额;

(2)应增加和扣减的变更金额;

(3)应支付的预付款和扣减的返还预付款金额;

(4)应扣减的质量保证金金额;

(5)应增加和扣减的索赔金额;

(6)对已签发的进度款支付证书中出现的错误进行修正,应在本次进度付款中支付或扣除的金额；

(7)根据合同约定应增加和扣减的其他金额。

3)进度付款申请单提交

(1)单价合同进度付款申请单的提交。

单价合同的进度付款申请单，按照有关单价合同的计量所约定的时间按月向监理人提交，并附上已完成工程量报表和有关资料。单价合同中的总价项目按月进行支付分解，并汇总列入当期进度付款申请单。

(2)总价合同进度付款申请单的提交。

总价合同按月计量支付的，承包人按照有关总价合同的计量所约定的时间按月向监理人提交进度付款申请单，并附上已完成工程量报表和有关资料。

总价合同按支付分解表支付的，承包人应按照有关支付分解表及进度付款申请单编制的约定向监理人提交进度付款申请单。

(3)其他价格形式合同的进度付款申请单的提交。

合同当事人可在专用合同条款中约定其他价格形式合同的进度付款申请单的编制和提交程序。

3. 进度款审核和支付

《建设工程施工合同(示范文本)》通用合同条款中对工程进度款审核和支付做了如下规定：

(1)除专用合同条款另有约定外，监理人应在收到承包人进度付款申请单以及相关资料后7天内完成审查并报送发包人，发包人应在收到后7天内完成审批并签发进度款支付证书。发包人逾期未完成审批且未提出异议的，视为已签发进度款支付证书。

发包人和监理人对承包人的进度付款申请单有异议的，有权要求承包人修正和提供补充资料，承包人应提交修正后的进度付款申请单。监理人应在收到承包人修正后的进度付款申请单及相关资料后7天内完成审查并报送发包人，发包人应在收到监理人报送的进度付款申请单及相关资料后7天内，向承包人签发无异议部分的临时进度款支付证书。存在争议的部分，按照争议解决条款的约定处理。

(2)除专用合同条款另有约定外，发包人应在进度款支付证书或临时进度款支付证书签发后14天内完成支付，发包人逾期支付进度款的，应按照中国人民银行发布的同期同类贷款基准利率支付违约金。

(3)发包人签发进度款支付证书或临时进度款支付证书，不表明发包人已同意、批准或接受了承包人完成的相应部分的工作。

除专用合同条款另有约定外，付款周期应按照计量周期的约定，与计量周期保持一致。

在对已签发的进度款支付证书进行阶段汇总和复核的过程中发现错误、遗漏或重复的，发包人和承包人均有权提出修正申请。经发包人和承包人同意的修正，应在下期进度付款中支付或扣除。

《建设工程工程量清单计价规范》(GB 50500—2013)对工程进度款审核和支付也做了相似的规定，主要有如下几点：

①发、承包双方应按照合同约定的时间、程序和方法，根据工程计量结果，办理期中价款结算，支付进度款。进度款的支付比例按照合同约定，按期中结算价款总额计，不低于60%，不高于90%。

②承包人现场签证和得到发包人确认的索赔金额应列入本周期应增加的金额。发包人提供的甲供材料金额，应按照发包人签约提供的单价和数量从进度款支付中扣除，列入本周期应扣减的金额。承包人现场签证和得到发包人确认的索赔金额应列入本周期应增加的金额。

③承包人应在每个计量周期到期后的7天内向发包人提交已完工程进度款支付申请一式四份，详细说明此周期内其认为有权得到的数额，包括分包人已完工程的价款。

④发包人应在收到承包人进度款支付申请后的14天内，根据计量结果和合同约定对申请内容予以核实，确认后向承包人出具进度款支付证书。若发、承包双方对部分清单项目的计量结果出现争议，发包人应针对无争议部分的工程计量结果向承包人出具进度款支付证书。

⑤发包人应在签发进度款支付证书后的14天内，按照支付证书列明的金额向承包人支付进度款。若发包人逾期未签发进度款支付证书，则视为承包人提交的进度款支付申请已被发包人认可，承包人可向发包人发出催告付款的通知。发包人应在收到通知后的14天内，按照承包人支付申请的金额向承包人支付进度款。

⑥发包人未按规定支付进度款的，承包人可催告发包人支付，并有权获得延迟支付的利息；发包人在付款期满后的7天内仍未支付的，承包人可在付款期满后的第8天起暂停施工。发包人应承担由此增加的费用和延误的工期，向承包人支付合理利润，并应承担违约责任。

【例6.6】 某施工单位承包某内资工程项目，甲、乙双方签订合同，关于工程价款的内容有：①建筑安装工程造价为660万元，合同工期为5个月，开工日期为当年2月1日；②预付备料款为建筑安装工程造价的20%，从第三个月起各月平均扣回；③工程进度款逐月计算；④工程质量保证金为建筑安装工程造价的5%，从第一个月开始按各月实际完成产值的10%扣留，扣完为止。工程各月实际完成产值如表6.4所示。

表6.4 某工程各月实际完成产值(单位:万元)

月份	2月	3月	4月	5月	6月
实际完成产值	55	110	165	220	110

问题：

(1)该工程预付备料款为多少？

(2)从第三个月起各月平均扣回金额为多少？

(3)该工程质量保证金为多少？

(4)每月实际应结算工程款为多少？

【解】 (1)预付备料款=660万元×20%=132万元。

(2)从第三个月起各月平均扣回金额=132万元÷3=44万元。

(3)质量保证金=660万元×5%=33万元。

(4)2月实际应结算工程款=55万元×(1-10%)=49.5万元。

3月实际应结算工程款=110万元×(1-10%)=99万元。

4月实际应结算工程款=165万元×(1-10%)-44万元=104.5万元。

2—4月累计扣留质量保证金=55万元×10%+110万元×10%+165万元×10%=33万元。

5月实际应结算工程款=220万元-44万元=176万元。

6月实际应结算工程款=110万元-44万元=66万元。

【例 6.7】 某工程业主与承包商签订了施工合同，合同中含有两个子项工程，估算工程量 A 项为 2 500 m^3，B 项为 3 500 m^3，经协商，合同价 A 项为 200 元/m^3，B 项为 170 元/m^3。合同还规定：开工前业主应向承包商支付合同价 20%的预付款；业主自第一个月起，从承包商的工程款中，按 5%的比例扣留质量保证金；当子项工程实际工程量超过估算工程量的 10%时，可进行调价，调整系数为 0.9；根据市场情况规定价格调整系数平均按照 1.2 计算；工程师签发月度付款最低金额为 30 万元；预付款在最后两个月扣除，每月扣 50%。承包商每月实际完成并经工程师签证确认的工程量如表 6.5 所示。

表 6.5　某工程每月实际完成并经工程师签证确认的工程量(单位：m^3)

月份	1 月	2 月	3 月	4 月
A 项	550	850	850	650
B 项	800	950	900	650

问题：

(1)工程预付款为多少？

(2)从第一个月起每月工程量价款、工程师应签证的工程款、实际签发的付款凭证金额各是多少？

【解】 (1)工程预付款金额为：(2 500 m^3 ×200 元/m^3 ＋3 500 m^3 ×170 元/m^3)×20% ＝219 000 元＝21.90 万元。

(2)相关计算如下：

①第一个月工程量价款为 550 m^3 ×200 元/m^3 ＋800 m^3 ×170 元/m^3 ＝246 000 元＝24.60 万元。

应签证的工程款为：24.60 万元×1.2×(1－5%)＝28.04 万元。

由于合同规定工程师签发的最低金额为 30 万元，故本月工程师不予签发付款凭证。

②第二个月工程量价款为：850 m^3 ×200 元/m^3 ＋950 m^3 ×170 元/m^3 ＝331 500 元＝33.15 万元。

应签证的工程款为：33.15 万元×1.2×0.95＝37.79 万元。

本月工程师实际签发的付款凭证金额为：28.04 万元＋37.79 万元＝65.83 万元。

③第三个月工程量价款为：850 m^3 ×200 元/m^3 ＋900 m^3 ×170 元/m^3 ＝323 000 元＝32.30 万元。

应签证的工程款为：32.30 万元×1.2×0.95＝36.82 万元。

应扣预付款为：21.90 万元×50%＝10.95 万元。

应付款为：36.82 万元－10.95 万元＝25.87 万元。

因本月应付款金额小于 30 万元，故工程师不予签发付款凭证。

④第四个月 A 项工程累计完成工程量为 2 900 m^3，比原估算工程量 2 500 m^3 超出 400 m^3，已超过估算工程量的 10%，超出部分单价应进行调整，超过估算工程量的 10%的工程量为：2 900 m^3 －2 500 m^3 ×(1＋10%)＝150 m^3。

该部分工程量单价应调整为：200 元/m^3 ×0.9＝180 元/m^3。

A 项工程工程量价款为：(650－150)m^3 ×200 元/m^3 ＋150 m^3 ×180 元/m^3 ＝127 000 元＝12.70 万元。

B项工程累计完成工程量为3 300 m^3，比原估算工程量3 500 m^3减少200 m^3，不超过估算工程量，其单价不予调整。

B项工程工程量价款为：650 m^3×170元/m^3=110 500元=11.05万元。

本月完成A、B两项工程的工程量价款合计为：12.70万元+11.05万元=23.75万元。

应签证的工程款为：23.75万元×1.2×0.95=27.08万元。

本月工程师实际签发的付款凭证金额为：25.87万元+27.08万元−21.90万元×50%=42万元。

6.5 施工阶段造价使用计划的编制和应用

6.5.1 造价使用计划的编制

造价控制的目的是确保造价目标的实现。施工阶段的造价控制目标是通过编制造价使用计划来确定的。因此，必须编制造价使用计划，合理地确定建设项目造价控制目标值，包括建设项目的总目标值、分目标值、各细部目标值等。如果没有明确的造价控制目标，就无法进行项目造价实际支出值与目标值的比较，不能进行比较也就不能找出偏差，不知道偏差程度，就会使控制措施缺乏针对性。

在确定造价控制目标时，应有科学的依据。如果造价目标值与工程规模、内容、人工单价、材料价格、设备价格、各项有关费用和各种取费标准不相匹配，那么造价控制目标便没有实现的可能，也无法起到目标管理的作用。

造价控制目标在很大程度上是我们基于拥有的经验和知识对未来的预测，所有的预测都具有不确定性，同时还会受我们所拥有的经验和知识局限，以及对各种干扰因素进行把握时的偏误的影响，容易造成造价控制目标偏离实际工程实施的情况，因此，对工程项目的造价控制目标应辩证地对待，既要维护造价控制目标的严肃性，也要允许对脱离实际的既定造价控制目标进行必要的调整。允许调整并不意味着可以随意改变项目造价控制的目标值，而必须按照有关的规定和程序进行。

1. 造价目标的分解

造价使用计划编制过程中最重要的步骤，就是项目造价目标的分解。根据造价控制目标和要求的不同，造价目标的分解可以采用按子项目分解、按合同构成分解和按时间进度分解三种方法。

1)按子项目分解的造价使用计划

大、中型的工程项目通常是由若干个单项工程构成的，而每个单项工程包括多个单位工程，每个单位工程又由若干个分部分项工程所组成，一般来说，由于造价概算和预算大都是按单项工程和单位工程来编制的，所以将项目总造价分解到各单项工程或单位工程是比较容易办到的。按子项目分解的造价使用计划(实例)如表6.6所示。

表 6.6　××工程造价使用计划(建筑安装工程部分)(按子项目分解)

建筑面积:27 888.19 m^2　　单位:万元

项目名称	概算造价		造价控制目标值		控制目标比概算增加	备注
	工程费	设备费	工程费	设备费		
一、土建工程	3 919.59		3 650		−269.59	
1. 打桩	703.23		650		−53.23	
2. 建筑	979.59		900		−79.59	
3. 结构	1 631.98		1 500		−131.98	
4. 钢结构	604.79		600		−4.79	
小计	3 919.59		3 650		−269.59	
二、外立面装饰	2 454.89		2 400		−54.89	
三、室内装修	2 657.5		2 800		142.5	
四、设备及安装工程	5 585.3		5 405.1		−180.2	
1. 给排水	350.72	74.73	350	70	−5.45	
2. 消防喷淋	201.45	39.91	200	38	−3.36	
3. 电气	258.12	139.39	250	130	−17.51	
4. 变配电	21.67	130.5	22	130	−0.17	
5. 箱式燃气调压站	2.1	15.32	2.1	15	−0.32	
6. 空调通风	304.53	440.54	300	420	−25.07	
7. 冷却循环水系统	25.16	128.14	25	125	−3.3	
8. 冷冻设备	138.2	467.02	130	460	−15.22	
9. 锅炉设备	104.56	302.47	100	300	−7.03	
10. 电梯	44.98	221.45	44	220	−2.43	
11. 火灾报警	33.41	90.09	30	90	−3.5	
12. 安保系统	4.33	34.26	4	30	−4.59	
13. 通信与信息系统	166.96	1 738.18	170	1 650	−85.14	
14. 弱电系统配管	107.11		100		−7.11	
小计	1 763.3	3 822	1 727.1	3 678	−180.2	
五、总体及环境工程	2 840.53		2 805		−35.53	
1. 道路、绿化、景观小品	1 420		1 450		30	
2. 给排水	296		250		−46	
3. 电气	600		600		0	
4. 弱电系统配管	84.47		80		−4.47	
5. 护岸土方及围堰工程	73.49		75		1.51	
6. 浆砌石护岸	138.32		130		−8.32	

续表

项目名称	概算造价		造价控制目标值		控制目标比概算增加	备注
	工程费	设备费	工程费	设备费		
7.一号桥	147.26		140		−7.26	
8.二号桥	80.99		80		−0.99	
小计	2 840.53		2 805		−35.53	
合计	17 457.81		17 060.1		−397.71	

需要注意的是，采用这种方法分解项目总造价，用于设计阶段的造价控制是比较合适的，但在施工阶段用这种方式分解目标会发生目标口径与实际发生情况不能对应的情况，造成目标与实际比对困难的局面。实际工程费用的支付是按工程承发包合同关系进行的，这就需要我们按合同构成分解造价控制目标。

2)按合同构成分解的造价使用计划

使用按合同构成分解的造价使用计划可以针对各个合同的签约价格，以及发生的变更与调整费用进行比对，动态掌握实际工程费用与造价控制目标的偏离情况。

为了按合同构成分解项目造价目标，我们在编制造价使用计划时需要基本确定工程项目的合同构成。在实际工作中一般根据项目建设内容和标准，结合建筑市场中的承包商、供应商相关能力特点来规划项目合同构成以及合同工作范围。按合同构成分解的造价使用计划(实例)如表6.7所示。

表6.7　××工程造价使用计划(建筑安装工程部分)(按合同构成分解)

建筑面积:22 412 m^2　　单位:万元

序号	合同/费用名称	设计概算造价	造价控制目标值	控制目标比概算增加	备注
A	总承包工程	7 048.00	6 900.00	−148.00	
A1	土建工程	3 943.00	3 800.00	−143.00	
A2	机电设备安装工程	3 105.00	3 100.00	−5.00	
B	指定项目	6 394.14	6 105.00	−289.14	
B1	打桩工程	255.71	250.00	−5.71	
B2	外立面幕墙工程	895.00	830.00	−65.00	
B3	室外景观绿化工程	168.20	140.00	−28.20	
B4	室内精装修工程	379.23	340.00	−39.23	
B5	消防报警系统	95.00	80.00	−15.00	
B6	变配电设备及外线系统	1 010.00	1 000.00	−10.00	
B7	安保门禁监控	475.00	460.00	−15.00	
B8	BMS弱电自动控制系统	281.00	265.00	−16.00	
B9	厨房设备供应及安装工程	75.00	75.00	0.00	
B10	冷冻机设备供应	580.00	560.00	−20.00	

续表

序号	合同/费用名称	设计概算造价	造价控制目标值	控制目标比概算增加	备注
B11	锅炉设备供应	105.00	100.00	−5.00	
B12	冷却塔设备供应	107.00	100.00	−7.00	
B13	UPS设备供应	440.00	430.00	−10.00	
B14	柴油发电机组供应	450.00	440.00	−10.00	
B15	配电箱柜及非标设备供应	250.00	240.00	−10.00	
B16	压缩空气设备供应	100.00	90.00	−10.00	
B17	水泵设备供应	180.00	170.00	−10.00	
B18	空调箱设备供应工程	366.00	360.00	−6.00	
B19	电梯供应及安装工程	80.00	75.00	−5.00	
B20	溴化锂机组供应	102.00	100.00	−2.00	
C	不可预见费	361.05	350.00	−11.05	
总计		13 803.19	13 355.00	−448.19	

3)按时间进度分解的造价使用计划

工程项目的造价总是分阶段、分期支出的，资金应用是否合理与资金的时间安排有密切关系。为了编制项目造价使用计划，并据此筹措资金，尽可能减少资金占用和利息支出，有必要将项目总造价按其使用时间进行分解。

编制按时间进度分解的造价使用计划，通常可利用控制项目进度的网络图进一步扩充而得，也就是在建立网络图时，一方面确定完成各项工作所需花费的时间，另一方面确定完成这一活动的合适的造价支出预算。

以上三种编制造价使用计划的方法并不是相互独立的。在实践中，人们往往将这几种方法结合起来使用，从而达到扬长避短的效果。例如，将按子项目分解项目总造价与按合同构成分解项目总造价两种方法相结合，横向按子项目分解，纵向按合同构成分解，或相反，这种结合分解方法有助于检查各单项工程和单位工程造价构成是否完整、有无重复计算或缺项，同时还有助于检查各项具体的造价支出的对象是否明确或落实，并且可以从数值上校核分解的结果有无错误。还可将按合同构成分解项目造价目标与按时间进度分解项目造价目标结合起来，一般是纵向按合同构成分解，横向按时间进度分解。

2. 时间-造价累计曲线

通过对项目造价目标按时间进度进行分解，在网络计划基础上，可获得项目进度计划的横道图，在此基础上可编制造价使用计划。其表示方式有两种：一种是在总体控制时标网络图上表示，如图 6.6 所示；另一种是利用时间-造价累计曲线（S 形曲线）表示，如图 6.7 所示。

每一条 S 形曲线对应某一特定的工程进度计划。因为在进度计划的非关键路线中存在许多有时差的工序或工作，所以 S 形曲线必然在由全部活动都按最早开始时间开始形成的曲线和全部活动都按最迟必须开始时间开始形成的曲线所组成的“香蕉图”内，如图 6.8 所示。

图 6.8 所示的“香蕉图”中，右下一条是所有活动按最迟必须开始时间开始形成的曲线；左

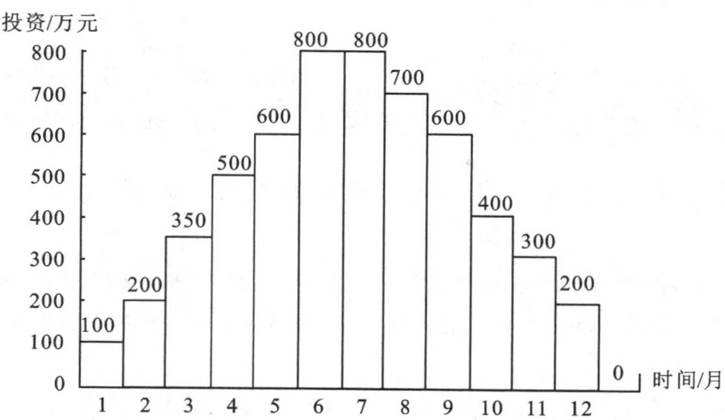

图6.6 时标网络图上按月编制的造价(投资)使用计划

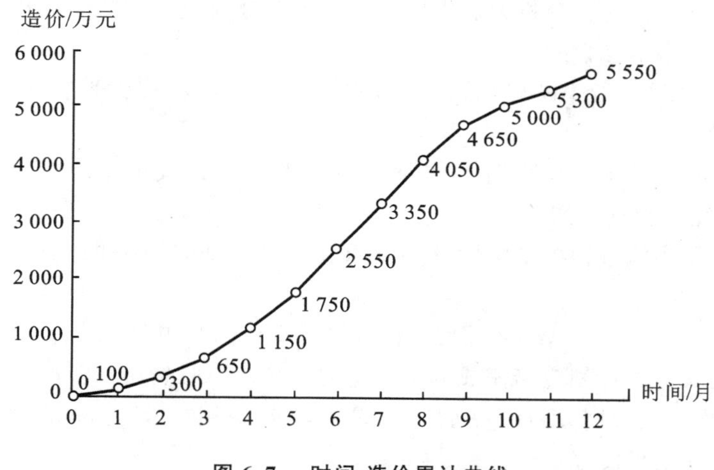

图6.7 时间-造价累计曲线

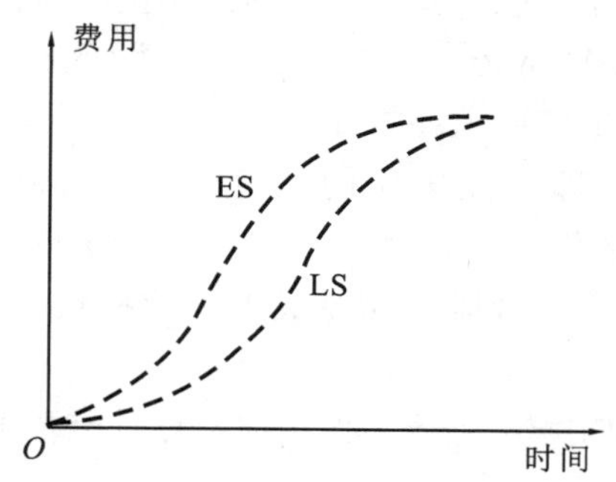

图6.8 "香蕉图"

上一条是所有活动按最早开始时间开始形成的曲线。建设单位可根据编制的造价支出预算来合理安排资金,同时建设单位也可以根据筹措的建设资金来调整S形曲线,即通过调整非关键路线上的工序项目的最早或最迟开工时间,力争将实际的造价支出控制在预算范围内。一般而言,所有活动都按最迟开始时间开始,对节约建设单位的建设资金或贷款利息是有利的,但同时,也降低了项目按期竣工的保证率,因此必须合理地确定造价支出预算,达到既节约造价支出，又能控制项目工期的目的。

6.5.2 施工阶段造价使用计划的应用——偏差分析

偏差分析可采用不同的方法。常用的有挣值法（曲线法）、横道图法及表格法。

1. 挣值法

挣值法是度量项目执行效果的一种方法。它实际上是一种分析目标实施与目标期望之间差异的方法，故它又常被称为偏差分析法。它的评价指标常通过曲线来表示，所以一些书中又称之为曲线法。

挣值法是指，通过测量和计算已完成工作的预算（计划）费用、已完成工作的实际费用和计划工作的预算（计划）费用，得到相应的进度偏差和费用偏差。

挣值法得名正是因为这种分析方法中用到了一个关键数值——挣值，即已完成工作预算。

1）挣值法的三个基本参数

这里描述的概念采用中国项目管理知识体系与国际项目管理专业资质认证标准（C-PMBOK&C-NCB）。

（1）计划执行预算成本，即计划工作量的预算费用（budgeted cost of work scheduled，BCWS），也称为拟完工程计划造价。

BCWS 是指项目实施过程中某阶段计划要求完成的工作量所需的预算（计划）费用。计算公式为：

$$BCWS = 计划工作量 \times 预算（计划）单价$$

BCWS 主要反映进度计划应当完成的工作量的预算（计划）费用。

（2）已执行工作实际成本，即已完成工作量的实际费用（actual cost of work performed，ACWP），也称为已完工程实际造价。

ACWP 是指项目实施过程中某阶段实际完成的工作量所消耗的费用。计算公式为：

$$ACWP = 已完工程量 \times 实际单价$$

ACWP 主要反映项目执行的实际消耗指标。

（3）已执行工作预算成本，即已完工作的预算成本（budgeted cost of work performed，BCWP），也称为已完工程计划造价。

BCWP 是指项目实施过程中某阶段实际完成工作量按预算（计划）单价计算出来的费用。计算公式为：

$$BCWP = 已完成工作量 \times 预算（计划）单价$$

2）挣值法的四个评价指标

（1）费用偏差（cost variance，CV）。CV 是指检查期间 BCWP 与 ACWP 之间的差异，计算公式为：

$$CV = BCWP - ACWP$$

CV 为负值，表示执行效果不佳，即实际消耗费用超过预算（计划）值，为超支，如图 6.9(a) 所示。

CV 为正值，表示实际消耗费用低于预算（计划）值，即有结余或效率高，如图 6.9(b) 所示。

CV 等于零，表示实际消耗费用等于预算（计划）值。

（2）进度偏差（schedule variance，SV）。SV 是指检查日期 BCWP 与 BCWS 之间的差异。计算公式为：

$$SV=BCWP-BCWS$$

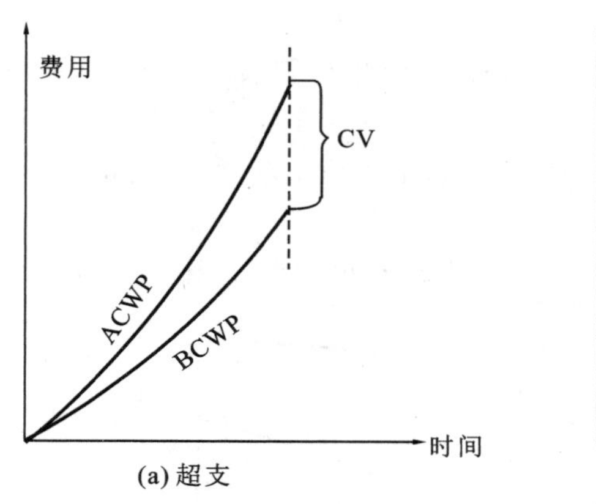

(a) 超支

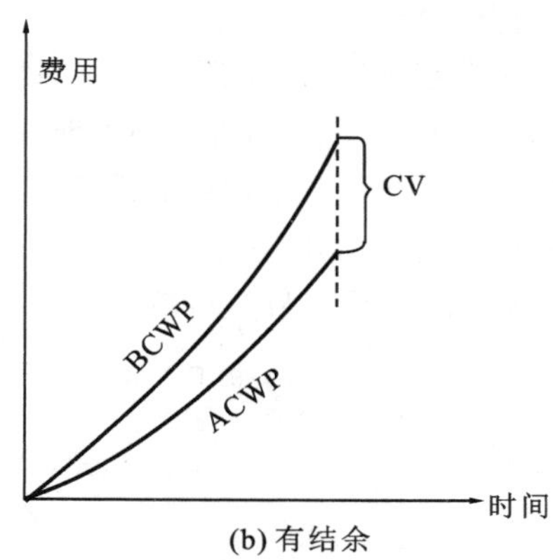

(b) 有结余

图 6.9 费用偏差示意图

SV 为正值，表示进度提前，如图 6.10(a)所示。

SV 为负值，表示进度延误，如图 6.10(b)所示。

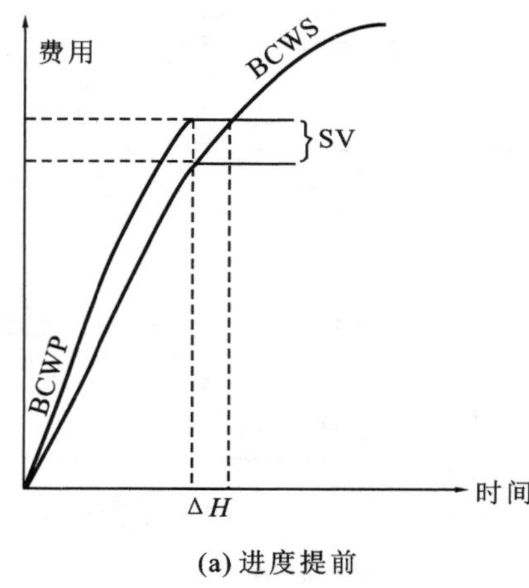

(a) 进度提前

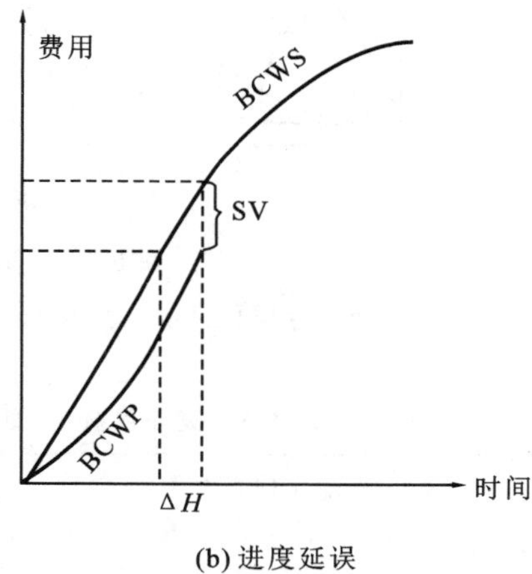

(b) 进度延误

图 6.10 进度偏差示意图

SV 为零，表示实际进度与计划进度一致。

（3）费用执行指标（cost performed index，CPI）。CPI 是指预算（计划）费用与实际费用值之比（或工时值之比）。计算公式为：

$$CPI=BCWP/ACWP$$

CPI＞1，表示低于预算，即实际费用低于预算费用。

CPI＜1，表示超出预算，即实际费用高于预算费用。

CPI＝1，表示实际费用与预算费用吻合。

（4）进度执行指标（schedule performed index，SPI）。SPI 是指项目挣值与计划值之比。计算公式为：

$$SPI=BCWP/BCWS$$

SPI>1，表示进度提前，即实际进度比计划进度快。

SPI<1，表示进度延误，即实际进度比计划进度慢。

SPI=1，表示实际进度等于计划进度。

3)挣值法评价曲线

挣值法评价曲线如图6.11所示。横坐标表示时间，纵坐标则表示费用(以实物工程量、工时或金额表示)。图6.11中BCWS按S形曲线路径不断增加，直至项目计划结束时达到它的最大值，可见BCWS是一种S形曲线。BCWP同样随项目推进而不断增加，也是S形曲线。利用挣值法评价曲线可进行费用进度评价。

CV<0，SV<0，表示项目执行效果不佳，即费用超支、进度延误，应采取相应的补救措施。

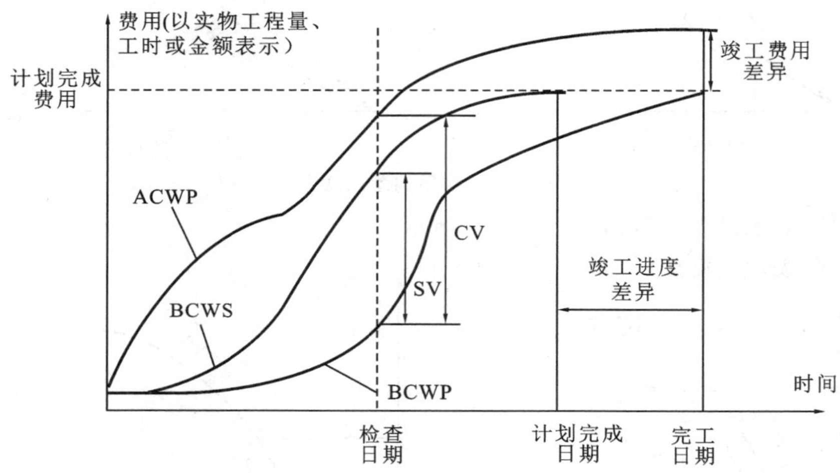

图6.11　挣值法评价曲线

【例6.8】 某项目进展到第21周后，对前20周的工作进行了统计检查，有关情况如表6.8所示。

表6.8　某项目前20周各项工作计划和实际费用

工作代号	计划完成工作预算费用BCWS/万元	已完工程量/(%)	实际发生费用ACWP/万元
A	200	100	210
B	220	100	220
C	400	100	430
D	250	100	250
E	300	100	310
F	540	50	400
G	840	100	800
H	600	100	600

续表

工作代号	计划完成工作预算费用 BCWS/万元	已完工程量/(%)	实际发生费用 ACWP/万元
I	240	0	0
J	150	0	0
K	1 600	40	800
L	2 000	0	0
M	100	100	90
N	60	0	0

问题：

(1)求前20周每项工作的BCWP及20周末总的BCWP；

(2)计算20周末总的ACWP和BCWS；

(3)计算20周末的CV与SV；

(4)计算20周末的CPI、SPI并分析费用和进度。

【解】 (1)前20周每项工作的BCWP及20周末总的BCWP如表6.9所示。

表6.9 某项目各项工作已执行工作预算成本(BCWP)

工作代号	计划完成工作预算费用 BCWS/万元	已完工程量/(%)	实际发生费用 ACWP/万元	挣值 BCWP/万元
A	200	100	210	200
B	220	100	220	220
C	400	100	430	400
D	250	100	250	250
E	300	100	310	300
F	540	50	400	270
G	840	100	800	840
H	600	100	600	600
I	240	0	0	0
J	150	0	0	0
K	1 600	40	800	640
L	2 000	0	0	0
M	100	100	90	100
N	60	0	0	0
合计	7 500	—	4 110	3 820

(2)20周末总的ACWP＝4 110万元，BCWS＝7 500万元。

(3)CV＝BCWP－ACWP＝(3 820－4 110)万元＝－290万元。

CV 为负，说明费用超支。

SV＝BCWP－BCWS＝(3 820－7 500)万元＝－3 680 万元。

SV 为负，说明进度延误。

(4)CPI＝BCWP/ACWP＝3 820 万元/4 110 万元＝0.93。

由于 CPI<1，故费用超支。

SPI＝BCWP/BCWS＝3 820 万元/7 500 万元＝0.51。

由于 SPI<1，故进度延误。

2. 横道图法

用横道图法进行造价偏差分析，是用不同的横道标识已执行工作预算成本(BCWP，也即已完工程计划造价)、计划执行预算成本(BCWS，也即拟完工程计划造价)和已执行工作实际成本(ACWP，也即已完工程实际造价)，横道的长度与金额成正比，如图 6.12 所示。横道图法的优点是形象、直观、一目了然。但是，这种方法反映的信息量少，一般用于项目管理的较高层次。

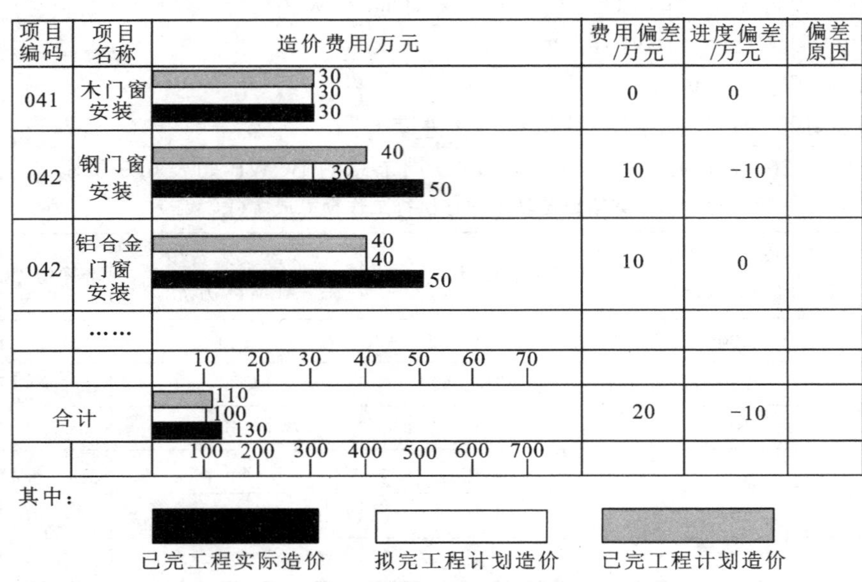

图 6.12　横道图法进行造价偏差分析

3. 表格法

表格法是进行偏差分析最常用的一种方法，它具有灵活、适用性强、信息量大、便于计算机辅助造价控制等特点。造价偏差分析表如表 6.10 所示。

表 6.10　造价偏差分析表

项目编码	(1)	041	042	043
项目名称	(2)	木门窗安装	钢门窗安装	铝合金门窗安装
单位	(3)			
计划单价	(4)			
拟完工程量	(5)			
拟完工程计划造价/万元	(6)＝(4)×(5)	30	30	40

续表

已完工程量	(7)			
已完工程计划造价/万元	(8)=(4)×(7)	30	40	40
实际单价	(9)			
其他款项	(10)			
已完工程实际造价	(11)=(7)×(9)+(10)	30	50	50
造价局部偏差	(12)=(11)－(8)	0	10	10
造价局部偏差程度	(13)=(11)÷(8)	1	1.25	1.25
造价累计偏差	$(14)=\sum(12)$			
造价累计偏差程度	$(15)=\sum(11)\div\sum(8)$			
进度局部偏差	(16)=(6)－(8)	0	－10	0
进度局部偏差程度	(17)=(6)÷(8)	1	0.75	1
进度累计偏差	$(18)=\sum(16)$			
进度累计偏差程度	$(19)=\sum(6)\div\sum(8)$			

- 施工阶段工程造价控制概述
  - 建设项目施工阶段与工程造价的关系
  - 施工阶段造价控制的工作流程
  - 影响造价要素的集成控制
    - 施工阶段影响造价的要素
    - 影响造价要素的集成控制理念
    - 影响造价要素的控制要点
  - 施工阶段过程控制的基本方法
    - 制订造价控制目标计划
    - 建立健全造价控制组织，分解落实目标责任
    - 建立过程控制程序和管理制度
    - 实行过程动态控制
    - 强化造价控制资料管理
- 工程变更与合同价款调整
  - 工程变更概述
    - 工程变更的分类
    - 工程变更的处理
  - 工程变更的处理
    - 《建设工程施工合同(示范文本)》条件下的工程变更处理
    - FIDIC合同条件下的工程变更处理
  - 合同价款调整
    - 工程变更的价款、综合单价的调整
    - 现场签证、物价变化的调整
    - 措施费用、暂估价、暂列金额的调整
    - 法律法规变化、不可抗力引起的调整
- ……

……

- 工程索赔
  - 工程索赔的概念和分类
    - 工程索赔的概念
    - 工程索赔产生的原因
    - 工程索赔的分类
  - 工程索赔的处理
    - 工程索赔的处理原则
    - 工程索赔程序
    - 索赔证据
    - 索赔文件
  - 工程索赔的计算
    - 可索赔的费用
    - 费用索赔的计算
    - 工期索赔的计算
- 施工过程工程价款支付与核算
  - 施工过程工程价款支付与核算概述
    - 施工过程工程价款支付的作用
    - 工程价款的主要支付方式
  - 施工过程工程价款的核算与支付
    - 工程预付款确定
    - 工程进度款核算
    - 进度款审核和支付
- 施工阶段造价使用计划的编制和应用
  - 造价使用计划的编制
  - 施工阶段造价使用计划的应用——偏差分析
    - 挣值法
    - 横道图法
    - 表格法

习题

一、判断题

1. 施工阶段进行造价控制的基本原理是把计划造价额作为造价控制的目标值，在工程施工过程中定期地进行造价实际值同目标值的比较，通过比较发现并找出实际支出额与造价控制目标值之间的偏差，然后分析产生偏差的原因，并采取有效措施加以控制，以保证造价控制目标的实现。(　　)

2. 在工程建设的全过程中，工期、质量和资源投入这三个方面的要素可以相互影响和相互转化。工期与质量的变化在一定条件下可以影响和转化为资源投入的变化，但资源投入的变动，不会影响质量与工期。(　　)

3. 偏差控制法是在编制计划造价的基础上，通过采用造价分析方法找出实际造价与计划造价之间的偏差，分析产生偏差的原因及偏差的变化趋势，进而采取措施以减少或消除不利偏差而实现目标造价的一种管理方法。(　　)

4. 施工阶段造价控制的主要工作内容包括付款控制、变更控制、价格审核、索赔与反索赔及竣工结算审核。(　　)

5. 工程预付款的性质是定金。随着工程进度的推进，拨付的工程进度款数额不断增加，原已支付的预付款应以抵扣的方式陆续扣回。确定工程预付款扣回点是工程预付款扣回的关键。(　　)

6. 工程进度款的确定和计算，主要涉及两个方面：一是工程量的核实确认；二是计价方法。具体支付时间、方式都应在合同中做出具体规定。(　　)

7. 工程变更是指因设计变更而发生的变更。(　　)

8. 工程变更会增加或减少工程量,引起工程价格变化,影响工期甚至质量,造成不必要的损失。(　　)

9. 索赔是在工程承包合同履行过程中,当事人一方由于另一方未履行合同所规定的义务而遭受损失时,向另一方提出赔偿要求的行为。(　　)

10. 按索赔要求分类,索赔可以分为建设单位违约索赔、合同错误索赔、合同变更索赔、工程环境变化索赔、不可抗力因素索赔等。(　　)

11. 在工程实施过程中的造价控制主要依靠控制工程款的支付。(　　)

12. 进度计划变更、施工条件变更等会引起工程的变更。(　　)

二、单选题

1. 在基础施工过程中发现地下障碍物,需对原工程设计进行变更,变更导致合同价款的增减及造成的承包商损失应由(　　)承担。

A. 建设单位　　B. 建设单位、承包商

C. 承包商　　D. 工程设计单位

2. 在下列索赔事件中,承包商不能提出费用索赔的是(　　)。

A. 业主要求加速施工导致工程成本增加

B. 由于业主和工程师原因造成施工中断

C. 恶劣天气导致施工中断,工期延误

D. 设计中某些工程内容错误导致工期延误

3. 某钢门窗安装工程,5 月份拟完工程计划造价为 10 万元,已完工程计划造价为 8 万元,已完工程实际造价为 12 万元,则造价偏差为(　　)万元。

A. －2　　B. 4　　C. 2　　D. －4

4. 下列方法中,不属于造价偏差分析的方法是(　　)。

A. 横道图法　　B. 网络图法

C. 表格法　　D. 曲线法

5. 下列事项中,费用索赔不成立的是(　　)。

A. 设计单位未及时供应施工图纸　　B. 施工单位施工机械损坏

C. 业主原因要求暂停全部项目施工　　D. 因设计变更而导致工程内容增加

6. 将承包工程的内容分解成不同的控制界面,以业主验收控制界面作为支付工程价款的前提条件,此结算方法是(　　)。

A. 分段支付　　B. 竣工后一次结算

C. 目标结算　　D. 其他方式结算

7. 用表格法进行造价偏差分析时,已完工程量乘以计划单价得到的是(　　)。

A. 拟完工程计划造价　　B. 已完工程计划造价

C. 拟完工程实际造价　　D. 已完工程实际造价

8. 下列各项费用中,承包商可以向业主提出索赔的是(　　)。

A. 承包商进行索赔工作的准备费用　　B. 索赔款在索赔处理期间的利息

C. 分包商的索赔款额　　D. 工程有关的保险费用

9. 造价偏差分析中,造价偏差是指(　　)。

A. 已完工程实际时间—已完工程计划时间

B. 拟完工程计划造价—已完工程计划造价

C. 已完工程实际造价—已完工程计划造价

D. 已完工程实际造价—拟完工程计划造价

10. 下列原因中，不允许索赔窝工费用的是(　　)。

A. 异常恶劣的气候造成的停工　　B. 施工图纸未及时供应

C. 工程变更　　D. 业主方原因要求暂停施工

三、多选题

1. 索赔成立的条件有(　　)。

A. 并非自己的过错　　B. 已经造成实际损失

C. 该事件属于合同以外的风险　　D. 该事件属于第三方的风险

E. 在规定的期限内，提出索赔书面要求

2. 在施工阶段工程造价控制中，偏差分析方法有(　　)。

A. 比例分析法　　B. 横道图法　　C. 实际修正法

D. 表格法　　E. 挣值法

3. 按照索赔目的分类，工程索赔可分为(　　)。

A. 费用索赔　　B. 合同被迫终止索赔　　C. 经济索赔

D. 工期索赔　　E. 工程延误索赔

4. 编制竣工结算过程中，需要调整工程量的情况有(　　)。

A. 工程师指令加速施工　　B. 施工图预算错误　　C. 设计漏项

D. 设计变更　　E. 现场工程变更

5. 按照变更起因划分，变更种类包括(　　)。

A. 业主要求改变　　B. 法律法规对建设项目有了新的要求

C. 工程环境变化引起变更　　D. 设计错误引起变更

E. 发包人引起的变更

6. 根据《建设工程工程量清单计价规范》(GB 50500—2013)，因工程变更引起已标价工程量清单项目或其工程数量发生变化时，下列内容表述正确的是(　　)。

A. 已标价工程量清单中有适用于变更工程项目的，应采用该项目的单价

B. 若工程变更导致该清单项目的工程数量发生变化，当工程量增加15%以上时，综合单价应予调低

C. 若工程变更导致该清单项目的工程数量发生变化，当工程量减少15%以上时，综合单价应予调低

D. 已标价工程量清单中没有适用但有类似于变更工程项目的，可在合理范围内参照类似项目的单价

E. 已标价工程量清单中没有适用也没有类似于变更工程项目的，应由承包人根据市场价格提出变更单价，由发包人确认

7. 工程索赔的处理原则是(　　)。

A. 加强控制，减少工程索赔数额

B. 索赔以效率为原则

C. 最小索赔额原则

D. 及时、合理地处理索赔

E. 索赔以合同为依据

8. 费用索赔的计算方法有(　　)。

A. 实际损失百分比法　B. 实际费用法　C. 分项计算法

D. 总费用法　E. 修正的总费用法

9. 通常的纠偏措施有(　　)。

A. 组织措施　B. 经济措施　C. 技术措施

D. 结构措施　E. 合同措施

10. 造价偏差的分析方法有(　　)。

A. 表格法　B. 曲线法　C. 指数分析法

D. 实际价格调整法　E. 调价文件计算法

四、简答题

1. 施工阶段造价控制的工作流程是什么?

2. 工程变更的内涵是什么?

3. 变更后合同价款应如何确定?

4. 索赔的含义是什么?

5. 索赔成立的条件有哪些?

6. 索赔有哪些种类? 如何计算?

7. 工程价款的主要支付方式有哪些?

8. 造价偏差分析的方法有哪些?

9. 工程价款结算有哪几种方式?

10. 工程进度款的支付步骤是什么?

五、计算题

1. 某承包商于某年承包某外资工程项目施工任务,该工程施工时间从当年5月开始至当年9月,与造价相关的合同内容有:

①工程合同价为2 000万元,工程价款采用调值公式动态结算。该工程的不调值部分价款占合同价的15%,5项可调值部分价款分别占合同价的35%、23%、12%、8%、7%。调值公式如下:

$$P=P_0\left[A+\left(B_1\times\frac{F_{t1}}{F_{01}}+B_2\times\frac{F_{t2}}{F_{02}}+B_3\times\frac{F_{t3}}{F_{03}}+B_4\times\frac{F_{t4}}{F_{04}}+B_5\times\frac{F_{t5}}{F_{05}}\right)\right]$$

式中:P——结算期已完工程调值后结算价款;

P_0——结算期已完工程未调值合同价款;

A——合同价中不调值部分的权重;

B_1、B_2、B_3、B_4、B_5——合同价中5项可调值部分的权重;

F_{t1}、F_{t2}、F_{t3}、F_{t4}、F_{t5}——合同价中5项可调值部分结算期价格指数;

F_{01}、F_{02}、F_{03}、F_{04}、F_{05}——合同价中5项可调值部分基期价格指数。

②开工前业主向承包商支付合同价20%的工程预付款,在工程最后两个月平均扣回。

③工程款逐月结算。

④业主自第1个月起，从给承包商的工程款中按5%的比例扣留质量保证金。工程质量缺陷责任期为12个月。

该合同的原始报价日期为当年3月1日。结算各月份可调值部分的价格指数如表6.11和表6.12所示。

表6.11　可调值部分的基期价格指数

代号	F_{01}	F_{02}	F_{03}	F_{04}	F_{05}
3月指数	100	153.4	154.4	160.3	144.4

表6.12　可调值部分的结算期价格指数

代号	F_{t1}	F_{t2}	F_{t3}	F_{t4}	F_{t5}
5月指数	110	156.2	154.4	162.2	160.2
6月指数	108	158.2	156.2	162.2	162.2
7月指数	108	158.4	158.4	162.2	164.2
8月指数	110	160.2	158.4	164.2	162.4
9月指数	110	160.2	160.2	164.2	162.8

未调值时各月工程完成的情况为：

5月份完成工程200万元，本月业主供料部分材料费为5万元。

6月份完成工程300万元。

7月份完成工程400万元，另外由于业主方设计变更，工程局部返工，造成拆除材料费损失0.15万元，人工费损失0.10万元，重新施工费用合计1.5万元。

8月份完成工程600万元，另外由于施工中采用的模板形式与定额不同，模板增加费用0.30万元。

9月份完成工程500万元，另有批准的工程索赔款1万元。

问题：

(1)工程预付款是多少？工程预付款从哪个月开始起扣，每月扣留多少？

(2)确定每月业主应支付给承包商的工程款。

(3)工程在竣工半年后，发生屋面漏水，业主应如何处理此事？

2.某工程项目业主与承包商签订了工程施工承包合同。合同中估算工程量为5 300 m^3，全费用单价为180元/m^3。合同工期为6个月。有关付款条款如下：

①开工前业主应向承包商支付估算合同总价20%的工程预付款；

②业主自第1个月起，从承包商的工程款中，按5%的比例扣留质量保证金；

③当实际完成工程量增减幅度超过估算工程量的15%时，可进行调价，调价系数为0.9(或1.1)；

④每月支付工程款最低金额为15万元；

⑤工程预付款从累计已完工程款超过估算合同价30%以后的下1个月起至第5个月均匀扣除。

承包商每月实际完成并经签证确认的工程量如表6.13所示。

表 6.13　每月实际完成并经签证确认的工程量

月份	1	2	3	4	5	6
完成工程量/m^3	800	1 000	1 200	1 200	1 200	800
累计完成工程量/m^3	800	1 800	3 000	4 200	5 400	6 200

问题：

(1)估算合同总价为多少？

(2)工程预付款为多少？工程预付款从哪个月起扣留？每月应扣的工程预付款为多少？

(3)每月工程量价款为多少？业主应支付给承包商的工程款为多少？

3.某工程项目发包人与承包人签订了施工合同，工期为 5 个月。分项工程和单价措施项目的造价数据与经批准的施工进度计划如表 6.14 所示；总价措施项目费用为 9 万元(其中含安全文明施工费 3 万元)；暂列金额为 12 万元。管理费和利润为人、材、机费用之和的 15%。规费和税金为人、材、机费用与管理费、利润之和的 10%。

表 6.14　分项工程和单价措施项目的造价数据与施工进度计划

分项工程和单价措施项目				施工进度计划(单位：月)				
名称	工程量/m^3	综合单价/(元/m^3)	合价/万元	1	2	3	4	5
A	600	180	10.8	——	——			
B	900	360	32.4		——	——		
C	1 000	280	28.0		——	——	——	
D	600	90	5.4				——	——
合计			76.6	计划与实际施工均为匀速进度				

有关工程价款结算与支付的合同约定如下：

①开工前发包人向承包人支付签约合同价(扣除总价措施费与暂列金额)的 20%作为预付款，预付款在第 3、4 个月平均扣回。

②安全文明施工费工程款于开工前一次性支付；除安全文明施工费之外的总价措施项目费用工程款在开工后的前 3 个月平均支付。

③施工期间除总价措施项目费用外的工程款按实际施工进度逐月结算。

④发包人按每次承包人应得的工程款的 85%支付。

⑤竣工验收通过后的 60 天内进行工程竣工结算，竣工结算时扣除工程实际总价的 3%作为工程质量保证金，剩余工程款一次性支付。

⑥C 分项工程所需的甲种材料用量为 500 m^3，在招标时确定的暂估价为 80 元/m^3，乙种材料用量为 400 m^3，投标报价为 40 元/m^3。工程款逐月结算时，甲种材料按实际购买价格调整。

对于乙种材料，当购买价在投标报价的±5%以内变动时，C分项工程的综合单价不予调整；变动超过±5%时，超过部分的价格调整至C分项综合单价中。

该工程如期开工，施工中发生了经承、发包双方确认的以下事项：

①B分项工程的实际施工时间为第2～4个月；

②C分项工程甲种材料实际购买价为85元/m^3，乙种材料的实际购买价是50元/m^3；

③第4个月发生现场签证零星工作费用2.4万元。

问题(计算结果均保留三位小数)：

(1)合同价为多少万元？预付款是多少万元？开工前支付的措施项目款为多少万元？

(2)C分项工程的综合单价是多少？第3个月完成的分部和单价措施费是多少万元？第3个月业主应支付的工程款是多少万元？

(3)列式计算第3个月末累计分项工程和单价措施项目拟完工程计划费用、已完工程实际费用，并分析进度偏差(用投资额表示)与费用偏差。

(4)除现场签证费用外，若工程实际发生其他项目费用8.7万元，试计算工程实际造价及竣工结算价款。

4. 某酒店工程，建筑面积为28 700 m^2，地下一层，地上十五层，为现浇钢筋混凝土框架结构，建设单位依法进行招标，招标控制价为3 191.50万元，某施工单位中标了该工程。双方按照《建设工程施工合同(示范文本)》签订了施工合同，合同中标价为3 000万元，该工程项目的规费和增值税按15%计。合同约定：

①当土建工程每个分项工程的工程量增加(或减少)幅度超过清单工程量的15%时调整综合单价，调整系数为0.9(或1.1)。

②当装饰工程变更导致实际完成的变更工程量与已标价工程量清单中列明的该项目工程量的变化幅度超过15%且投标报价清单综合单价与招标控制价偏差超过15%时，应结合承包人报价浮动率确定是否调价。

施工过程中，发生了下列事件：

事件一：挖基础土方工程的清单量为1 000 m^3，清单综合单价为35元/m^3，实际签证的工程量为1 500 m^3。

事件二：施工中由于设计变更，某装饰分部分项工程的工程量由原清单量1 520 m^2变更为1 824 m^2，已知该施工单位清单投标报价的综合单价为45元/m^2，招标控制价中对应项目的综合单价为60元/m^2。

问题：

(1)列式计算该承包人的报价浮动率。

(2)列式计算事件一中土方工程的签证款。

(3)事件二中，该装饰分部分项工程的综合单价是否可以调整？说明理由。

(4)如果事件二中，该施工单位清单投标报价的综合单价为50元/m^2，其他不变，该装饰分部分项工程的综合单价是否可以调整？说明理由。

(5)如果事件二中，该施工单位清单投标报价的综合单价为75元/m^2，综合单价如何调整？

第7章

建设项目竣工阶段工程造价控制

学习目标

了解建设项目竣工阶段的工作内容。
了解建设项目竣工阶段与工程造价的关系。
熟悉竣工结算编制的内容和方法。
熟悉竣工结算审查的内容。
熟悉竣工决算的内容。
熟悉竣工决算书的编制步骤和方法。
了解保修费用处理的方法。

教学要求

能力要求	知识要点	权　重
了解竣工阶段与工程造价的关系	竣工阶段的工作内容、竣工阶段与工程造价的关系	0.1
会编制竣工结算	竣工结算的编制依据、内容	0.2
会审查竣工结算	竣工结算审查的内容、方法	0.2
会编制竣工决算书	竣工决算的内容、竣工决算书的编制步骤与方法	0.35
了解保修费用处理的方法	工程保修期限、保修费用的处理	0.15

建设项目竣工阶段是项目建设的最终阶段，做好建设项目竣工阶段的工作可以确定建设项目投资的实际费用，及时了解工程造价控制的成果，并对建设项目建成后发挥经济效益和社会效益起着重要的作用。竣工阶段与工程造价有关的工作主要是做好建设项目竣工结算和审查工作，编制竣工决算书。

7.1 建设项目竣工阶段与工程造价的关系

7.1.1 竣工阶段的工作内容

竣工阶段工程造价控制是建设项目工程造价全过程控制的最后一个环节，是指全面考核建设工作，审查投资使用合理性，检查工程造价控制情况，是投资成果转入生产或使用的标志性阶段。竣工阶段的主要工作内容有竣工结算和竣工决算。

竣工结算是承包人按照合同规定的内容完成所承包的全部工程，经验收质量合格并符合合同要求之后，向发包人进行的最终工程款结算。经审查的竣工结算是核定建设工程造价的依据，也是建设项目竣工验收后编制竣工决算书和核定新增固定资产价值的依据。

竣工决算，主要指竣工决算书，是所有建设项目竣工后，发包人按照国家有关规定在新建、改建和扩建工程建设项目竣工验收阶段编制的竣工决算报告。竣工决算是反映竣工项目建设成果的文件，是考核其投资效果的依据，是办理交付、动用、验收的依据，是竣工验收报告的重要部分。

7.1.2 竣工阶段与工程造价的关系

建设工程造价全过程控制是工程造价管理的主要表现形式和核心内容，也是提高项目投资效益的关键所在。它贯穿于决策阶段、设计阶段、工程招投标阶段、施工实施阶段和竣工阶段的项目全过程，围绕并追求工程项目建设投资控制目标，旨在使所建的工程项目以最少的投入获得最佳的经济效益和社会效益。竣工阶段的竣工验收、竣工结(决)算不仅直接关系到发包人与承包人之间的利益关系，也关系到项目工程造价的实际结果。

竣工结算反映的是工程项目的实际价格，最终体现了工程造价系统控制的效果。要有效控制工程项目竣工结算价，必须严把审核关，第一要核对合同条款：一查竣工工程内容是否符合合同条件要求，竣工验收是否合格；二查结算价款是否符合合同的结算方式。第二要检查隐蔽验收记录：所有隐蔽工程是否经监理工程师签证确认。第三要落实设计变更签证：按合同的规定，检查设计变更签证是否有效。第四要核实工程数量：依据竣工图、设计变更单及现场签证等进行核算。第五要防止各种计算误差。实践经验证明，一般情况下，经审查的工程结算较编制的工程结算工程造价资金相差率在10%左右，有的高达20%，对工程项目结算进行审查对控制投入、节约资金起到很重要的作用。

竣工决算是基本建设成果和财务的综合反映，它包括项目从筹建到建成投产或使用的全部费用，除了采用货币形式表示基本建设的实际成本和有关指标外，还包括建设工期、工程量和资产的实物量以及技术经济指标，并综合了工程的年度财务决算，全面反映了基本建设的主要情况。根据国家基本建设投资的规定，在批准基本建设项目计划任务书时，可依据投资估算来估计基本建设计划投资额。在确定基本建设项目设计方案时，可依据设计概算决定建设项目计划总投资最高数额。在施工图设计阶段，可编制施工图预算，用以确定单项工程或单位工程的计划价格，同时规定其不得超过相应的设计概算。因此，竣工决算可反映出固定资产计划完成情况以及节约或超支原因，从而控制工程造价。

7.2 竣工结算

竣工阶段承包人需要根据合同价款、工程价款结算签证单以及施工过程中变更价款等资料进行最终结算。所以，进行竣工结算，必须先确定工程价款结算签证。

工程价款结算是指项目竣工后，承包方按照合同约定的条款和结算方式，向业主申请结清双方往来款项。工程结算在项目施工中通常需要发生多次，一直到整个项目全部竣工验收，还需要进行最终建筑产品的工程竣工结算，从而完成最终建筑产品的工程造价的确定和控制。

7.2.1 竣工结算的含义

工程完工后，双方应按照约定的合同价款及合同价款调整内容以及索赔事项，进行工程竣工结算。工程竣工结算指承包人按照合同规定的内容完成所承包的全部工程，经验收质量合格并符合合同要求之后，对照原设计施工图，根据增减变化内容，编制调整预算，向发包人进行的最终工程价款结算。

工程竣工结算分为单位工程竣工结算、单项工程竣工结算和建设项目竣工总结算。

7.2.2 竣工结算编审

1. 竣工结算编审的意义

(1)单位工程竣工结算由承包人编制,发包人审查;实行总承包的工程,由具体承包人编制,在总包人审查的基础上,由发包人审查。

(2)单项工程竣工结算或建设项目竣工总结算由总(承)包人编制,发包人可直接进行审查,也可以委托具有相应资质的工程造价咨询机构进行审查。政府投资项目,由同级财政部门审查。单项工程竣工结算或建设项目竣工总结算经发、承包人签字盖章后有效。

2. 竣工结算的编制依据

(1)国家有关法律、法规、规章制度和相关的司法解释。

(2)国务院建设主管部门以及各省、自治区、直辖市和有关部门发布的工程造价计价标准、计价方法、有关规定及相关解释。

(3)《建设工程工程量清单计价规范》(GB 50500—2013)。

(4)工程承包合同、有关材料、设备采购合同。

(5)招投标文件,包括招标答疑文件、投标承诺、中标通知书等。

(6)工程竣工图或施工图、图纸会审纪要、施工记录,经批准的施工组织设计,经设计单位签证的设计变更通知书。

(7)经批准的开、竣工报告或停、复工报告。

(8)发、承包双方实施过程中已确认的工程量及其结算的合同价款。

(9)发、承包双方实施过程中已确认调整后追加(减)的合同价款。

(10)其他有关技术经济文件。

3. 竣工结算的计价原则

在工程量清单计价方式下,竣工结算的计价原则有:

(1)分部分项工程和措施项目中的单价项目,按照发、承包双方确认的工程量和已标价工程量清单的综合单价计算;如有调整,按照发、承包双方确认调整的综合单价计算。

(2)措施项目中的总价项目,按照合同约定的项目和金额计算;如有调整,按照发、承包双方确认调整的金额计算,其中安全文明施工费必须按照国家或省级、行业建设主管部门的规定计算。

(3)其他项目的计价规定如下:

①暂列金额应减去工程价款调整金额后计算,如有余额归发包人;

②暂估价应按照《建设工程工程量清单计价规范》(GB 50500—2013)有关规定计算;

③计日工应按照发包人实际签证计算;

④承包服务费应按照合同约定金额计算,如有调整,按照发、承包双方确认调整的金额计算。

(4)在工程实施过程中,如有现场签证,按照承、发包双方在签证材料上确认的金额计算;如有索赔项目,按照发、承包双方确认的索赔事项和金额计算。

(5)规费和税金应按照国家或省级、行业建设主管部门的规定计算。规费中的工程排污费应按照工程所在地环境保护部门规定标准缴纳后按实计入。

此外，发、承包双方在合同工程实施过程中已经确认的工程计量结果和合同价款，在竣工结算办理时应直接计入结算。

4. 竣工结算的审核

竣工结算审核是竣工结算阶段的一项重要工作。审核工作通常由发包人、造价咨询公司或审计部门把关进行。

1)竣工结算审核程序

①发包人应在收到承包人提交的竣工结算文件后的28天内核对。发包人经核实，认为承包人还应进一步补充资料和修改结算文件的，应在28天内向承包人提出核实意见，承包人在收到核实意见后的28天内按照发包人提出的合理要求补充资料，修改竣工结算文件，并再次提交给发包人复核。

②发包人应在收到承包人再次提交的竣工结算文件后的28天内予以复核，并将复核结果通知承包人。如果发包人、承包人对复核结果无异议，应在7天内在竣工结算文件上签字确认，竣工结算办理完毕；如果发包人或承包人认为复核结果有误，无异议部分办理不完全竣工结算，有异议部分由发、承包双方协商解决，协商不成的，按照合同约定的争议解决方式处理。

③发包人在收到承包人竣工结算文件后的28天内，不核对竣工结算或未提出核对意见的，视为承包人提交的竣工结算文件已被发包人认可，竣工结算办理完毕。

④承包人在收到发包人提出的核实意见后的28天内，不确认也未提出异议的，视为发包人提出的核实意见已被承包人认可，竣工结算办理完毕。

发包人也可委托工程造价咨询机构核对竣工结算文件，审核程序按上述条款执行。

2)竣工结算审核内容

①核对合同条款。

主要针对工程竣工是否验收合格，竣工内容是否符合合同要求，结算方式是否按合同规定进行，套用定额、计费标准、主要材料调差等是否按约定实施。

②审核隐蔽资料和有关签证等是否符合规定要求。

③审核设计变更通知是否符合手续程序，是否加盖公章。

④根据施工图核实工程量。

⑤审核各项费用计算是否准确。

7.2.3 竣工结算款的支付

1. 承包人提交竣工结算款支付申请

承包人应根据办理的竣工结算文件，向发包人提交竣工结算款支付申请。该申请应包括下列内容：

(1)竣工结算合同价款总额。

(2)累计已实际支付的合同价款。

(3)应扣留的质量保证金。

(4)实际应支付的竣工结算款金额。

实际应支付的竣工结算款金额＝竣工结算合同价款总额－累计已实际支付的合同价款－应扣留的质量保证金

2. 发包人签发竣工结算支付证书

发包人应在收到承包人提交的竣工结算款支付申请后7天内予以核实，向承包人签发竣工结算支付证书。

3. 支付竣工结算款

发包人签发竣工结算支付证书后的14天内，按照竣工结算支付证书列明的金额向承包人支付竣工结算款。

发包人在收到承包人提交的竣工结算款支付申请后7天内不予核实，不向承包人签发竣工结算支付证书的，视为承包人的竣工结算款支付申请已被发包人认可；发包人应在收到承包人提交的竣工结算款支付申请7天后的14天内，按照承包人提交的竣工结算款支付申请列明的金额向承包人支付竣工结算款。

发包人未按照规定的程序支付竣工结算款的，承包人可催告发包人支付，并有权获得延迟支付的利息。发包人在竣工结算支付证书签发后或者在收到承包人提交的竣工结算款支付申请7天后的56天内仍未支付的，除法律另有规定外，承包人可与发包人协商将该工程折价，也可直接向人民法院申请将该工程依法拍卖。承包人就该工程折价或拍卖的价款优先受偿。

7.3 竣工决算

7.3.1 竣工决算的内容

建设项目竣工决算应包括从筹集到竣工投产全过程的全部实际费用，即包括建筑工程费、安装工程费、设备及工器具购置费、预备费等。财政部、国家发改委及住房和城乡建设部的有关文件规定，竣工决算是由竣工财务决算说明书、竣工财务决算报表、建设工程竣工图和工程竣工造价对比分析四部分组成。其中竣工财务决算说明书和竣工财务决算报表两部分又称建设项目竣工财务决算，是竣工决算的核心内容。竣工财务决算是正确核定项目资产价值、反映竣工项目建设成果的文件，是办理资产移交和产权登记的依据。对于小型建设项目，竣工财务决算是由建设项目竣工财务决算审批表、竣工财务决算总表和交付使用资产明细表组成的。

1. 竣工财务决算说明书

竣工财务决算说明书主要反映竣工工程建设成果和经验，是对竣工决算报表进行分析和补充说明的文件，是全面考核、分析工程投资与造价的书面总结，是竣工决算报告的重要组成部分，其内容主要包括：

(1)项目概况。一般从进度、质量、安全和造价方面进行分析说明。进度方面主要说明开工和竣工时间，对照合理工期和要求工期分析是提前还是延期；质量方面主要说明竣工验收委员会或相当一级质量监督部门的验收评定等级、合格率和优良品率；安全方面主要根据劳动工资和施工部门的记录，对有无设备和人身事故进行说明；造价方面主要对照概算造价，说明节约或超支的情况，用金额和百分率进行分析说明。

(2)会计账务的处理、财产物资清理及债权债务的清偿情况。

(3)项目建设资金计划及到位情况，财政资金支出预算、投资计划及到位情况。

(4)项目建设资金使用、项目结余资金等分配情况。

(5)项目概(预)算执行情况及分析，竣工实际完成投资与概算差异及原因分析。

(6)尾工工程情况。项目一般不得预留尾工工程，确需预留尾工工程的，尾工工程投资不得超过批准的项目概(预)算总投资的5%。

(7)历次审计、检查、审核、稽查意见及整改落实情况。

(8)主要技术经济指标的分析、计算情况。需进行：概算执行情况分析，根据实际投资完成额与概算进行对比分析；新增生产能力的效益分析，说明交付使用财产占总投资额的比例及不增加固定资产的造价占投资总额的比例，分析资本有机构成和投资成果。

(9)项目管理经验、主要问题和建议。

(10)预备费动用情况。

(11)项目建设管理制度执行情况、政府采购情况及合同履行情况。

(12)征地拆迁补偿情况及移民安置情况。

(13)需说明的其他事项。

2. 竣工财务决算报表

建设项目竣工财务决算报表包括基本建设项目概况表、基本建设项目竣工财务决算表、基本建设项目资金情况明细表、基本建设项目交付使用资产总表、基本建设项目交付使用资产明细表、待摊投资明细表、待核销基建支出明细表、转出投资明细表等。以下对其中几个主要报表进行介绍。

1)基本建设项目概况表

基本建设项目概况表(见表7.1)综合反映基本建设项目的概况，内容包括该项目总投资、建设起止时间、新增生产能力、主要材料消耗、建设成本、完成主要工程量和主要技术经济指标，为全面考核和分析投资效果提供依据，可按下列要求填写：

(1)建设项目名称、建设地址、主要设计单位和主要承包人(施工单位)，要按全称填列。

(2)表中各项目的设计、概算等指标，根据批准的设计文件和概算等确定的数值填列。

(3)表中所列新增生产能力、完成主要工程量的实际数据，根据建设单位统计资料和承包人提供的有关成本核算资料填列。

(4)表中“基建支出”是指建设项目从开工起至竣工为止发生的全部基本建设支出，包括形成资产价值的交付使用资产，如固定资产、流动资产、无形资产、其他资产支出，还包括不形成资产价值、按照规定应核销的非经营项目的待核销基建支出和转出投资。基建支出，应根据财政部门历年批准的基建投资表中的有关数据填列。按照《基本建设财务规则》(财政部令第81号)中的规定，需要注意以下几点：

①建筑安装工程投资支出、设备及工器具投资支出、待摊投资支出和其他投资支出构成建设项目的建设成本。

表 7.1　基本建设项目概况表

<table>
<tr><td>建设项目(单项工程)名称</td><td colspan="2"></td><td>建设地址</td><td colspan="2"></td><td rowspan="9">基建支出</td><td>项目</td><td>概算批准金额/元</td><td>实际完成金额/元</td><td>备注</td></tr>
<tr><td rowspan="2">主要设计单位</td><td colspan="2" rowspan="2"></td><td rowspan="2">主要施工单位</td><td colspan="2" rowspan="2"></td><td>建筑安装工程</td><td></td><td></td><td rowspan="8"></td></tr>
<tr><td>设备、工具、器具</td><td></td><td></td></tr>
<tr><td rowspan="2">占地面积/m³</td><td>设计</td><td>实际</td><td rowspan="2">总投资/万元</td><td>设计</td><td>实际</td><td>待摊投资</td><td></td><td></td></tr>
<tr><td></td><td></td><td></td><td></td><td>其中:项目建设管理费</td><td></td><td></td></tr>
<tr><td rowspan="2">新增生产能力</td><td colspan="3">能力名称</td><td>设计</td><td>实际</td><td rowspan="2">其他投资</td><td rowspan="2"></td><td rowspan="2"></td></tr>
<tr><td colspan="3"></td><td></td><td></td></tr>
<tr><td rowspan="2">建设起止时间</td><td>设计</td><td colspan="4">从　年　月　日至　年　月　日</td><td>待核销基建支出</td><td></td><td></td></tr>
<tr><td>实际</td><td colspan="4">从　年　月　日至　年　月　日</td><td>合计</td><td></td><td></td></tr>
<tr><td>概算批准部门及文号</td><td colspan="10"></td></tr>
</table>

<table>
<tr><td rowspan="3">完成主要工程量</td><td colspan="2">建设规模</td><td colspan="3">设备(台、套、吨)</td></tr>
<tr><td>设计</td><td>实际</td><td colspan="2">设计</td><td>实际</td></tr>
<tr><td></td><td></td><td colspan="2"></td><td></td></tr>
<tr><td rowspan="3">收尾工程</td><td>单项工程项目内容</td><td>概算</td><td>预计完成部分投资额</td><td>已完成投资额</td><td>预计完成时间</td></tr>
<tr><td></td><td></td><td></td><td></td><td></td></tr>
<tr><td>小计</td><td></td><td></td><td></td><td></td></tr>
</table>

②待核销基建支出包括非经营性项目发生的江河清障、航道清淤、飞播造林、补助群众造林、退耕还林(草)、封山(沙)育林(草)、水土保持、城市绿化、毁损道路修复、护坡及清理等不能形成资产的支出,以及项目未被批准、项目取消和项目报废前已发生的支出;非经营性项目发生的农村沼气工程、农村安全饮水工程、农村危房改造工程、游牧民定居工程、渔民上岸工程等涉及家庭或者个人的支出,形成资产产权归属家庭或者个人的,也作为待核销基建支出处理。

上述待核销基建支出,若形成资产产权归属本单位,计入交付使用资产价值;形成产权不归属本单位的,作为转出投资处理。

③非经营性项目转出投资支出是指非经营性项目为项目配套建设的专用设施,包括专用道路、专用通信设施、送变电站、地下管道等,其产权不属于本单位的投资支出。对于产权归属本单位的,应计入交付使用资产价值。

(5)表中“概算批准部门及文号”,按最后批准的文件号填列。

(6)表中收尾工程是指全部工程项目验收后尚遗留的少量收尾工程,在表中应明确填写收尾工程内容、完成时间、这部分工程的实际成本,可根据实际情况进行估算并加以说明,完工后不再编制竣工决算。

2)基本建设项目竣工财务决算表

基本建设项目竣工财务决算表(见表7.2)是竣工财务决算报表的一种,用来反映建设项目的全部资金来源和资金占用情况,是考核和分析投资效果的依据。该表反映竣工的建设项目从开工到竣工为止全部资金来源和资金占用的情况。它是考核和分析投资效果、落实结余资金并作为报告上级核销基本建设支出和基本建设拨款的依据。在编制该表前,应先编制出项目竣工年度财务决算,根据编制出的竣工年度财务决算和历年财务决算编制。此表采用平衡表形式,即资金来源合计等于资金占用合计。

表7.2　基本建设项目竣工财务决算表

资金来源	金额/元	资金占用	金额/元
一、基建拨款		一、基本建设支出	
1.中央财政资金		(一)交付使用资产	
其中:一般公共预算资金		1.固定资产	
中央基建投资		2.流动资产	
财政专项资金		3.无形资产	
政府性基金		(二)在建工程	
国有资本经营预算安排的基建项目资金		1.建筑安装工程投资	
2.地方财政资金		2.设备投资	
其中:一般公共预算资金		3.待摊投资	
地方基建投资		4.其他投资	
财政专项资金		(三)待核销基建支出	
政府性资金基金		(四)转出投资	
国有资本经营预算安排的基建项目资金		二、货币资金合计	
二、部门自筹资金(非负债性资金)		其中:银行存款	
三、项目资本金		财政应返还额度	
1.国家资本金		其中:直接支付	
2.法人资本金		授权支付	
3.个人资本金		现金	
4.外商资本金		有价证券	
四、项目资本公积金		三、预付及应收款合计	
五、基建借款		1.预付备料款	
其中:企业债券资金		2.预付工程款	
六、待冲基建支出		3.预付设备款	

续表

资 金 来 源	金额/元	资 金 占 用	金额/元
七、应付款合计		4. 预收票据	
1. 应付工程款		5. 其他应收款	
2. 应付设备款		四、固定资产合计	
3. 应付票据		固定资产原价	
4. 应付工资及福利费		减:累计折旧	
5. 其他应付款		固定资产净值	
八、未交款合计		固定资产清理	
1. 未交税金		待处理固定资产损失	
2. 未交结余财政资金			
3. 未交基建收入			
4. 其他未交款			
合计		合计	

基本建设项目竣工财务决算表具体编制方法如下:

(1)资金来源包括基建拨款、部门自筹资金(非负债性资金)、项目资本金、项目资本公积金、基建借款、待冲基建支出、应付款和未交款等,其中:

①项目资本金是指经营性项目投资者按国家有关项目资本金的规定,筹集并投入项目的非负债资金,在项目竣工后,相应转为生产经营企业的国家资本金、法人资本金、个人资本金和外商资本金。

②项目资本公积金是指经营性项目对投资者实际缴付的出资额超过其资金的差额(包括发行股票的溢价净收入)、资产评估确认价值或者合同协议约定价值与原账面净值的差额、接受捐赠的财产、资本汇率折算差额,在项目建设期间作为项目资本公积金,项目建成交付使用并办理竣工决算后,转为生产经营企业的资本公积金。

(2)表中"交付使用资产""中央财政资金""地方财政资金""部门自筹资金""项目资本公积金""基建借款"等项目,是指自开工建设至竣工的累计数,上述有关指标应根据历年批复的年度基本建设财务决算和竣工年度的基本建设财务决算中资金平衡表相应项目的数值进行汇总填写。

(3)表中其余项目费用办理竣工验收时的结余数,根据竣工年度财务决算中资金平衡表的有关项目期末数填写。

(4)资金占用反映建设项目从开工准备到竣工全过程资金支出的情况,内容包括基本建设支出、货币资金、预付及应收款、固定资产等,资金占用总额应等于资金来源总额。

3)基本建设项目交付使用资产总表

基本建设项目交付使用资产总表(见表 7.3)反映建设项目建成后新增固定资产、流动资产、无形资产价值的情况和价值,作为财产交接、检查投资计划完成情况和分析投资效果的依据。

表 7.3　基本建设项目交付使用资产总表(元)

交付单位：　　　　负责人：　　　　接收单位：　　　　负责人：

序　　号	单项工程名称	总　　计	固 定 资 产				流动资产	无形资产
			合计	建筑物及构筑物	设备	其他		

基本建设项目交付使用资产总表具体编制方法如下：

(1)表中各栏目数据根据基本建设项目交付使用资产明细表的固定资产、流动资产、无形资产各相应项目的汇总数分别填写，表中“总计”栏的总计数应与竣工财务决算表中的交付使用资产的金额一致。

(2)表中固定资产、流动资产、无形资产的合计数，应分别与竣工财务决算表交付使用的固定资产、流动资产、无形资产的数据相符。

4)基本建设项目交付使用资产明细表

基本建设项目交付使用资产明细表(见表 7.4)反映交付使用的固定资产、流动资产、无形资产价值的明细情况，是办理资产交接和接收单位登记资产账目的依据，是使用单位建立资产明细账和登记新增资产价值的依据。编制时要做到齐全完整，数值准确，各栏目价值应与会计账目中相应科目的数据保持一致。基本建设项目交付使用资产明细表具体编制方法是：

表 7.4　基本建设项目交付使用资产明细表

序号	单项工程名称	固定资产									流动资产		无形资产	
		建筑工程			设备、工具、器具、家具									
		结构	面积/m^2	金额/元	名称	规格型号	数量	金额/元	其中：设备安装费/元	其中：分摊待摊投资/元	名称	金额/元	名称	金额/元

(1)表中“建筑工程”项目应按单项工程名称填列其结构、面积和金额。其中“结构”按钢结构、钢筋混凝土结构、混合结构等结构形式填写;“面积”则按各项目实际完成面积填写;“金额”按交付使用资产的实际价值填写。

(2)表中“固定资产”部分要在逐项盘点后,根据盘点实际情况填写,工具、器具和家具等低值易耗品可分类填写。

(3)表中“流动资产”“无形资产”项目应根据建设单位实际交付的名称和价值分别填列。

3. 建设工程竣工图

建设工程竣工图是真实地记录各种地上、地下建筑物和构筑物等情况的技术文件,是工程进行竣工验收、维护、改建和扩建的依据,是国家的重要技术档案。全国各建设、设计、施工单位和各主管部门都要认真做好竣工图的编制工作。国家规定,各项新建、扩建、改建的基本建设工程,特别是基础、地下建筑、管线、结构、井巷、桥梁、隧道、港口、水坝以及设备安装等隐蔽部位,都要编制竣工图。为确保竣工图质量,必须在施工过程中(不能在竣工后)及时做好隐蔽工程检查记录,整理好设计变更文件。编制竣工图的形式和深度,应根据不同情况区别对待,其具体要求包括:

(1)凡按图竣工没有变动的,由承包人(包括总包和分包承包人,下同)在原施工图上加盖“竣工图”标志后,即作为竣工图。

(2)凡在施工过程中,虽有一般性设计变更,但能将原施工图加以修改补充作为竣工图的,可不重新绘制,由承包人负责在原施工图(必须是新蓝图)上注明修改的部分,并附以设计变更通知单和施工说明,加盖“竣工图”标志后,作为竣工图。

(3)凡结构形式改变、施工工艺改变、平面布置改变、项目改变以及有其他重大改变,不宜再在原施工图上修改、补充的,应重新绘制改变后的竣工图。由原设计原因造成的,由设计单位负责重新绘图;由施工原因造成的,由承包人负责重新绘图;由其他原因造成的,由建设单位自行绘图或委托设计单位绘图。承包人负责在新图上加盖“竣工图”标志,并附以有关记录和说明,作为竣工图。

(4)为了满足竣工验收和竣工决算需要,还应绘制反映竣工工程全部内容的工程设计平面示意图。

(5)重大的改建、扩建工程项目涉及原有的工程项目变更时,应将相关项目的竣工图资料统一整理归档,并在原图案卷内增补必要的说明一起归档。

4. 工程竣工造价对比分析

对控制工程造价所采取的措施、效果及其动态的变化需要进行认真的对比,总结经验教训。批准的概算是考核建设工程造价的依据。在分析时,可先对比整个项目的总概算,然后将建筑安装工程费、设备及工器具购置费和其他工程费用逐一与竣工决算表中所提供的实际数据和相关资料及批准的概(预)算指标、实际的工程造价进行对比分析,以确定竣工项目总造价是节约还是超支,并在对比的基础上,总结先进经验,找出节约和超支的内容和原因,提出改进措施。在实际工作中,应主要分析以下内容:

(1)考核主要实物工程量。对于实物工程量计划与实际出入比较大的情况,必须查明原因。

(2)考核主要材料消耗量。要按照竣工决算表中所列明的三大材料实际超概算的消耗量，查明在工程的哪个环节超出量最大，再进一步查明超耗的原因。

(3)考核建设单位管理费、措施费和间接费的取费标准。建设单位管理费、措施费和间接费的取费标准要按照国家和各地的有关规定，根据竣工决算报表中所列的建设单位管理费与概(预)算所列的建设单位管理费数额进行比较，依据规定查明是否多列或少列费用项目，确定其节约或超支的数额，并查明原因。

7.3.2 建设项目竣工决算的编制

1. 建设项目竣工决算的编制条件

编制工程竣工决算应具备下列条件：

(1)经批准的初步设计所确定的工程内容已完成；

(2)单项工程或建设项目竣工结算已完成；

(3)收尾工程投资和预留费用不超过规定的比例；

(4)涉及法律诉讼、工程质量纠纷的事项已处理完毕；

(5)其他影响工程竣工决算编制的重大问题已解决。

2. 建设项目竣工决算的编制依据

建设项目竣工决算应依据下列资料编制：

(1)《基本建设财务规则》(财政部令第 81 号)等法律、法规和规范性文件；

(2)项目计划任务书及立项批复文件；

(3)项目总概算书和单项工程概算书文件；

(4)经批准的设计文件及设计交底、图纸会审资料；

(5)招标文件和最高投标限价；

(6)工程合同文件；

(7)项目竣工结算文件；

(8)工程签证、工程索赔等合同价款调整文件；

(9)设备、材料调价文件记录；

(10)会计核算及财务管理资料；

(11)其他有关项目管理的文件。

3. 竣工决算的编制要求

为了严格执行建设项目竣工验收制度，正确核定新增固定资产价值，考核分析投资效果，建立健全经济责任制，所有新建、扩建和改建等建设项目竣工后，都应及时、完整、正确地编制竣工决算。建设单位要做好以下工作：

(1)按照规定组织竣工验收，保证竣工决算的及时性。对建设工程进行全面考核，所有的建设项目(或单项工程)按照批准的设计文件所规定的内容建成后，具备了投产和使用条件的，都要及时组织验收。对于竣工验收中发现的问题，应及时查明原因，采取措施加以解决，以保证建设项目按时交付使用和及时编制竣工决算。

(2)积累、整理竣工项目资料,保证竣工决算的完整性。积累、整理竣工项目资料是编制竣工决算的基础工作,它关系到竣工决算的完整性和质量的好坏。因此,在建设过程中,建设单位必须随时收集项目建设的各种资料,并在竣工验收前,对各种资料进行系统整理,分类立卷,为编制竣工决算提供完整的数据资料,为投产后加强固定资产管理提供依据。在工程竣工时,建设单位应将各种基础资料与竣工决算一起移交给生产单位或使用单位。

(3)清理、核对各项账目,保证竣工决算的正确性。工程竣工后,建设单位要认真核实各项交付使用资产的建设成本,做好各项账务、物资以及债权的清理结余工作,应偿还的及时偿还,该收回的及时收回,对各种结余的材料、设备、施工机械等,要逐项清点核实,妥善保管,按照国家有关规定进行处理,不得任意侵占。对竣工后的结余资金,要按规定上交财政部门或上级主管部门。在完成上述工作,核实了各项数值的基础上,正确编制从年初起到竣工月份止的竣工年度财务决算,以便根据历年的财务决算和竣工年度财务决算进行整理汇总,编制建设项目竣工决算。

4. 竣工决算的编制程序

竣工决算的编制程序分为前期准备、实施、完成和资料归档四个阶段。

(1)前期准备阶段的主要工作内容如下:

①了解编制工程竣工决算建设项目的基本情况,收集和整理基本的编制资料。在编制竣工决算文件之前,应系统地整理所有的技术经济资料,如工料结算的经济文件、施工图纸和各种变更与签证资料,并分析它们的准确性。完整、齐全的资料,是准确而迅速地编制竣工决算的必要条件。

②确定项目负责人,配置相应的编制人员。

③制订切实可行、符合建设项目情况的编制计划。

④由项目负责人对成员进行培训。

(2)实施阶段主要工作内容如下:

①收集完整的编制程序依据资料。在收集、整理和分析有关资料时,要特别注意建设工程从筹建到竣工投产或使用的全部费用的各项账务,如债权和债务的清理,做到工程完毕账目清晰,既要核对账目,又要查点库存实物的数量,做到账与物相等、账与账相符,对结余的各种材料、工器具和设备,要逐项清点核实,妥善管理,并按规定及时处理,收回资金。对各种往来款项要及时进行全面清理,为编制竣工决算提供准确的数据和结果。

②协助建设单位做好各项清理工作。

③编制完成规范的工作底稿。

④对过程中发现的问题应与建设单位进行充分沟通,达成一致意见。

⑤与建设单位相关部门一起做好实际支出与批复概算的对比分析工作。重新核实各单位工程、单项工程造价,将竣工资料与原设计图纸进行查对、核实,必要时可实地测量,确认实际变更情况;根据经审定的承包人竣工结算等原始资料,按照有关规定对原概(预)算进行增减调整,重新核定工程造价。

(3)完成阶段主要工作内容如下：

①完成工程竣工决算编制咨询报告、基本建设项目竣工决算报表及附表、竣工财务决算说明书、相关附件等，清理、装订好竣工图，做好工程造价对比分析。

②与建设单位沟通工程竣工决算的所有事项。

③经工程造价咨询企业内部复核后，出具正式工程竣工决算编制成果文件。

(4)资料归档阶段主要工作内容如下：

①对工程竣工决算编制过程中形成的工作底稿应进行分类整理，与工程竣工决算编制成果文件一并形成归档纸质资料。

②对工作底稿、编制数据、工程竣工决算报告进行电子化处理，形成电子档案。

上述编写的文字说明和填写的表格经核对无误，装订成册，即为建设工程竣工决算文件。将其上报主管部门审查，并把其中财务成本部分送交开户银行签证。竣工决算文件在上报主管部门的同时，抄送有关设计单位。

【例7.1】 某大型工业项目2006年5月开工建设，2007年底该大型工业项目的财务核算资料如下：

(1)甲、乙两车间竣工验收合格，并交付使用，交付使用的资产包括：

①固定资产价值21 670万元。

②为生产准备的使用期限在1年内的工具、器具、备品备件等流动资产价值8 780万元。

③建造期内购置非专利技术、产品商标等无形资产价值3 250万元。

④筹建期间发生开办费60万元。

(2)基本建设支出的项目包括：

①建筑安装工程支出5 780万元。

②设备及工器具投资8 450万元。

③工程建设其他投资1 980万元。

(3)非经营性项目发生的待核销基建支出为40万元。

(4)应收生产单位投资借款820万元。

(5)货币资金为230万元。

(6)预付工程款20万元。

(7)有价证券为180万元。

(8)固定资产原值23 890万元。累计折旧10 860万元。

(9)国家资本金为19 730万元。

(10)法人资本金为12 850万元。

(11)个人资本金为12 790万元。

(12)项目资本公积金为8 420万元。

(13)建设单位从商业银行借入10 350万元。

(14)建设单位当年完成交付生产单位使用的资金价值中，120万元属于利用投资借款形成的待冲基建支出。

(15)未交基建收入30万元。

根据上述工业项目财务核算资料，编制该工业项目竣工财务决算表。

【解】 编制的项目竣工财务决算表如表 7.5 所示。

表 7.5　某大型工业项目竣工财务决算表

建设项目名称：××工业项目　　　　　　　　　　　　　　　　　　　　　　单位：万元

资金来源	金额	资金占用	金额	补充资料
一、基建拨款		一、基本建设支出	50 010	1. 基建投资借款期末余额
1. 预算拨款		1. 交付使用资产	33 760	
2. 基建基金拨款		2. 在建工程	16 210	
3. 进口设备转账拨款		3. 待核销基建支出	40	
4. 器材转账拨款		4. 非经营性项目转出投资		
5. 煤代油专用基金拨款		二、应收生产单位投资借款	820	2. 应收生产单位投资借款期末余额
6. 自筹资金拨款		三、拨款所属投资借款		
7. 其他拨款		四、器材		
二、项目资本金	45 370	其中：待处理器材损失		
1. 国家资本金	19 730	五、货币资金	230	
2. 法人资本金	12 850	六、预付及应收款	20	
3. 个人资本金	12 790	七、有价证券	180	
三、项目资本公积金	8 420	八、固定资产	13 030	
四、基建借款	10 350	固定资产原值	23 890	
五、上级拨入投资借款		减：累计折旧	10 860	
六、企业债券资金		固定资产净值	13 030	
七、待冲基建支出	120	固定资产清理		
八、应付款		待处理固定资产损失		
九、未交款	30			
1. 未交税金				
2. 未交基建收入	30			
3. 未交基建包干结余				
4. 其他未交款				
十、上级拨入资金				
十一、留成收入				
合计	64 290		64 290	

7.4 保修费用处理

7.4.1 工程保修

工程项目在竣工验收交付使用后，建立工程质量保修制度，是施工单位对工程负责的具体体现，施工单位通过工程保修可以听取和了解使用单位对工程施工质量的评价和改进意见，便于施工单位提高管理水平。

根据《建设工程质量管理条例》的规定，施工单位在向建设单位提交工程竣工验收报告时，应当向建设单位出具质量保修书。质量保修书中应当明确建设工程的保修范围、保修期限和保修责任等。建设工程在保修范围和保修期限内发生质量问题的，施工单位应当履行保修义务，并对造成的损失承担赔偿责任。一般工程项目竣工后，各施工单位的工程款保留5%左右，作为保修金。在正常使用条件下，建设工程的最低保修期限为：

(1)基础设施工程、房屋建筑的地基基础工程和主体结构工程，为设计文件规定的该工程的合理使用年限。

(2)屋面防水工程、有防水要求的卫生间、房间和外墙面的防渗漏，为5年。

(3)供热与供冷系统，为2个采暖期、供冷期。

(4)电气管线、给排水管道、设备安装和装修工程，为2年。

(5)其他项目的保修期限由建设单位与施工单位约定。

建设工程的保修期，自竣工验收合格之日起计算。

7.4.2 保修费用处理

1. 质量保修期

建设工程质量保修期是指在正常使用条件下，建设工程的最低保修期限。国务院发布的《建设工程质量管理条例》第三十二条规定，施工单位对施工中出现质量问题的建设工程或者竣工验收不合格的建设工程，应当负责返修。

国务院发布的《建设工程质量管理条例》第四十一条规定，建设工程在保修范围和保修期限内发生质量问题的，施工单位应当履行保修义务，并对造成的损失承担赔偿责任。

2. 保修费用的处理

保修费用是指在规定的保修期内和保修范围内所发生的维修、返工等各项费用支出。对建设工程在规定的保修期内发生的质量问题，必须根据修理项目的性质、内容和检查修理等多种因素的实际情况，由责任方承担相应的质量责任，并负担保修费用。保修费用的处理，一般有以下几种情况。

1)设计失误原因

因设计失误原因造成的质量缺陷,由设计单位承担经济责任,设计单位提出修改方案,可由施工单位负责维修,维修发生的费用由设计单位承担。

2)属施工单位质量原因

因施工单位未按国家有关规范、标准和实际要求施工而造成的质量缺陷,由施工单位负责维修并承担其经济责任。

3)属建筑材料、构配件和设备质量原因

因建筑材料、构配件和设备质量不合格而造成的质量缺陷,属于工程质量检测单位提供虚假或错误检测报告的,由工程质量检测单位承担质量责任并负担维修费用;属于施工单位采购的,由施工单位承担质量责任并负担维修费用;属于建设单位采购的,由建设单位承担质量责任并负担维修费用;采购方可再依法向产品责任方追偿。

4)属使用单位使用不当的原因

因使用单位使用不当而造成的质量缺陷,由使用单位承担经济责任,可由施工单位负责维修,维修发生的费用由使用单位承担。

5)属自然灾害的原因

因地震、洪水、台风等自然灾害而造成的质量缺陷,由建设单位负责处理并承担维修费用。

本章通过对建设项目竣工阶段的工作内容进行详述,介绍了竣工阶段对于工程造价控制的重要作用,分析了竣工阶段与工程造价的关系,重点讲述了竣工阶段的两项重要工作内容,即竣工结算和竣工决算,最后介绍了工程交付之后的保修费用的处理。学习完本章内容,读者能够掌握建设项目竣工阶段的工作内容,清楚建设项目竣工阶段与工程造价的关系,并且熟悉竣工结算编制的内容和方法、竣工结算审查的内容、竣工决算的内容、竣工决算书的编制步骤和方法,同时能够进行保修费用的处理。

习题

一、单选题

1. 建设项目竣工结算是指(　　)。

A. 建设单位与施工单位的最后决算

B. 建设项目竣工验收时建设单位和承包商的结算

C. 建设单位从建设项目开始到竣工交付使用为止发生的全部建设支出

D. 业主与承包商签订的建筑安装合同终结的凭证

2. 在建设项目竣工决算报表中,反映建设项目全部资金来源情况和资金占用情况的是(　　)。

A. 竣工财务决算审批表　　　　B. 建设项目概况表

C. 竣工财务决算表　　D. 交付使用财产总表

3. 建设项目竣工决算是建设工程经济效益的全面反映,是(　　)核定各类新增资产价值、办理交付使用的依据。

A. 建设项目主管单位　　B. 施工单位
C. 项目法人　　D. 国有资产管理部门

4. (　　)是施工单位将所承包的工程按照合同规定全部完工交付时,向建设单位进行最终工程价款结算的凭证。

A. 建设单位编制的竣工决算　　B. 建设单位编制的竣工结算
C. 施工单位编制的竣工决算　　D. 施工单位编制的竣工结算

5. 建设项目竣工决算是建设工程从筹建到竣工交付使用全过程中所发生的所有(　　)。

A. 计划支出　　B. 实际支出　　C. 收入金额　　D. 费用金额

6. 竣工验收后,地震、洪水等原因造成了工程质量问题,应由(　　)承担经济责任。

A. 建设单位　　B. 设计单位　　C. 施工单位　　D. 监理单位

7. 建设项目竣工财务决算说明书和(　　)是竣工决算的核心部分。

A. 竣工工程平面示意图　　B. 建设项目主要技术经济指标分析
C. 竣工财务决算报表　　D. 工程造价比较分析

8. 以下不属于竣工决算编制步骤的是(　　)。

A. 收集原始资料　　B. 填写设计变更单
C. 编制竣工决算报表　　D. 做好工程造价对比分析

9. 根据《建设工程质量管理条例》的有关规定,电气管线、给排水管道、设备安装和装修工程的保修期为(　　)。

A. 建设工程的合理使用年限　　B. 2 年
C. 5 年　　D. 双方协商的年限

10. 某地发生地震,对建设项目造成了损失,所发生的维修费用根据保修费用的处理原则规定,应由(　　)支付。

A. 设计单位　　B. 施工单位　　C. 建设单位　　D. 政府主管建设部门

二、多选题

1. 竣工决算是建设工程经济效益的全面反映,具体包括(　　)。

A. 竣工财务决算报表　　B. 工程造价比较分析　　C. 建设项目竣工结算
D. 竣工工程平面示意图　　E. 竣工财务决算说明书

2. 工程竣工结算的审查,一般应包括(　　)。

A. 核对合同条款　　B. 检查隐蔽验收记录　　C. 落实设计变更签证
D. 工程量清单及其单价组成　　E. 防止各种计算误差

3. 建设项目竣工结算编制的依据有(　　)。

A. 工程承包合同　　B. 施工图纸会审纪要　　C. 施工技术规范
D. 工程量清单计价规范　　E. 招标答疑文件

4. 建设项目竣工决算的主要作用有(　　)。

A. 正确反映建设工程的计划支出
B. 正确反映建设工程的实际造价

C. 正确反映建设工程的实际投资效果

D. 是建设单位确定各类新增资产价值的依据

E. 是建设单位总结经验、提高未来建设工程投资效益的重要资料

5. 建设项目竣工决算的编制依据是(　　)。

A. 经批准的可行性研究报告、投资估算书以及施工图预算等文件

B. 设计交底或图纸会审纪要

C. 竣工平面示意图、竣工验收资料

D. 招投标标底价格、工程结算资料

E. 施工记录、施工签证单及其他在施工过程中的有关记录

6. 企业应该作为无形资产核算的内容包括(　　)。

A. 著作权　　　　B. 商标权

C. 非专利技术　　　　D. 政府无偿划分给企业的土地使用权

E. 专利权

7. 小型建设项目竣工财务决算报表由(　　)构成。

A. 工程项目交付使用资产总表　　　　B. 建设项目进度结算表

C. 工程项目竣工财务决算审批表　　　　D. 工程项目交付使用资产明细表

E. 建设项目竣工财务决算总表

8. 大、中型项目竣工财务决算报表与小型项目竣工财务决算报表相同的部分有(　　)。

A. 工程项目竣工财务决算审批表　　　　B. 工程项目交付使用资产明细表

C. 大、中型项目概况表　　　　D. 建设项目竣工财务决算表

E. 建设项目交付使用资产总表

9. 按照国务院发布的《建设工程质量管理条例》的有关规定，对建设工程的最低保修期限描述正确的有(　　)。

A. 基础设施工程、房屋建筑的地基基础工程，为 10 年

B. 供热与供冷系统，为 2 个采暖期、供冷期

C. 给排水管道、设备安装和装修工程，为 3 年

D. 屋面防水工程、有防水要求的卫生间，为 5 年

E. 涉及其他项目的保修期限应由承包方与业主在合同中规定

10. 关于建设项目工程保修费用处理原则正确的有(　　)。

A. 由于勘查、设计的原因造成的质量缺陷，由建设单位承担经济责任

B. 由于建设单位采购的材料、设备质量不合格引起的质量缺陷，由建设单位承担经济责任

C. 由于不可抗力或者其他自然灾害造成的质量问题和损失，由建设单位和施工单位共同承担

D. 由于业主或使用人在项目竣工验收后使用不当造成的质量问题，由设计单位承担经济责任

E. 由于施工单位未按施工质量验收规范、设计文件要求组织施工而造成的质量问题，由施工单位承担经济责任

三、简答题

1. 简述竣工结算计价原则。

2. 简述建设工程竣工决算与工程竣工结算的区别。

3. 简述竣工决算的编制依据。

4. 简述建设工程项目保修期的规定。

5. 简述建设工程发生保修费用支出时的处理方法。

四、计算题

某大型建设项目从2010年开始实施，到2011年底财务核算资料如下：

(1)已经完成部分单项工程，经验收合格，交付使用的资产包括固定资产74 739万元；使用年限在1年以内的备品备件、工具、器具价值29 361万元；使用期限在1年以上、单件价值10 000元以上的工具合计61万元；建造期内购置的专利权、非专利技术价值1 700万元；筹建期间发生开办费79万元。

(2)基建支出的项目包括：建筑安装工程支出15 800万元；设备及工器具投资43 800万元；建设单位管理费、勘察设计费等待摊投资2 392万元；通过出让方式购置的土地使用权形成的其他投资108万元。

(3)非经营性项目发生待核销基建支出40万元。

(4)应收生产单位投资借款1 500万元。

(5)购置需要安装的器材49万元，其中待处理器材损失15万元。

(6)货币资金为480万元。

(7)工程预付款及应收有偿调出器材款20万元。

(8)建设单位自用的固定资产原价60 220万元，累计折旧10 066万元。

反映在资金平衡表上的各类资金来源的期末余额是：

①预算拨款48 000万元。

②自筹资金拨款60 508万元。

③其他拨款300万元。

④建设单位向商业银行借入的借款为109 287万元。

⑤建设单位当年完成、交付生产单位使用的资产价值中，有160万元属利用投资借款形成的待冲基建支出。

⑥应付器材销售商37万元贷款和应付工程款1 963万元尚未支付。

⑦未交税金28万元。

试编制该基本建设项目竣工财务决算表。

参考文献

[1] 国家发展改革委，建设部. 建设项目经济评价方法与参数[M]. 3 版. 北京：中国计划出版社，2006.
[2] 张凌云. 工程造价控制[M]. 3 版. 北京：中国建筑工业出版社，2015.
[3] 姜新春，吕继隆. 工程造价控制与案例分析[M]. 4 版. 大连：大连理工大学出版社，2019.
[4] 张静晓，江小燕. 工程造价管理[M]. 北京：北京大学出版社，2021.
[5] 袁建新. 工程造价管理[M]. 4 版. 北京：高等教育出版社，2018.
[6] 全国二级造价工程师职业资格考试培训教材编委会. 建设工程计量与计价实务（土木建筑工程）[M]. 南京：江苏凤凰科学技术出版社，2019.
[7] 中国建设工程造价管理协会. 建设项目投资估算编审规程：CECA/GC 1—2015[S]. 北京：中国计划出版社，2016.
[8] 中国建设工程造价管理协会. 建设项目投资估算编审规程：CECA/GC 2—2015[S]. 北京：中国计划出版社，2016.
[9] 中国建设工程造价管理协会. 建设项目施工图预算编审规程：CECA/GC 5—2010[S]. 北京：中国计划出版社，2010.
[10] 中国建设工程造价管理协会. 建设工程招标控制价编审规程：CECA/GC 6—2011[S]. 北京：中国计划出版社，2011.
[11] 中国建设工程造价管理协会. 建设工程造价咨询成果文件质量标准：CECA/GC 7—2012[S]. 北京：中国计划出版社，2012.
[12] 中国建设工程造价管理协会. 建设工程造价鉴定规程：CECA/GC 8—2012[S]. 北京：中国计划出版社，2012.
[13] 中国建设工程造价管理协会. 建设项目工程竣工决算编制规程：CECA/GC 9—2013[S]. 北京：中国计划出版社，2013.
[14] 中国建设工程造价管理协会. 建设工程造价咨询工期标准（房屋建筑工程）：CECA/GC 10—2014[S]. 北京：中国计划出版社，2014.
[15] 申琪玉，张海燕. 建设工程造价管理[M]. 2 版. 广州：华南理工大学出版社，2014.
[16] 徐锡权，刘永坤，申淑荣. 工程造价控制[M]. 2 版. 北京：科学出版社，2021.